▶ 国家卫生和计划生育委员会"十二五"规划教材
▶ 全国高等医药教材建设研究会规划教材
▶ 全国高等学校医药学成人学历教育（专科）规划教材
▶ 供临床、预防、口腔、护理、检验、影像等专业用

生 物 化 学

第 3 版

主　编　徐跃飞

副主编　何旭辉　仲其军

编　者（以姓氏笔画为序）
于晓光（哈尔滨医科大学）
王丽影（复旦大学上海医学院）
文朝阳（首都医科大学）
田余祥（大连医科大学）
仲其军（广州医学院）
李　燕（宁夏医科大学）
何旭辉（大庆医学高等专科学校）
钟连进（温州医学院）
徐跃飞（大连医科大学）
揭克敏（南昌大学医学院）

人民卫生出版社

图书在版编目（CIP）数据

生物化学/徐跃飞主编. —3 版. —北京：人民
卫生出版社，2013
ISBN 978-7-117-17298-1

Ⅰ.①生… Ⅱ.①徐… Ⅲ.①生物化学-成人高
等教育-教材 Ⅳ.①Q5

中国版本图书馆 CIP 数据核字（2013）第 102408 号

人卫社官网	www.pmph.com	出版物查询，在线购书
人卫医学网	www.ipmph.com	医学考试辅导，医学数据库服务，医学教育资源，大众健康资讯

生 物 化 学
第 3 版

主　　编：徐跃飞
出版发行：人民卫生出版社（中继线 010-59780011）
地　　址：北京市朝阳区潘家园南里 19 号
邮　　编：100021
E - mail：pmph @ pmph.com
购书热线：010-59787592　010-59787584　010-65264830
印　　刷：北京市卫顺印刷厂（聚源）
经　　销：新华书店
开　　本：787×1092　1/16　　印张：17
字　　数：424 千字
版　　次：2000 年 7 月第 1 版　　2013 年 7 月第 3 版
　　　　　2017 年 6 月第 3 版第 5 次印刷（总第 29 次印刷）
标准书号：ISBN 978-7-117-17298-1/R·17299
定　　价：32.00 元

打击盗版举报电话：010-59787491　E -mail：WQ @ pmph.com
（凡属印装质量问题请与本社市场营销中心联系退换）

全国高等学校医药学成人学历教育规划教材第三轮

修订说明

随着我国医疗卫生体制改革和医学教育改革的深入推进，我国高等学校医药学成人学历教育迎来了前所未有的发展和机遇，为了顺应新形势、应对新挑战和满足人才培养新要求，医药学成人学历教育的教学管理、教学内容、教学方法和考核方式等方面都展开了全方位的改革，形成了具有中国特色的教学模式。为了适应高等学校医药学成人学历教育的发展，推进高等学校医药学成人学历教育的专业课程体系及教材体系的改革和创新，探索医药学成人学历教育教材建设新模式，全国高等医药教材建设研究会、人民卫生出版社决定启动全国高等学校医药学成人学历教育规划教材第三轮的修订工作，在长达2年多的全国调研、全面总结前两轮教材建设的经验和不足的基础上，于2012年5月25～26日在北京召开了全国高等学校医药学成人学历教育教学研讨会暨第三届全国高等学校医药学成人学历教育规划教材评审委员会成立大会，就我国医药学成人学历教育的现状、特点、发展趋势以及教材修订的原则要求等重要问题进行了探讨并达成共识。2012年8月22～23日全国高等医药教材建设研究会在北京召开了第三轮全国高等学校医药学成人学历教育规划教材主编人会议，正式启动教材的修订工作。

本次修订和编写的特点如下：

1. 坚持国家级规划教材顶层设计、全程规划、全程质控和"三基、五性、三特点"的编写原则。

2. 教材体现了成人学历教育的专业培养目标和专业特点。坚持了医药学成人学历教育的非零起点性、学历需求性、职业需求性、模式多样性的特点，教材的编写贴近了成人学历教育的教学实际，适应了成人学历教育的社会需要，满足了成人学历教育的岗位胜任力需求，达到了教师好教、学生好学、实践好用的"三好"教材目标。

3. 本轮教材的修订从内容和形式上创新了教材的编写，加入"学习目标"、"学习小结"、"复习题"三个模块，提倡各教材根据其内容特点加入"问题与思考"、"理论与实践"、"相关链接"三类文本框，精心编排，突出基础知识、新知识、实用性知识的有效组合，加入案例突出临床技能的培养等。

本次修订医药学成人学历教育规划教材临床医学专业专科教材26种，将于2013年9月陆续出版。

全国高等学校医药学成人学历教育规划教材临床医学专业

（专科）教材目录

教材名称	主编	教材名称	主编
1. 人体解剖学	孙　俊　冯克俭	14. 医用化学	陈莲惠
2. 生理学	杜友爱	15. 医学遗传学	傅松滨
3. 生物化学	徐跃飞	16. 预防医学	肖　荣
4. 病理学	阮永华　赵卫星	17. 医学文献检索	赵玉虹
5. 药理学	吴海鸥　姚继红	18. 全科医学概论	王家骥
6. 病原生物学与免疫学	夏克栋　陈　廷	19. 卫生法学概论	樊立华
7. 诊断学	刘成玉　魏　武	20. 医学计算机应用	胡志敏
8. 医学影像学	王振常　耿左军	21. 皮肤性病学	邓丹琪
9. 内科学	王庸晋　曲　鹏	22. 急诊医学	黄子通
10. 外科学	田晓峰　刘　洪	23. 循证医学	杨克虎
11. 妇产科学	王晨虹	24. 组织学与胚胎学	郝立宏
12. 儿科学	徐立新　曾其毅	25. 临床医学概要	闻德亮
13. 传染病学	李　群	26. 医学伦理学	戴万津

注：1～13为临床医学专业专科主干课程教材，14～26为临床医学、护理学、药学、预防医学、口腔医学和检验医学专业专科、专科起点升本科共用教材或选用教材。

第三届全国高等学校医药学成人学历教育规划教材
评审委员会名单

前　言

　　《生物化学》系国家卫生和计划生育委员会规划的全国高等医学成人学历教育（专科）教材。本版教材是根据"第三轮全国高等学校医药学成人学历教育教材主编人会议"精神，参照教育部对有关生物化学教材的基本要求，由全国9所高等医学院校的资深教师编写。

　　本教材遵循医学成人学历教育目标的要求，在编写过程中注意突出医学成人教育针对性、职业性和再教育性的特点。在继承第2版基本框架、结构与主要内容的基础上，作了如下修订：①本版共设16章，原"核酸结构、功能和核苷酸代谢"章中的"核酸的结构与功能"内容独立成章，列于"蛋白质的结构与功能"章节之后，以使教材更具有系统性。②"基因工程、基因诊断与基因治疗"章更名为"基因工程与分子生物学常用技术"，将基因诊断与基因治疗的内容列入"分子生物学常用技术原理及应用"，以加强实验技术与临床应用的结合，便于教与学。③根据目前的研究进展，更新了生物氧化中经两条呼吸链生成ATP的数量，并对"生物氧化"、"糖代谢"、"脂类代谢"章中相应ATP的计算内容进行了更新。④在"蛋白质的结构与功能"、"酶"、"糖代谢"、"脂类代谢"、"生物氧化"等章节内容的编排上都做了适当调整和内容更新。⑤本版编写格式上增加了"文本框"，介绍一些与医学实践有关的内容，加强基础与临床的联系。

　　本教材在编写过程中，得到了国家卫生和计划生育委员会教材办公室和教材评审委员会的指导，也得到了各参编学校和大连医科大学领导的大力支持，在此一并表示衷心感谢。由于我们的学术水平有限，本书难免存在不足和疏漏之处，请广大师生和其他读者提出宝贵意见。

徐跃飞

2013 年 2 月

目 录

第 一 章

绪 论

生物化学(biochemistry)是运用化学的原理和方法,研究生物体的化学组成和生命活动过程中的化学变化及其规律的学科。它的主要任务是从分子水平上阐述生物体的基本物质如糖、脂、蛋白质、核酸、酶等的结构、性质和功能,及其在生物体的代谢规律与复杂的生命现象如生长、生殖、衰老、运动、免疫等之间的关系。由于生物化学与分子生物学的迅速发展,目前已成为新世纪生命科学领域的前沿学科。

一、生物化学发展简史

生物化学是较为年轻的学科,它的研究始于 18 世纪,但作为一门独立的学科是在 20 世纪初期。18 世纪至 20 世纪初是生物化学发展的初级阶段,主要研究生物体的化学组成。期间的主要贡献有:对糖类、脂类及氨基酸进行了系统的研究;发现了核酸;证实了氨基酸之间肽键的形成,用化学方法合成了寡肽;从酵母发酵过程中发现了可溶性催化剂,奠定了酶学的基础,并证明酶的化学本质是蛋白质。20 世纪 30 年代,重要的物质代谢途径相继被阐明:如脂肪酸 β 氧化,尿素的合成及三羧酸循环,营养必需氨基酸、营养必需脂肪酸和维生素的发现等。20 世纪 50 年代,发现了蛋白质的二级结构形式——α-螺旋,用化学方法完成了胰岛素序列分析。更为重要的是 1953 年 J. D. Watson 和 F. H. Crick 提出了 DNA 双螺旋模型,标志着生物化学的发展迈入了分子生物学时期。20 世纪 60 年代提出了遗传信息传递的中心法则,破译了遗传密码。70 年代重组 DNA 技术的建立促进了对基因表达调控的研究。80 年代发现了核酶,发明了聚合酶链反应(PCR)技术。90 年代启动了人类基因组计划(HGP)等。目前,生物化学已成为一门重要的基础医学主干学科,并对临床医学产生越来越重要的影响。

二、生物化学的主要研究内容

(一)生物体的化学组成、结构与功能

生物体由各种组织、器官和系统构成,细胞是组成各种组织和器官的基本单位。每个细胞又由成千上万种化学物质组成,其中包括无机物、有机小分子和生物大分子等。有机小分子主要包括氨基酸、核苷酸、单糖及维生素等,与体内物质代谢、能量代谢等密切相关。生物大分子主要指蛋白质(酶)、核酸、糖复合物和复合脂类等,分子量一般超过 10^4,都是由特殊的亚单位按一定的顺序首尾连接形成的多聚物。例如,蛋白质是由相邻氨基酸通过肽键连接形成的多

肽链;核酸是由核苷酸之间通过磷酸二酯键连接形成的多核苷酸链;聚糖也是由单糖与单糖连接形成的多聚糖链。对这些生物大分子的研究,不仅要研究其一级结构和空间结构,还要研究结构与功能的关系。结构是功能的基础,而功能则是结构的体现。生物大分子的功能还通过分子间的相互识别和相互作用而实现。

(二)物质代谢及其调控

物质代谢是生命的基本特征之一。有机体不断地从环境摄取营养物质,同时也不断将代谢终产物排出体外。物质代谢包括合成代谢和分解代谢。合成代谢是从小分子合成机体的构件分子、能量物质及生物活性物质的过程,并伴有能量的消耗。分解代谢是机体的构件分子分解成小分子物质的过程,并伴有能量的释放。物质代谢能有条不紊地进行与体内各种代谢途径之间相互协调有关,同时也受到内外环境多种因素的影响。物质代谢的调节主要是通过对酶的活性和含量的调节实现的,并在神经体液的调节下有条不紊地进行。若物质代谢发生紊乱则可引起疾病。

(三)遗传信息的贮存与表达

自我复制是生命的又一基本特征。DNA 是遗传的物质基础,基因是 DNA 分子中可表达的功能片段。DNA 通过转录将其携带的遗传信息传递给 RNA,RNA 再将这些遗传信息通过翻译合成能执行各种生理功能的蛋白质。DNA 还通过自我复制,将其遗传信息传给子代。上述过程与遗传、变异、生长、发育、分化等诸多生命过程相关,也与遗传病、恶性肿瘤、心血管病、免疫系统疾病等的发病机制有关。研究 DNA 复制、RNA 转录及蛋白质生物合成中遗传信息传递的机制及基因表达调控的规律等是生物化学极为重要的课题。DNA 重组、转基因、基因诊断、基因治疗及人类基因组计划等的大力开展,将极大地推动这一领域的研究。

三、生物化学与医学

生物化学是医学的重要基础学科,与医学的发展关系密切,其理论和技术已渗透到基础医学和临床医学的各个领域。例如,生理学、药理学、遗传学、免疫学及病理学等基础医学的研究均深入到分子水平,并应用生物化学的理论与技术解决各学科的许多问题,由此产生了"分子生理学"、"分子药理学"、"分子遗传学"、"分子免疫学"及"分子病理学"等新的学科。临床医学的发展也经常运用生物化学的理论和技术,用于疾病的诊断、治疗和预防,而且许多疾病的发病机制需要从分子水平进行探讨,这又促进了人们对遗传性疾病、恶性肿瘤、心血管疾病、免疫性疾病等的病因、诊断、治疗的研究。因此,掌握生物化学的基本知识,对今后深入学习其他基础医学、临床医学、预防医学、口腔医学和药学等各专业课程以及毕业后的继续教育,具有重要的意义。

(徐跃飞)

第二章

蛋白质的结构与功能

  蛋白质(protein)是由氨基酸构成的具有特定空间结构的高分子有机物。分布广泛,几乎存在于所有的器官和组织中,约占人体干重的45%,是构成组织细胞的最基本物质。人体的蛋白质种类繁多,具有各自特殊的结构和功能,几乎所有的生命现象均有蛋白质参与。例如物质代谢、血液凝固、免疫防御、肌肉收缩、物质运输、细胞信号转导、组织修复以及生长、繁殖等重要的生命过程都是通过蛋白质来实现的。蛋白质是生命的物质基础。

第一节　蛋白质的分子组成

  组成蛋白质的元素主要有碳(50%~55%)、氢(6%~7%)、氧(19%~24%)、氮(13%~19%)和硫(0%~4%)。有些蛋白质含有少量磷或金属元素铁、铜、锌、锰、钴、钼,个别蛋白质还含有碘。各种蛋白质的含氮量很接近,平均为16%,即1克氮相当于6.25克蛋白质。由于在生物体内,氮元素主要存在于蛋白质中,所以分析生物样品中蛋白质的含量,只要测得其中的含氮量就可以按下式计算。

每克样品中蛋白质含量=每克样品含氮克数×6.25

一、氨　基　酸

(一)氨基酸的结构特点

  天然氨基酸有300多种,但组成人体蛋白质的氨基酸仅有20种。除甘氨酸之外,均属于 L-α-氨基酸。其结构通式如下(R代表氨基酸侧链)。

$$\underset{\text{非解离形式}}{\overset{\overset{\displaystyle H}{|}}{R-\underset{\underset{\displaystyle NH_2}{|}}{C}-COOH}} \qquad \underset{\text{两性离子形式}}{\overset{\overset{\displaystyle H}{|}}{R-\underset{\underset{\displaystyle \overset{+}{N}H_3}{|}}{C}-COO^-}}$$

各种氨基酸的结构各不相同,但都具有以下共同特点:①除脯氨酸为 α-亚氨基酸外,均属 α-氨基酸。②除甘氨酸外,其余氨基酸的 α-碳原子是不对称碳原子,有两种不同的构型,即 L 型和 D 型。组成人体蛋白质的氨基酸都是 L 型。③各种氨基酸侧链 R 基团的结构和性质不同,它们在决定蛋白质性质、结构和功能上起着重要作用。

（二）氨基酸的分类

根据氨基酸侧链的结构和理化性质,将 20 种氨基酸分为四类:①非极性疏水性氨基酸;②极性中性氨基酸;③酸性氨基酸;④碱性氨基酸(表 2-1)。

表 2-1　氨基酸分类

中文名	英文名	结构式	三字符号	一字符号	等电点(pI)
1. 非极性氨基酸					
甘氨酸	glycine	$H-\underset{\overset{+}{N}H_3}{CHCOO^-}$	Gly	G	5.97
丙氨酸	alanine	$CH_3-\underset{\overset{+}{N}H_3}{CHCOO^-}$	Ala	A	6.00
缬氨酸	valine	$\underset{CH_3}{CH_3}-\underset{\overset{+}{N}H_3}{CHCOO^-}$	Val	V	5.96
亮氨酸	leucine	$\underset{CH_3}{CH_3}-CH-CH_2-\underset{\overset{+}{N}H_3}{CHCOO^-}$	Leu	L	5.98
异亮氨酸	isoleucine	$CH_3-CH_2-\underset{CH_3}{CH}-\underset{\overset{+}{N}H_3}{CHCOO^-}$	Ile	I	6.02
苯丙氨酸	phenylalanine	$\text{C}_6\text{H}_5-CH_2-\underset{\overset{+}{N}H_3}{CHCOO^-}$	Phe	F	5.48
脯氨酸	proline	环状结构 $CHCOO^-$，$\overset{+}{N}H_2$	Pro	P	6.30
2. 极性中性氨基酸					
色氨酸	tryptophan	吲哚环$-CH_2-\underset{\overset{+}{N}H_3}{CHCOO^-}$	Trp	W	5.89
丝氨酸	serine	$HO-CH_2-\underset{\overset{+}{N}H_3}{CHCOO^-}$	Ser	S	5.68
酪氨酸	tyrosine	$HO-\text{C}_6\text{H}_4-CH_2-\underset{\overset{+}{N}H_3}{CHCOO^-}$	Tyr	Y	5.66

续表

中文名	英文名	结构式	三字符号	一字符号	等电点(pI)
半胱氨酸	cysteine	HS—CH$_2$—CHCOO$^-$ $\quad$ $^+$NH$_3$	Cys	C	5.07
甲硫氨酸	methionine	CH$_3$SCH$_2$CH$_2$—CHCOO$^-$ $\quad$ $^+$NH$_3$	Met	M	5.74
天冬酰胺	asparagine	H$_2$N—C(=O)—CH$_2$—CHCOO$^-$ $\quad$ $^+$NH$_3$	Asn	N	5.41
谷氨酰胺	glutamine	H$_2$N—C(=O)CH$_2$CH$_2$—CHCOO$^-$ $\quad$ $^+$NH$_3$	Gln	Q	5.65
苏氨酸	threonine	HO—CH(CH$_3$)—CHCOO$^-$ $\quad$ $^+$NH$_3$	Thr	T	5.60

3. 酸性氨基酸

天冬氨酸	aspartic-acid	HOOCCH$_2$—CHCOO$^-$ $\quad$ $^+$NH$_3$	Asp	D	2.97
谷氨酸	glutamic-acid	HOOCCH$_2$CH$_2$—CHCOO$^-$ $\quad$ $^+$NH$_3$	Glu	E	3.22

4. 碱性氨基酸

赖氨酸	lysine	NH$_2$CH$_2$CH$_2$CH$_2$CH$_2$—CHCOO$^-$ $\quad$ $^+$NH$_3$	Lys	K	9.74
精氨酸	arginine	NH$_2$C(=NH)NHCH$_2$CH$_2$CH$_2$—CHCOO$^-$ $\quad$ $^+$NH$_3$	Arg	R	10.76
组氨酸	histidine	(咪唑环)—CH$_2$—CHCOO$^-$ $\quad$ $^+$NH$_3$	His	H	7.59

（三）氨基酸的理化性质

1. 两性解离及等电点　由于氨基酸都含有碱性的α-氨基和酸性的α-羧基,可在酸性溶液中与质子(H$^+$)结合成带正电荷的阳离子(—NH$_3^+$);也可在碱性溶液中与OH$^-$结合,失去质子变成带负电荷的阴离子(—COO$^-$),因此氨基酸是一种两性电解质,具有两性解离的特性。氨基酸的解离方式取决于其所处溶液的酸碱度。在某一pH的溶液中,氨基酸解离成阳离子和阴离子的趋势及程度相等,成为兼性离子,呈电中性,此时溶液的pH称为该氨基酸的等电点(isoelectric point,pI)。

氨基酸的pI是由α-羧基和α-氨基的解离常数的负对数pK$_1$和pK$_2$决定的。pI计算公式为:pI=1/2(pK$_1$+pK$_2$)。如丙氨酸pK$_{-COOH}$=2.34,pK$_{-NH_2}$=9.69,所以pI=1/2(2.34+9.69)=

6.02。若一个氨基酸有三个可解离基团,写出它们电离式后取兼性离子两边的 pK 值的平均值,即为此氨基酸的 pI 值。

2. 紫外吸收性质 色氨酸、酪氨酸分子中含有共轭双键,在紫外光 280nm 波长附近有最大吸收峰(图 2-1)。由于大多数蛋白质含有酪氨酸和色氨酸残基,所以测定蛋白质溶液 280nm 的光吸收值,是分析溶液中蛋白质含量的快速简便的方法。

3. 呈色反应 氨基酸与茚三酮水合物共加热,茚三酮水合物被还原,其还原物可与氨基酸加热分解产生的氨结合,再与另一分子茚三酮缩合成为蓝紫色的化合物。此化合物在 570nm 波长处有最大吸收峰。其吸收峰值的大小与氨基酸释放出的氨量成正比,因此可作为氨基酸的定量分析方法。

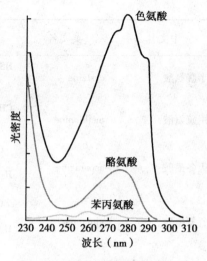

图 2-1 芳香族氨基酸的紫外吸收

二、肽

(一)肽

一个氨基酸的 α-羧基与另一个氨基酸的 α-氨基脱水缩合形成的酰胺键称为肽键(peptide bond)。蛋白质分子中的氨基酸通过肽键连接。

$$H_2N-\underset{\underset{R_1}{|}}{\overset{\overset{H}{|}}{C}}-\overset{\overset{O}{\|}}{C}-OH + H-\underset{\underset{R_2}{|}}{\overset{\overset{H}{|}}{N}}-\overset{H}{C}-COOH \xrightarrow{-H_2O} H_2N-\underset{\underset{R_1}{|}}{\overset{\overset{H}{|}}{C}}-\overset{\overset{O}{\|}}{C}-\underset{\underset{H}{|}}{N}-\underset{\underset{R_2}{|}}{\overset{\overset{H}{|}}{C}}-COOH$$

肽键

氨基酸通过肽键连接起来的化合物称为肽(peptide)。由两个氨基酸形成的肽称为二肽,三个氨基酸形成的肽称为三肽,以此类推。通常将十肽以下者称为寡肽,十肽以上者称为多肽。多肽是链状化合物,也可以称为多肽链。肽链中的氨基酸分子因脱水缩合而基团不全,被称为氨基酸残基。多肽链有两端:有自由 α-氨基的一端称为氨基末端(N-端),通常写在多肽链的左侧;有自由 α-羧基的一端称为羧基末端(C-端),通常写在多肽链的右侧。

(二)生物活性肽

生物体内存在许多具有生物活性的低分子量的肽,在神经传导、代谢调节等方面起着重要的作用。如谷胱甘肽(glutathione,GSH),即 γ-谷氨酰半胱氨酰甘氨酸,这也是多肽的正式命名法。它的结构特点是第一个肽键与一般的肽键不同,由谷氨酸的 γ-羧基与半胱氨酸的氨基组成:

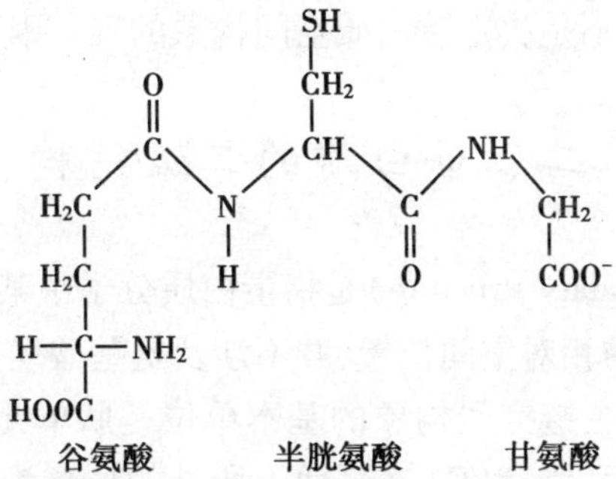

谷氨酸　　　半胱氨酸　　　甘氨酸

分子中半胱氨酸残基的巯基是该化合物的主要功能基团。GSH 的巯基具有还原性,可作为体内重要的还原剂,保护体内蛋白质或酶分子中的巯基不被氧化。同时 GSH 能与进入人体的有毒化合物、重金属离子或致癌物质等相结合,并促进其排出体外,起到中和解毒作用。

体内有许多激素属寡肽或多肽,如催产素(9 肽)、促肾上腺皮质激素(39 肽),促甲状腺激素(3 肽)等。神经肽是在神经传导过程中起信号转导作用的肽类,如脑啡肽(5 肽)、β-内啡肽(31 肽)等。随着生物科学的发展,相信更多的在神经系统中起着重要作用的生物活性肽或蛋白质将被发现。

第二节　蛋白质的分子结构

蛋白质功能主要由其结构所决定,蛋白质的结构复杂,具有多层次结构。一般用一级结构和空间结构描述蛋白质的结构,空间结构又分为二级结构、三级结构和四级结构。空间结构又称构象(conformation),是蛋白质中所有原子在三维空间的排布。

一、蛋白质的一级结构

构成蛋白质的各种氨基酸在多肽链中的排列顺序称为蛋白质的一级结构(primary structure)。多肽链氨基酸的顺序是由基因上的遗传信息,即 DNA 分子中的核苷酸排列顺序所决定。一级结构是蛋白质的基本结构,它决定蛋白质的空间结构。一级结构的主要化学键是肽键,有的蛋白质尚含有二硫键,它是由两个半胱氨酸脱氢组成的化学键(—S—S—)。图 2-2 是牛胰岛素的一级结构,胰岛素有 A 和 B 二条多肽链,A 链和 B 链分别有 21 和 30 个氨基酸残基。胰岛素分子中有 3 个二硫键,1 个位于 A 链内,称为链内二硫键,另 2 个位于 A、B 两链间,称为链间二硫键。

体内种类繁多的蛋白质,其一级结构各不相同。一级结构是蛋白质空间构象和特异生物

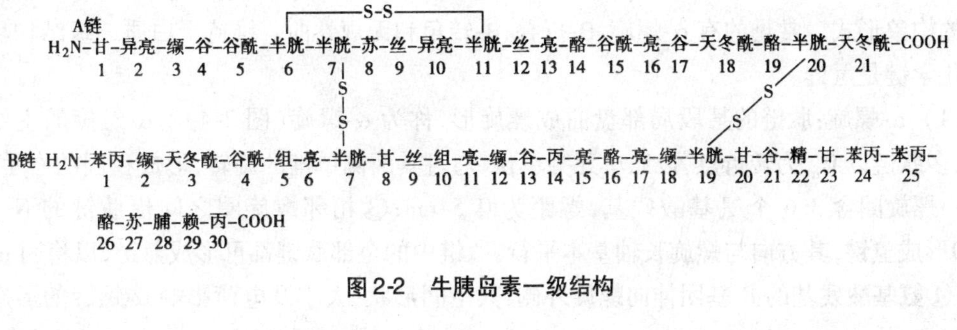

图2-2　牛胰岛素一级结构

学功能的基础,但一级结构并不是决定蛋白质空间构象的唯一因素。

二、蛋白质的二级结构

蛋白质的二级结构(secondary structure)是指蛋白质分子中某一段肽链的局部空间结构,也就是该段肽链主链骨架原子的相对空间位置,并不涉及氨基酸残基侧链的构象。

1. 肽单元　形成蛋白质主链空间构象的基本单位是肽单元。参与肽键的6个原子$C_{\alpha 1}$、C、O、N、H和$C_{\alpha 2}$位于同一平面,$C_{\alpha 1}$和$C_{\alpha 2}$在平面上所处的位置为反式构型,此同一平面上的6个原子构成了所谓的肽单元或肽键平面(图2-3)。其中肽键(C—N)具有双键的性质,其键长(0.132nm)介于C—N单键(0.149nm)和C=N双键(0.127nm)之间,不能自由旋转。而C_α分别与N和CO相连的键都是典型的单键,可以自由旋转,C_α与CO的键旋转角度以φ表示,C_α与N的键角以ψ表示(图2-3)。也正由于肽单元上C_α原子所连的两个单键的自由旋转角度,决定了两个相邻的肽单元平面的相对空间位置。

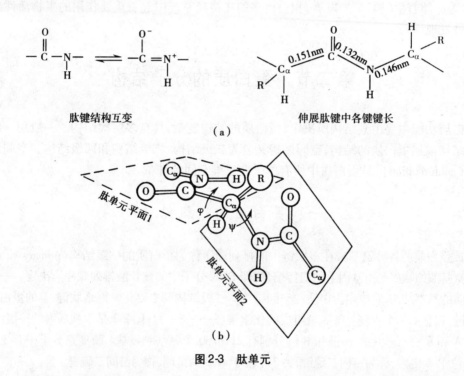

图2-3　肽单元

2. 蛋白质二级结构的形式　蛋白质的肽链以肽单元为基本单位,通过局部盘曲折叠,形成不同的构象形式。常见的有α-螺旋、β-折叠、β-转角和无规卷曲。维持蛋白质二级结构稳定的主要化学键是氢键。

(1) α-螺旋:肽链的某段局部盘曲成螺旋形,称为α-螺旋(图2-4)。α-螺旋的主要特点是:①多肽链以C_α为转折点,以肽单元为单位,通过其两侧单键的旋转,形成稳固的右手螺旋;②每一螺旋圈含3.6个氨基酸残基,螺距为0.54nm;③相邻螺旋圈之间借肽键的N—H和C=O形成氢键,其方向与螺旋长轴基本平行,肽链中的全部肽键都可形成氢键,以稳固α-螺旋结构;④氨基酸残基的R基团伸向螺旋外侧,其空间形状、大小及电荷影响α-螺旋的形成和稳

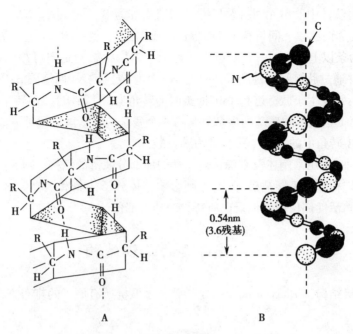

图 2-4 α-螺旋

定性。酸性或碱性氨基酸集中的区域,由于同性电荷相斥,妨碍 α-螺旋的形成;天冬酰胺、亮氨酸比较集中的区域,由于空间位阻较大,也不利于 α-螺旋的形成;脯氨酸是亚氨基酸,形成肽键后不能参与氢键的形成,结果肽链走向转折,不形成 α-螺旋。

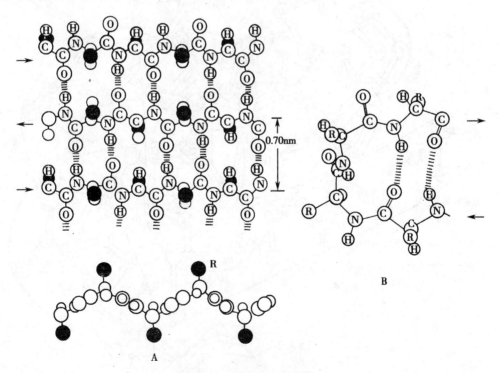

图 2-5 β-折叠和 β-转角

A. β-折叠,上图为俯视,下图为侧视;B. β-转角

（2）β-折叠：肽链中肽单元间折叠呈锯齿状结构称为β-折叠（图2-5A）。其特点是：①多肽链充分伸展，相邻两肽单元间折叠成110°角，形成锯齿状，侧链R基团交替地位于锯齿状结构的上下方；②两条以上肽链或一条肽链内的若干个锯齿状结构走向可相同（顺向平行）或相反（反向平行），并通过肽链间肽键的C═O与N—H形成氢键，从而稳固β-折叠结构。

（3）β-转角：常发生于肽链进行180°回折时的转角上（图2-5B）。β-转角通常由4个氨基酸残基组成，其第1个氨基酸残基的羰基氧与第4个残基的氨基氢之间可形成氢键，以维持β-转角的稳定性。β-转角中的第2个残基常为脯氨酸。

（4）无规卷曲：是用来阐述没有确定规律性的那部分肽链的结构。对于一些蛋白质分子，其无规卷曲的特定构象是不能被破坏的，否则影响整体分子构象和活性。这类有序的非重复性结构经常构成酶活性部位和其他蛋白质特异的功能部位。

三、蛋白质的三级结构

蛋白质的三级结构（tertiary structure）是指整条多肽链所有原子的排布方式，包括多肽链分

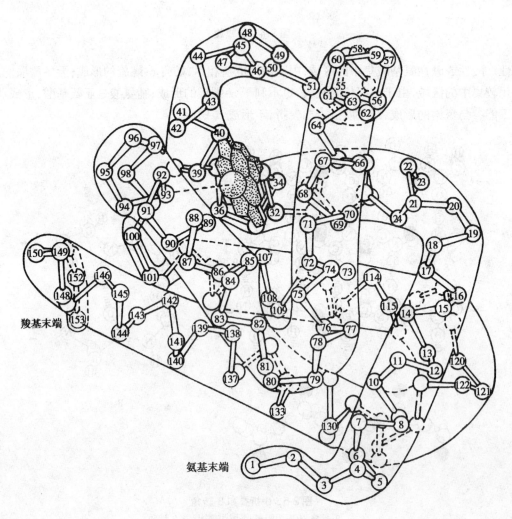

图2-6 肌红蛋白的三级结构

10

子主链及侧链的构象。即蛋白质的多肽链在二级结构的基础上再进一步盘曲、折叠,形成一定规律的空间结构。稳定和维系三级结构的重要因素是侧链基团的相互作用,有疏水键、盐键、氢键、范德华力等次级键和由两个半胱氨酸巯基共价结合而成的二硫键。

　　三级结构对于蛋白质的分子形状及其功能活性部位的形成起重要作用。仅由一条多肽链组成的蛋白质只有形成三级结构才具有生物活性。图 2-6 是肌红蛋白的三级结构。

四、蛋白质的四级结构

　　蛋白质的四级结构(quarternary structure)是指两个或两个以上具有独立三级结构的多肽链借助次级键(氢键、疏水键、盐键)结合而形成的寡聚体,四级结构中的每条具有独立三级结构的多肽链称为亚基(subunit)。

　　在四级结构中,由相同类型的亚基构成的四级结构称均一的四级结构,如过氧化氢酶是由四个相同的亚基构成的。由不同亚基构成的四级结构称非均一的四级结构,如血红蛋白是由 2 个 α 亚基和 2 个 β 亚基构成(图2-7)。四级结构的蛋白质具有复杂的生物学功能,如四级结构解聚成为亚基,蛋白质就不能执行正常的功能。

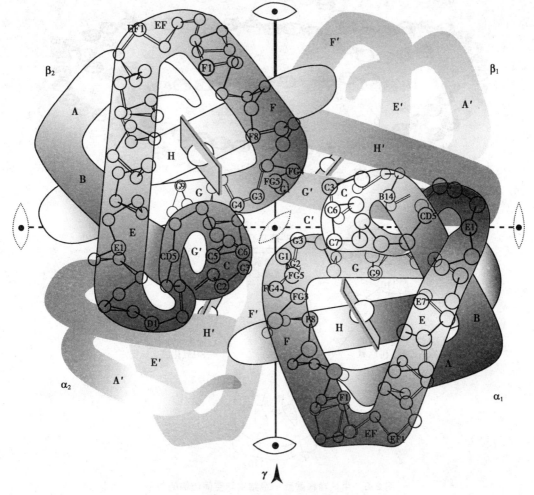

图2-7　血红蛋白的四级结构

第三节　蛋白质的结构与功能的关系

体内存在种类众多的蛋白质,各种蛋白质的一级结构和空间构象各不相同,而且每一种蛋白质都执行各自特异的生物学功能,可见蛋白质结构与功能之间存在密切的关系。

一、蛋白质一级结构与功能的关系

（一）一级结构是空间构象的基础

20 世纪 60 年代 Anfinsen 在研究核糖核酸酶时已发现,蛋白质的功能与其三级结构密切相

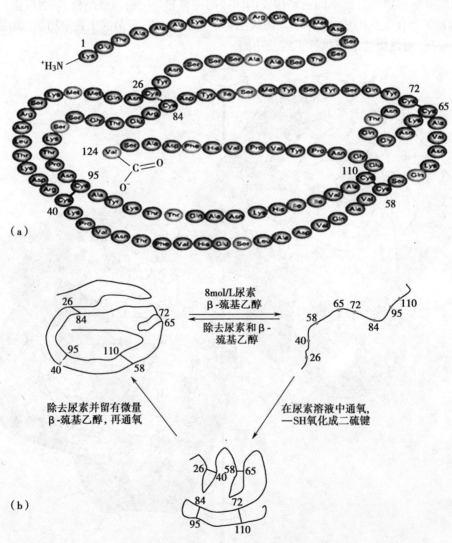

图 2-8　牛核糖核酸酶一级结构与空间结构的关系

（a）牛核糖核酸酶的氨基酸序列;（b）牛核糖核酸酶的变性与复性

关,而特定的三级结构是以氨基酸顺序为基础的。核糖核酸酶由 124 个氨基酸残基组成,有 4 对二硫键(图 2-8a)。用尿素和 β-巯基乙醇处理该酶溶液,分别破坏次级键和二硫键,使其空间结构遭到破坏,但肽键不受影响故一级结构仍存在,此时该酶活性丧失。从理论上推算,核糖核酸酶中的二硫键被还原成—SH 后,若要再形成 4 对二硫键,有 105 种不同的配对方式,唯有与天然核糖核酸酶完全相同的配对方式,才能呈现酶活性。当用透析方法去除尿素和 β-巯基乙醇后,松散的多肽链循其特定的氨基酸序列,卷曲折叠成天然酶的空间构象,4 对二硫键也正确配对,这时酶活性又逐渐恢复至原来水平(图 2-8b)。这充分证明空间构象遭破坏的核糖核酸酶只要其一级结构(氨基酸序列)未被破坏,就可能恢复到原来的三级结构,功能依然存在。

(二)一级结构与功能的关系

大量的研究发现,一级结构相似的多肽或蛋白质,其空间构象以及功能也相似。例如腺垂体分泌的 39 肽的促肾上腺皮质激素(ACTH)和促黑素(MSH)共有一段相同的氨基酸序列,因此,ACTH 也可促进皮下黑色素生成但作用较弱。

对广泛存在于生物界不同种系的蛋白质一级结构的比较,可以帮助了解物种进化之间的关系。例如细胞色素 c,物种间亲缘关系越近,则细胞色素 c 的一级结构越相似,其空间构象和功能也相似。如人类和黑猩猩的细胞色素 c 一级结构完全相同,与猕猴只相差 1 个氨基酸残基。蚕蛾与人类从物种进化看相差极远,所以两者细胞色素 c 一级结构相差达 31 个氨基酸残基。

若蛋白质分子中起关键作用的氨基酸残基缺失或被替代,都会严重影响空间构象乃至生理功能,甚至导致疾病产生。例如镰刀状红细胞贫血是由于血红蛋白 β 亚基的第 6 位谷氨酸被缬氨酸取代所致,使本是水溶性的血红蛋白溶解度降低,聚集成丝,相互黏着,导致红细胞形成镰刀状而极易破碎,产生贫血。这种由蛋白质分子发生变异所导致的疾病被称之为"分子病",其病因为基因突变所致。但并非一级结构中的每个氨基酸都很重要,如去除胰岛素 B 链 N-端的苯丙氨酸,其功能不变。

二、蛋白质空间结构与功能的关系

蛋白质多种多样的功能与各种蛋白质特定的空间构象密切相关,蛋白质的空间构象是其功能活性的基础,构象发生变化,其功能活性也随之改变。如上述的核糖核酸酶,当蛋白质变性时,由于其空间构象被破坏,故引起生物活性丧失;蛋白质在复性后,构象复原,活性即能恢复(图 2-8),这充分说明蛋白质的某种构象是表现特定生物活性的基础。

蛋白质的构象并不是固定不变的,某些蛋白质可在一些因素的触发下,发生轻微构象变化,从而导致其功能活性的改变,这种现象称为别构效应或变构效应。具有这种变构作用的蛋白质或酶称为变构蛋白或变构酶。变构效应充分说明了构象与功能之间的密切关系。例如,血红蛋白(Hb)就是最早被发现具有变构效应的一种蛋白质,它的功能是运输氧和二氧化碳。Hb 运氧功能是通过构象变化来完成的。

Hb 有两种互变的构象,一种是紧张态(T 态),另一种是松弛态(R 态)。T 态结合 O_2 的能力较弱,R 态与 O_2 的亲和力高,易于与 O_2 结合。T 态 Hb 分子第一个亚基与 O_2 结合后,即引起其构象变化,并将构象变化的"信息"传递至其他亚基,使第二、第三和第四个亚基与氧的亲和力依次增高,即 Hb 由 T 态转变为 R 态;反之当 CO_2、H^+ 等物质与 Hb 结合后,可使 R 态变为 T 态,从而促进 Hb 释放 O_2(图 2-9)。Hb 的这种变构作用,有利于 Hb 在肺结合 O_2 及在周围组织释放 O_2。

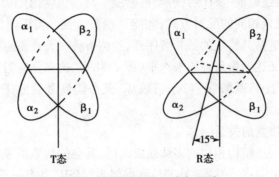

图 2-9　血红蛋白的 T 态与 R 态

　　Hb 是通过其辅基血红素的 Fe^{2+} 与氧发生可逆结合的。血红素是 4 个吡咯环通过 4 个甲炔基相连成为一个环形,Fe^{2+} 居于环中。Fe^{2+} 共有 6 个配位键,其中 4 个与吡咯环的 N 结合,1 个与珠蛋白亚基 F 螺旋区的第 8 位组氨酸(F_8)残基的咪唑基的 N 相连接,空着的一个配位键可与 O_2 可逆地结合。在未与氧结合时,Fe^{2+} 的位置高于卟啉环平面 0.075nm,当 O_2 与血红素 Fe^{2+} 结合后,Fe^{2+} 即嵌入卟啉环平面中(图 2-10),牵动 F_8 组氨酸残基连同 F 螺旋段的位移,再波及附近肽段构象,进而引起两个 α 亚基间盐键断裂,使亚基间结合松弛,促进了第二个亚基与 O_2 结合,依此方式可影响第三个、第四个亚基与 O_2 结合。此种一个亚基与其配体(Hb 中的配体为 O_2)结合后,通过亚基构象的改变影响其他亚基对配体的结合能力,这一现象称为协同效应。

a. 脱氧血红蛋白

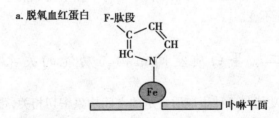

b. 血红蛋白与氧结合

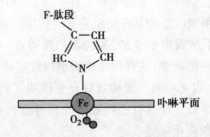

图 2-10　血红蛋白与 O_2 结合示意图

三、蛋白质空间结构的改变与疾病

除一级结构改变导致"分子病"外,近年来已发现蛋白质一级结构不变而仅构象发生改变也可导致疾病的发生。蛋白质的空间三维构象是蛋白质发挥其功能的结构基础,由于蛋白质的空间构象改变而产生的疾病称为"构象病"。这类疾病包括疯牛病、老年痴呆症及亨廷顿舞蹈病等。

疯　牛　病

疯牛病是由朊病毒蛋白(prion protein,PrP)引起的一组人和动物神经的退行性病变。朊病毒蛋白有 2 型,一型是正常型(PrPC),分子中含有约 40% 的 α-螺旋组分,很少 β-折叠;另一种是致病型(PrPSc),其分子中包含更多 β-折叠,只有少量 α-螺旋。一旦摄入异常的含有朊病毒蛋白(PrPSc)的牛肉,因 PrPSc 对蛋白酶不敏感,不易被肠道消化酶分解,可到达神经组织。当其接触到神经系统中的 PrPC,导致 PrPC 构象改变,并与之结合,成为致病的朊病毒蛋白二聚体,此二聚体再攻击正常的朊病毒蛋白,形成四聚体,这样周而复始,使脑组织中的朊病毒蛋白不断蓄积,产生蛋白淀粉样沉积,大脑皮层的神经元细胞退化、丢失、空泡变性、死亡、消失,因而造成大脑皮层(灰质)变薄而白质相对明显,即海绵脑病。

第四节　蛋白质的理化性质

一、蛋白质的两性解离和等电点

蛋白质分子除两端的氨基和羧基可解离外,侧链上还存在许多可解离的基团。如赖氨酸残基中的 ε-氨基、精氨酸残基的胍基和组氨酸残基的咪唑基都可解离出阳离子的基团;而谷氨酸残基和天冬氨酸残基的 γ 和 β-羧基都可解离出带阴离子的基团。当蛋白质溶液处于某一 pH 时,蛋白质解离成正、负离子的趋势相等,即净电荷为零,蛋白质成为兼性离子,此时溶液的 pH 称为该蛋白质的等电点(isoelectric point,pI)。溶液的 pH 大于蛋白质的 pI 时,蛋白质带负电荷;反之则带正电荷。人体内多数蛋白质的等电点在 pH 5.0 左右,故在生理情况下(pH 7.4)以负离子形式存在。含碱性氨基酸较多的蛋白质等电点偏碱性,如组蛋白、鱼精蛋白等;含酸性氨基酸较多的蛋白质等电点偏酸性,如酪蛋白、胃蛋白酶等。

电泳(electrophoresis)是指带电粒子在电场中向电性相反的电极移动的现象。带电粒子在电场中移动的速度主要取决于带电粒子所带净电荷的数量。在同一 pH 溶液中,由于各种蛋白质所带电荷的性质和数量不同,蛋白质分子大小和形状不同,因此,它们在电场中的移动速度也有差别。利用这个原理,通过电泳的方法,可以对蛋白质进行分离、纯化和鉴定。电泳技术是临床检验室常用的技术,如利用该技术可作血清蛋白电泳、尿蛋白电泳及同工酶的鉴定,以帮助诊断疾病。

二、蛋白质的高分子性质

蛋白质是高分子有机化合物,其分子量可自 1 万～100 万 kD 之巨,分子的直径在胶体颗粒(1～100nm)范围之内。蛋白质胶体在水中稳定的主要因素是分子表面的水化膜和电荷。在蛋白质表面有不少的亲水基团,能与水发生水合作用,水分子受蛋白质极性基团的影响,定向排列在蛋白质分子的表面,形成水化膜,将蛋白质颗粒分开,不致相聚而沉淀。在偏离等电点的溶液中,形成电荷层,同性电荷相斥,防止蛋白质颗粒相聚沉淀。如果破坏水化膜和电荷,蛋白质极易在溶液中沉淀。

蛋白质溶液具有胶体溶液的性质,扩散慢,黏度大,不能透过半透膜。蛋白质的胶体性质是某些蛋白质分离、纯化方法的基础。最简单的纯化蛋白质方法是将蛋白质放入半透膜内,小分子物质可透过半透膜,蛋白质分子保留在半透膜内,这种方法称透析法,利用透析法可除去蛋白质溶液中的无机盐等小分子物质。蛋白质分子不易透过半透膜的性质,决定了它在维持生物体内渗透压的平衡中起着重要的作用。

蛋白质溶液在高速离心时,由于离心力的作用,蛋白质会下沉,这就是蛋白质的沉降现象。蛋白质分子在单位力场的沉降速度称为沉降系数(S)。通常情况下,分子愈大,沉降愈快,沉降系数愈高。故可用超速离心分离蛋白质以及测定其分子量。

三、蛋白质的变性与凝固

蛋白质在某些理化因素作用下,其特定空间结构被破坏而导致理化性质改变和生物学活性丧失,这种现象称为蛋白质的变性。

使蛋白质变性的物理因素有高温、高压、超声波、紫外线、X 射线等;化学因素有强酸、强碱、高浓度乙醇、重金属、尿素、去污剂等。蛋白质变性时,空间结构剧烈变化,但不涉及肽键的断裂。即蛋白质变性的实质是维系蛋白质空间结构的次级键被破坏。蛋白质空间结构被破坏,多肽链成为松散状态,原本隐藏在分子内部的疏水基团暴露,促使蛋白质的溶解度降低,因此变性的蛋白质易沉淀。但是维系蛋白质胶体溶液的因素除表面水化膜外还有表面的电荷,如果变性的蛋白质的溶液 pH 远离其 pI,此时蛋白质仍不易沉淀。变性蛋白质在 pH 接近其等电点状态易聚集而沉淀。例如,煮沸牛奶,其酪蛋白已变性,但并不沉淀;酸牛奶的 pH 已接近相关蛋白质的 pI,煮沸后蛋白质即结絮沉降。天然蛋白质或等电点状态的变性蛋白质经加热煮沸,多肽链相互缠绕,即可变为较坚固的凝块,这种现象称为蛋白质凝固作用。天然蛋白质结构紧凑,不易被酶水解,而变性蛋白质,因肽键暴露易被酶水解。这就是熟食比生食易消化的原因。

若蛋白质变性程度较轻,去除变性因素后,有些蛋白质仍可恢复其活性,称为蛋白质的复性。例如用尿素和 β-巯基乙醇作用于核糖核酸酶,可使该酶的天然构象遭到破坏,失去生物学活性,去除尿素和 β-巯基乙醇,该酶的活性又可逐渐恢复。可见蛋白质变性并不是不可逆的,能否复性,主要取决于变性程度,例如凝固的蛋白质是不可逆性变性。

蛋白质的变性在临床医学上具有重要意义。如采用高温、高压、紫外线、乙醇使病原微生物蛋白质变性,失去致病性和繁殖能力。在保存血清、疫苗抗体等生物制品时,应当保存在低温条件下,防止剧烈振荡及强光照射,避免强酸、强碱、重金属的污染,以防止蛋白质的变性失活。

四、蛋白质的沉淀

蛋白质分子聚集从溶液析出的现象称蛋白质的沉淀。沉淀出来的蛋白质有时是变性的,但如控制实验条件(如低温和使用温和的沉淀剂),便可得到不变性的蛋白质沉淀。沉淀蛋白质的方法有以下几种。

(一)盐析

在蛋白质溶液中加入高浓度的中性盐如$(NH_4)_2SO_4$、Na_2SO_4、NaCl 等,使蛋白质从溶液中析出的现象,称为蛋白质的盐析。中性盐在水中溶解性大、亲水性强,与蛋白质争夺与水的结合,破坏蛋白质的水化膜。另外中性盐又是强电解质,解离作用强,能中和蛋白质的电荷,破坏蛋白质的电荷层。因此稳定蛋白质溶液的因素遭到破坏,蛋白质溶解度下降,从溶液中析出。盐析法沉淀蛋白质并未破坏蛋白质天然状态,沉淀出的蛋白质不变性,因此盐析法是分离制备蛋白质或蛋白类生物制剂的常用方法。如用饱和硫酸铵可使血浆中清蛋白沉淀出来,而球蛋白则在半饱和硫酸铵溶液中析出。混合蛋白质溶液可用不同的盐浓度使其分别沉淀,这种分级沉淀的方法称为分段盐析。

(二)有机溶剂沉淀法

酒精、甲醇、丙酮等能破坏蛋白质的水化膜使蛋白质沉淀,在等电点时沉淀的效果更好。在常温下,有机溶剂沉淀蛋白质可引起蛋白质变性,酒精消毒灭菌就是如此,但是在低温下,蛋白质变性速度减慢,因此,用有机溶剂沉淀蛋白质,为防止蛋白质的变性,常需在低温条件下快速进行。

(三)重金属盐沉淀法

蛋白质在碱性溶液中带负电荷,能与金属离子形成沉淀。重金属离子如 Zn^{2+}、Cu^{2+}、Hg^{2+}、Pb^{2+}、Fe^{2+} 等可与蛋白质结合形成不溶性蛋白质盐沉淀,引起蛋白质变性。临床上利用蛋白质能与重金属盐结合的这种性质,抢救重金属盐中毒的患者,给患者口服大量新鲜牛奶或鸡蛋清,然后用催吐剂将结合的重金属盐呕出以解毒。

(四)生物碱试剂沉淀法

生物碱试剂如苦味酸、鞣酸、钨酸等以及某些酸,如三氯醋酸、磺酸水杨酸、硝酸等可与蛋白质正离子结合,形成不溶性盐而沉淀。当蛋白质在小于 pI 的 pH 溶液中解离成正离子,易与酸根负离子结合成盐。临床检验常用这类方法沉淀蛋白质,制备无蛋白血滤液,或用这类酸作尿蛋白的检查试剂。

五、蛋白质的呈色反应

蛋白质分子中,肽键及某些氨基酸残基的化学基团可与某些化学试剂反应显色,称为蛋白质呈色反应。利用这些呈色反应可以对蛋白质进行定性、定量测定。常用的呈色反应有：

1. 茚三酮反应　蛋白质经水解后产生的氨基酸也可发生茚三酮反应,详见本章第一节。

2. 双缩脲反应　蛋白质和多肽分子中肽键在稀碱溶液中与硫酸铜共热,呈现紫色或红色,称为双缩脲反应(biuret reaction)。因氨基酸不出现此反应,故此法还可检测蛋白质水解程度。

六、蛋白质的紫外吸收

蛋白质分子中常含酪氨酸、色氨酸等芳香族氨基酸,因此在 280nm 波长处有特征性吸收峰。在此波长范围内,蛋白质的 A_{280} 与其浓度成正比关系,因此用于蛋白质的定量测定。

第五节　蛋白质的分类

蛋白质的结构复杂,种类繁多,功能多样,分类方法也有多种。

一、按组成分类

根据蛋白质分子的组成特点,可将蛋白质分为单纯蛋白质和结合蛋白质。

1. 单纯蛋白质　蛋白质分子仅由氨基酸组成。清蛋白、球蛋白、精蛋白、组蛋白和硬蛋白等都属此类。

2. 结合蛋白质　除蛋白质部分外,还包含非蛋白部分(称为辅基)。结合蛋白质根据辅基不同分类,主要有核蛋白(含核酸)、糖蛋白(含多糖)、脂蛋白(含脂类)、磷蛋白(含磷酸)、金属蛋白(含金属离子)及色蛋白(含色素,如血红蛋白含血红素)等。

二、按分子形状分类

根据蛋白质分子形状不同,可将蛋白质分为球状蛋白质和纤维状蛋白质两大类。前者长短轴之比小于10,外形近似球状,如酶及免疫球蛋白等功能蛋白质均属此类;后者长短轴之比大于10,如结缔组织中的胶原蛋白、毛发中的角蛋白等结构蛋白均属于此类。

小结

蛋白质是氨基酸构成的具有特定空间结构的高分子有机物。蛋白质是生命的物质基础,每一种蛋白质都有其特有的生物学功能。

组成蛋白质的基本单位是 L-α-氨基酸,有20种,可分为非极性疏水性氨基酸、极性中性氨基酸、酸性氨基酸和碱性氨基酸四类。氨基酸属于两性电解质,在溶液的 pH 等于其 pI 时,氨基酸成兼性离子。氨基酸之间通过肽键连接形成肽。十肽以下者称为寡肽,十肽以上者称为多肽。体内存在许多如 GSH、促甲状腺释放激素等重要的生物活性肽。

蛋白质结构可分为一级结构、二级结构、三级结构和四级结构。蛋白质的一级结构是指蛋白质分子中氨基酸在多肽链中的排列顺序,即氨基酸序列,其连接键是肽键,还包括二硫键。形成肽键的六个原子处于同一平面,构成肽单元。二级结构是指主链局部或某一段肽链的空间结构,不涉及氨基酸残基侧链构象。主要有α-螺旋、β-折叠、β-转角和无规卷曲,以氢键维持其稳定性。三级结构是指整条多肽链所有原子的排布方式,包括多肽链分子主链及侧链的构象。稳定三级结构主要是通过次级键的作用。四级结构是指蛋白质亚基之间的缔合,也主要靠次级键维系。

蛋白质的一级结构是空间结构的基础,也是功能的基础。一级结构相似的蛋白质,其空间结构与功能也相近。若蛋白质的一级结构发生改变则影响其正常功能,由此引起的疾病称为"分子病"。

蛋白质空间结构与功能密切相关,血红蛋白亚基与 O_2 结合可引起其他亚基构象变化,使之更易与 O_2 结合,这种变构效应是蛋白质中普遍存在的功能调节方式之一。若蛋白质的折叠发生错误,虽然其一级结构不变,但蛋白质的空间结构发生改变,可导致疾病的发生,此类疾病称为"构象病"。

蛋白质的空间结构改变,可导致其理化性质变化和生物学活性丧失。蛋白质变性后,只要其一级结构未遭到破坏,仍可在一定条件下复性,恢复原有的空间构象和功能。

 复习思考题

一、名词解释

1. 氨基酸等电点
2. 肽键
3. 肽单元
4. 蛋白质变性

二、问答题

1. 试述蛋白质的一级结构、二级结构、三级结构、四级结构的结构要点。
2. 何谓蛋白质的变性?举例说明其在临床上的应用。

(王丽影)

第 三 章

核酸的结构与功能

学习目标

1. 掌握核酸的分子组成;DNA 双螺旋结构模型要点;RNA 的结构特点及功能;DNA 变性、复性和分子杂交。
2. 熟悉 DNA 的三级结构;真核生物染色体的组装。
3. 了解核酸的一般理化性质。

核酸(nucleic acid)是以核苷酸为基本组成单位的生物大分子,具有复杂的结构和重要的功能。核酸分为核糖核酸(ribonucleic acid,RNA)和脱氧核糖核酸(deoxyribonucleic acid,DNA)两大类。DNA 存在于细胞核和线粒体内,是遗传信息的储存和携带者。RNA 存在于细胞质、细胞核和线粒体内,参与遗传信息的传递与表达。大多数生物都含有 DNA 和 RNA,但是病毒一般只含有一种核酸,因此,可将病毒分为 DNA 病毒和 RNA 病毒。

第一节　核酸的化学组成

组成核酸的化学元素有 C、H、O、N、P 等。各种核酸分子中 P 的含量较多并且恒定,约占 9% ~ 10%,故在测定生物组织中核酸的含量时,通常通过测定 P 的含量来计算。

核酸是由很多单核苷酸聚合形成的多聚链状分子,其基本组成单位是核苷酸(nucleotide),在 DNA 中是脱氧核糖核苷酸,而 RNA 中则是核糖核苷酸。核苷酸是由戊糖、碱基和磷酸构成的。现将这几种成分和连接方式简述如下。

一、戊　　糖

构成核酸的戊糖均为 β-*D*-型结构,有核糖(ribose)和 2-脱氧核糖(deoxyribose)两种,分别存在于核糖核苷酸和脱氧核糖核苷酸中。为了区别碱基上原子的编号,戊糖的 C 原子编号都加上"′",如 C-1′表示戊糖的第一位碳原子(图 3-1)。

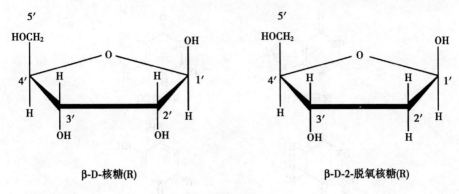

β-D-核糖(R)　　　　　　　　β-D-2-脱氧核糖(R)

图3-1　两种核糖的结构

二、碱　基

构成核苷酸的碱基有五种,均为含氮杂环化合物,分别属于嘌呤和嘧啶的衍生物。核苷酸中的嘌呤碱(purine)主要是鸟嘌呤(G)和腺嘌呤(A),嘧啶碱(pyrimidine)主要是胞嘧啶(C)、尿嘧啶(U)和胸腺嘧啶(T)。G、A 和 C 三种碱基是 DNA 和 RNA 所共有的,T 一般只存在于 DNA 中,不存在于 RNA 中;而 U 只存在于 RNA 中,不存在于 DNA 中。它们的化学结构见图3-2。

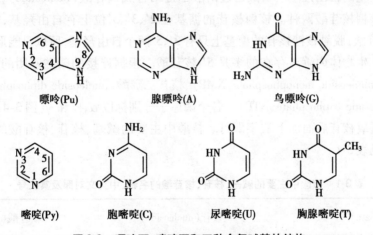

嘌呤(Pu)　　　腺嘌呤(A)　　　鸟嘌呤(G)

嘧啶(Py)　　胞嘧啶(C)　　尿嘧啶(U)　　胸腺嘧啶(T)

图3-2　嘌呤环、嘧啶环和五种含氮碱基的结构

除了上述的五种基本碱基外,自然界存在的嘌呤碱基衍生物还有次黄嘌呤、黄嘌呤、尿酸、茶碱等(图3-3)。RNA 分子中还有少量的稀有碱基。稀有碱基的种类很多,大多是甲基化碱基。核酸中的碱基甲基化的过程发生在核酸的生物合成以后,对核酸的生物学功能具有极其重要的意义。

三、核　苷

碱基和戊糖通过糖苷键相连形成核苷(nucleoside),同样分为核糖核苷和脱氧核糖核苷两种。通常是戊糖的 C-1′原子与嘌呤碱的 N-9 原子或嘧啶碱的 N-1 原子相连接。其命名是在相应核苷前面加上碱基的名字,如胞嘧啶核苷简称胞苷、腺嘌呤脱氧核苷简称脱氧腺苷。若是脱

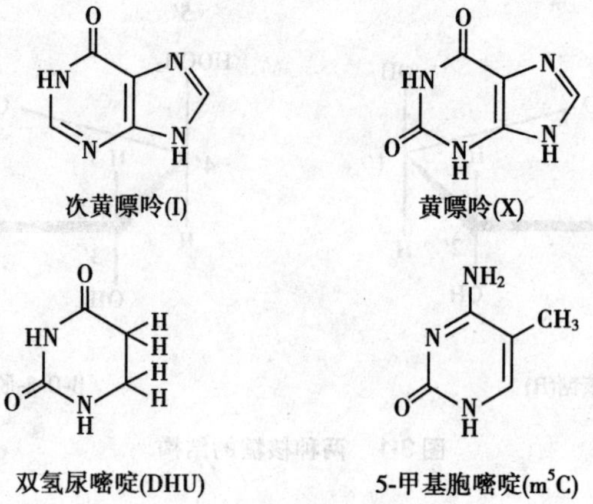

图 3-3 常见的稀有碱基

次黄嘌呤(I)　黄嘌呤(X)　双氢尿嘧啶(DHU)　5-甲基胞嘧啶(m⁵C)

氧核苷则糖基的 2′ 位为"H"。

四、核 苷 酸

核苷中戊糖基的自由羟基与磷酸通过磷酸酯键结合成核苷酸(nucleotide),同样分为核糖核苷酸和脱氧核糖核苷酸两种。核糖核苷的糖基在 2′、3′、5′ 位上有自由羟基,故能分别形成 2′-、3′- 或 5′-核苷酸;脱氧核糖核苷的糖基上只有 3′、5′ 两个自由羟基,所以只能形成 3′- 或 5′- 两种脱氧核苷酸。生物体内游离存在的多是 5′-核苷酸。根据连接的磷酸基团的数目不同可分为核苷一磷酸(nucleoside monophosphate,NMP)、核苷二磷酸(nucleoside diphosphate,NDP)和核苷三磷酸(nucleoside triphosphate,NTP)。各个磷原子分别标以 α,β 和 γ(图 3-4A)。其命名是在相应核苷或脱氧核苷后面加上酸字即可。核酸中主要的碱基、核苷、核苷酸的名称、中英文对照及其代号见表 3-1。

表 3-1 核酸中主要的碱基、核苷、核苷酸的名称、中英文对照及其代号

碱基(base)	核苷(nucleoside)	核苷酸(nucleotide)
RNA	核糖核苷	5′-核苷酸(NMP)
腺嘌呤(adenine,A*)	腺苷(adenosine)	腺苷酸(AMP)
鸟嘌呤(guanine,G)	鸟苷(guanosine)	鸟苷酸(GMP)
胞嘧啶(cytosine,C)	胞苷(cytidine)	胞苷酸(CMP)
尿嘧啶(uracil,U)	尿苷(uridine)	尿苷酸(UMP)
DNA	脱氧核苷	5′-脱氧核苷酸(dNMP)
腺嘌呤(adenine,A)	脱氧腺苷(deoxyadenosine)	脱氧腺苷酸(dAMP)
鸟嘌呤(guanine,G)	脱氧鸟苷(deoxyguanosine)	脱氧鸟苷酸(dGMP)
胞嘧啶(cytosine,C)	脱氧胞苷(deoxycytidine)	脱氧胞苷酸(dCMP)
胸嘧啶(thymine,T)	脱氧胸苷(deoxythymidine)	脱氧胸苷酸(dTMP)

* A、G、U、C、T 除了用来代表相应的含氮碱基之外,还常常被用来表示相应的核苷和核苷酸(见本表右栏),在脱氧核苷和核苷酸代号之前加上小写的 d 以表示脱氧。

22

核苷酸除了作为核酸的基本组成单位外,在生物体内还有重要的代谢及调节功能。例如,AMP 参与 FAD、泛酸和辅酶 I 等辅酶的组成;环腺苷酸(cyclic AMP,cAMP)和环鸟苷酸(cyclic GMP,cGMP)在细胞信号转导过程中起着重要调控作用(图 3-4B)。

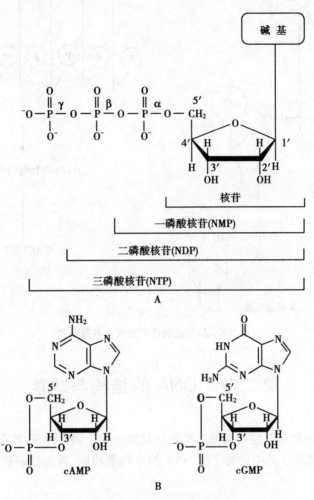

图 3-4　核苷酸的化学结构

A. 核苷酸的通式;B. cAMP 和 cGMP

核酸就是由很多核苷酸以特定方式聚合所形成的多核苷酸链。核苷酸之间的连接方式是:前一位核苷酸的 3′-OH 与后一位核苷酸的 5′磷酸之间形成 3′,5′-磷酸二酯键,从而形成不分支的线性大分子,具有严格的方向性。核酸的两个末端分别称为 5′-末端(游离磷酸基)和 3′-末端(游离羟基)。

表示一个核酸分子的书写方法由繁至简有多种(图 3-5),规则是从 5′-末端到 3′-末端。由于多核苷酸链的主链骨架都是由糖基和磷酸基组成,所不同的只是侧链上的碱基排列顺序,因此,最简洁的方式是直接以碱基字母缩写式来表示相应的核苷酸。

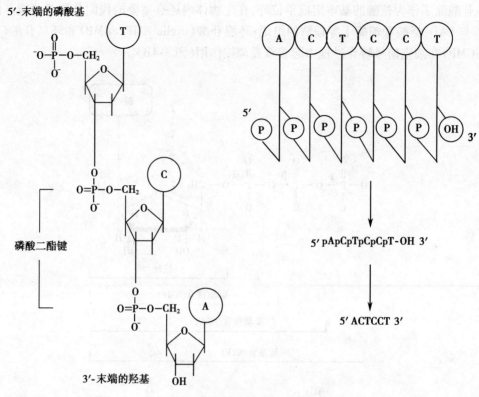

图 3-5　核苷酸的连接方式及书写方式

第二节　DNA 的结构与功能

DNA 是由许多脱氧核苷酸经磷酸二酯键连接组成的生物大分子,具有非常复杂的结构,各种生物的遗传信息储存于其中。要了解 DNA 的生物学功能,首先须解析其组成、一级结构和空间结构。

一、DNA 的一级结构

核酸(包括 DNA 和 RNA)的一级结构是指其核苷酸的排列顺序。由于核苷酸之间的差异仅仅是碱基的不同,故又可称为碱基排列顺序。不同的核酸分子之间的差别就体现在碱基的排列顺序之上。组成 DNA 分子的基本单位是四种脱氧核苷酸:dAMP、dGMP、dCMP 和 dTMP。因此,DNA 的一级结构是指 DNA 分子中脱氧核糖核苷酸的排列顺序,即碱基排列顺序。生物遗传信息就储存在 DNA 分子的碱基排列顺序之中,因而对 DNA 分子一级结构的分析对阐明 DNA 空间结构和功能具有根本性意义。

二、DNA 的空间结构

1953 年,Watson 和 Crick 在前人的工作基础上提出了 DNA 分子二级结构的双螺旋结构模型,揭示了遗传信息如何储存在 DNA 分子中,并得以世代相传的分子机制,由此揭开了现代分子生物学发展的序幕,被誉为生物学发展史上的一个重要里程碑。

(一)DNA 的二级结构

1. 研究背景 20 世纪 50 年代初,Chargaff 等人应用层析和紫外吸收分析等技术研究了多种生物 DNA 的碱基组成,发现有如下规律:①在所有来源的 DNA 分子中,腺嘌呤与胸腺嘧啶的摩尔数相同,而鸟嘌呤则与胞嘧啶的摩尔数相同;②不同生物种属的 DNA 碱基组成不同;③同一生物的不同器官、不同组织的 DNA 碱基组成均相同;④生物体内 DNA 碱基的组成不随生物体的年龄、营养状态或者环境的变化而改变。

此后,Wilkins 和 Franklin 通过对 DNA 分子的 X 射线衍射分析发现 DNA 是螺旋形分子,且其密度提示是双链分子。这些认识后来为 DNA 的双螺旋结构模型提供了有力的佐证。

2. 双螺旋结构模型要点 ①DNA 分子是由两股方向相反的平行多聚脱氧核苷酸链,围绕同一中心轴以右手双螺旋的方式缠绕所形成的立体结构。两股链螺旋表面上形成大沟(major groove)和小沟(minor groove),这些沟状结构与蛋白质和 DNA 间的识别有关。②双螺旋主链骨架由脱氧核糖和磷酸交替构成,位于双螺旋的外侧,碱基位于双螺旋的内侧。两条链的碱基之间以氢键结合位于同一平面之上,称为碱基互补配对。碱基互补配对中,腺嘌呤与胸腺嘧啶之间形成两个氢键;鸟嘌呤与胞嘧啶之间形成三个氢键。碱基对平面之间的距离是 0.34nm,每一螺旋含 10 个碱基,螺距为 3.4nm,双螺旋的直径为 2.0nm(图 3-6)。③DNA 双螺旋的横向稳定由互补碱基对之间的氢键维系,而纵向稳定则依赖于碱基平面间的疏水性碱基堆积力。

必须指出,DNA 的右手双螺旋结构(B-DNA)是自然界最普遍的形式,但随着研究的深入,陆续发现了左旋结构(Z-DNA)和另一种右旋结构(A-DNA)。在生物体内,不同构象的 DNA 分子在功能上存在差异,与基因表达调控有关。

(二)DNA 的三级结构

DNA 双螺旋分子在空间可进一步折叠或盘绕成为更为复杂的结构,即三级结构。超螺旋

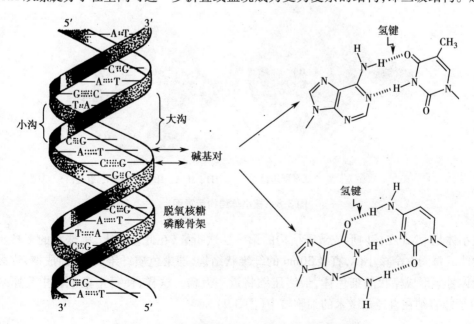

图 3-6 DNA 的双螺旋结构示意图及碱基互补配对

是其主要形式。DNA 超螺旋结构又可分为负超螺旋和正超螺旋。盘绕方向与 DNA 双螺旋方向相反的是负超螺旋,通过这种方式,调整了 DNA 双螺旋本身的结构,松懈了扭曲压力,DNA 的空间结构相对疏松。天然存在的 DNA 均为负超螺旋。盘绕方向与 DNA 双螺旋方向相同的是正超螺旋,使 DNA 分子的结构更加紧密。DNA 超螺旋结构整体或局部的拓扑学变化及其调控对于 DNA 复制和 RNA 转录过程具有关键作用。

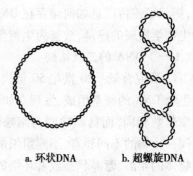

a. 环状DNA　　b. 超螺旋DNA

图 3-7　环状和超螺旋 DNA 结构

真核生物线粒体、绝大多数原核生物的 DNA 是共价封闭的环状双链分子,这种双螺旋环状分子再度螺旋化成为超螺旋结构(图 3-7)。

三、真核生物染色体的组装

在真核生物,DNA 大多以染色质的形式存在于细胞核内。染色质的基本组成单位是核小体(nucleosome),核小体由组蛋白和 DNA 共同组成。

组蛋白是一种富含赖氨酸和精氨酸的碱性蛋白质,根据这两种氨基酸在蛋白质分子中的相对比例,将组蛋白分为 H1、H2A、H2B、H3 和 H4 五类。各两分子的 H2A、H2B、H3 和 H4 共同构成致密八聚体的核心组蛋白,DNA 双螺旋链缠绕其上 1.75 圈(长度为 146 个碱基对)形成了核小体的核心颗粒。两相邻核心颗粒之间再由 DNA(约 60bp)和组蛋白 H1 构成的连接区连接串联成核小体(图 3-8)。

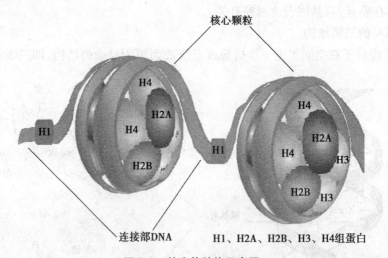

核心颗粒

连接部DNA　　H1、H2A、H2B、H3、H4组蛋白

图 3-8　核小体结构示意图

核小体是 DNA 在核内形成致密结构的第一层次折叠,在此基础上,串珠状的多核小体进一步卷曲成每圈六个核小体,直径 30nm 的纤维状结构,即染色质纤维,再扭曲成襻,许多襻环绕染色体骨架形成棒状的染色体,最终压缩将近一万倍。这样,使每个染色体中几厘米长的 DNA 分子能容纳在直径数微米的细胞核中(图 3-9)。

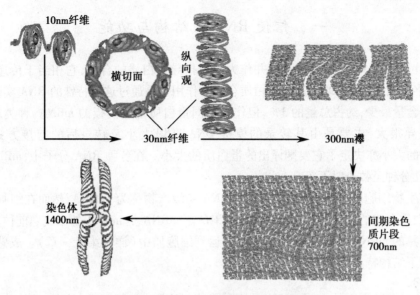

图 3-9　真核生物染色体的组装示意图

四、DNA 的功能

DNA 是遗传信息的载体。DNA 的基本功能就是作为生物遗传信息复制的模板和基因转录的模板,它是生命遗传繁殖的物质基础,也是个体生命活动的基础。

所谓基因(gene)通常指 DNA 分子中的某一特定区段,其核苷酸排列顺序决定了基因的功能:表达产生有生物学活性的产物蛋白质或 RNA 分子。一个细胞或生物所含的全套基因称基因组(genome),一般来讲,生物进化的程度越高,其基因组也越大。最简单的生物如 SV40 病毒的基因组仅含有 5100 个碱基对,而人的基因组则大约由 3×10^9 个碱基对组成,使可编码的信息量大大增加。

第三节　RNA 的结构与功能

RNA 在生命活动中同样占有重要地位,主要参与遗传信息的表达。RNA 通常以单链形式存在,但也有复杂的局部二级结构或三级结构。RNA 分子比 DNA 分子小得多,小的由数十个核苷酸,大的由数千个核苷酸组成。RNA 的功能多样,所以它的种类、大小和结构都比 DNA 多样化。

RNA 主要分为三种,即信使 RNA(messenger RNA,mRNA)、转运 RNA(transfer RNA,tRNA)、核糖体 RNA(ribosomal RNA,rRNA)。此外,在细胞内还有其他的一些小分子 RNA 存在。不均一核 RNA(hnRNA)是成熟 mRNA 的前身物质。核内小 RNA(snRNA)参与 hnRNA 的剪接、转运过程。胞质小 RNA(scRNA)又称为 7SL-RNA,是蛋白质内质网定位合成的信号识别体的组成成分。

一、信使 RNA 的结构与功能

mRNA 可从 DNA 转录遗传信息,并作为模板指导蛋白质的合成,它相当于传递遗传信息的信使,其名字由此而来,DNA 决定蛋白质合成的作用正是通过这类特殊的 RNA 实现的。

mRNA 含量最少,约占总量的 3%,但作为不同蛋白质合成模板的 mRNA,种类却最多,其一级结构差异很大,主要是由其转录的模板 DNA 区段大小及转录后的剪接方式决定的。mRNA 分子的大小亦决定了它要翻译出的蛋白质的大小。在各种 RNA 分子中,mRNA 的半衰期最短,从几分钟至数小时不等。

在真核生物细胞核中,最初转录生成的 RNA 初级产物称为 hnRNA,然而在细胞质中起作用、作为蛋白质合成的氨基酸序列模板的是 mRNA。hnRNA 是 mRNA 的未成熟前体,经过剪接加工成为成熟的 mRNA,并依靠特殊的机制转运到细胞质中(详见第十一章)。成熟的 mRNA 分子具有以下结构特点(图 3-10)。

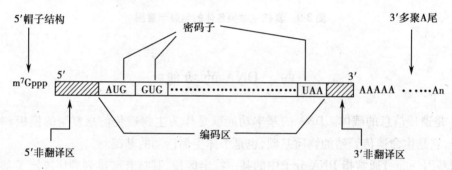

图 3-10 真核生物成熟 mRNA 结构示意图

1. 编码区和非编码区 mRNA 分子中的序列按其功能分为编码区与非编码区。编码区是其主要结构部分,是由 hnRNA 经过剪接去掉了一些不具备编码功能的片段(内含子)之后,将具备编码功能的序列(外显子)连接在一起构成的,决定了翻译生成的蛋白质的一级结构。非编码区通常位于编码区的两个外侧,与蛋白质生物合成的调控有关。

2. 5′末端帽结构 在 hnRNA 转变为 mRNA 的过程中,5′末端被加上一个甲基化的鸟嘌呤核苷三磷酸,这种 m^7Gppp 结构被称为"帽"结构。在原始转录产物的第一、二个核苷酸中戊糖 C-2′通常也会被甲基化,由此产生数种不同的帽结构。帽结构对于 mRNA 从细胞核向细胞质的转运、与核糖体的结合、翻译的起始和 mRNA 稳定性的维持等均起到重要作用。

3. 3′末端多聚腺苷酸尾 多聚腺苷酸(polyA)尾也是在 mRNA 转录完成之后逐个添加上去的,一般由 80 ~ 250 个腺苷酸连接而成。随着 mRNA 存在时间的延长,多聚 A 尾慢慢变短。因此,目前认为这种 3′末端结构可能与转录活性增加、mRNA 从细胞核向细胞质的转运和 mRNA 稳定性维系有关。

mRNA 的功能是把核内 DNA 的碱基顺序(遗传信息),按照碱基互补的原则,抄录并转送到胞质,以指导蛋白质的生物合成。而这种模板功能是以遗传密码的形式来完成的。mRNA 分子从 5′端第一个 AUG 开始,每 3 个相邻的核苷酸为一组,决定多肽链上的一个氨基酸,又称为三联体密码(详见第十一章)。

二、转运 RNA 的结构与功能

tRNA 的功能是在蛋白质合成过程中作为各种氨基酸的载体,在 mRNA 的遗传密码指引下将氨基酸转运至核糖体上,供蛋白质合成使用,是蛋白质合成中的接合器。tRNA 是细胞内分子量最小的一类核酸,有 100 多种,由 74~95 个核苷酸构成,占细胞总 RNA 的 15%。tRNA 中含有 10%~20% 的稀有碱基,如:甲基化的嘌呤 ^mG、^mA,双氢尿嘧啶(DHU)、次黄嘌呤等。各种 tRNA 在结构上有一些共同特点。

1. 二级结构 组成 tRNA 分子的一些核苷酸通过碱基互补配对形成多处局部的双链。这些双链结构呈茎状,其他不配对的区带构成所谓的环和襻,称为茎环结构或是发夹结构,使得整个 tRNA 分子形成三叶草形(cloverleaf pattern)的二级结构。在此结构中,从 5′ 末端起的第一个环是 DHU 环,以含二氢尿嘧啶为特征;第二个环为反密码子环,其环中部的三个碱基可以与 mRNA 中的三联体密码子形成碱基互补配对,构成所谓的反密码子;第三个环为 TψC 环,以含胸腺嘧啶核苷和假尿嘧啶核苷为特征;在反密码子环与 TψC 环之间,往往存在一个额外环,由数个乃至二十余个核苷酸组成。所有 tRNA 的 3′ 末端最后 3 个核苷酸均为 CCA-OH,tRNA 所转运的氨基酸就连接在此末端上(图 3-11A)。

2. 三级结构 X 射线衍射结构分析表明,tRNA 的共同三级结构呈倒 L 形(图 3-11B)。从倒 L 形中可以发现 3′-CCA-OH 末端的氨基酸臂位于一端,反密码子环位于另一端,而 DHU 环和 TψC 环虽在二级结构上各处一方,但在三级结构上却相距很近。各种 tRNA 分子的核苷酸序列和长度虽然有差异,但其三级结构均相似,提示这种空间结构与 tRNA 的功能有密切关系。

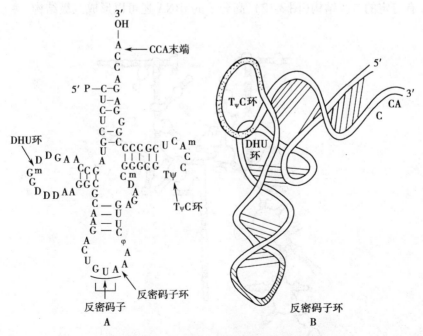

图 3-11 tRNA 的二级结构和三级结构
A. tRNA 的"三叶草形"二级结构;B. tRNA 的"倒 L 形"三级结构

三、核糖体 RNA 的结构与功能

rRNA 是细胞内含量最多的一类 RNA,约占总 RNA 量的 80% 以上。rRNA 与核糖体蛋白共同构成核糖体(ribosome)。原核生物和真核生物的核糖体均由易于解聚的大、小两个亚基组成。

原核生物的 rRNA 分为 5S、16S、23S 三种(S 是大分子物质在超速离心沉降中的沉降系数,可间接反映分子量的大小)。它们分别与不同的核糖体蛋白质结合形成了核糖体的小亚基和大亚基。真核生物的四种 rRNA 也以同样的方式构成了核糖体的小亚基和大亚基(表 3-2)。

表 3-2　核糖体的组成

	原核生物(以大肠杆菌为例)		真核生物(以小鼠肝为例)	
小亚基		30S		40S
rRNA	16S	1542 个核苷酸	18S	1874 个核苷酸
蛋白质	21 种	占总重量的 40%	33 种	占总重量的 50%
大亚基		50S		60S
rRNA	23S	2940 个核苷酸	28S	4718 个核苷酸
	5S	120 个核苷酸	5.8S	160 个核苷酸
			5S	120 个核苷酸
蛋白质	31 种	占总重量的 30%	49 种	占总重量的 35%

各种 rRNA 分子都是由一条多核苷酸链构成,它们所含核苷酸残基数及其顺序都不相同,各种 rRNA 有特定的二级结构(图 3-12),高分子的 rRNA 还可以形成三级结构。

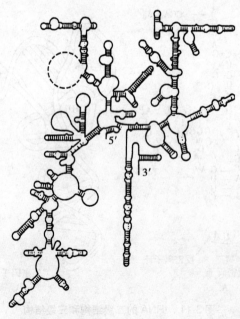

图 3-12　真核生物 18S rRNA 的二级结构

核糖体是细胞合成蛋白质的场所。rRNA 的生物学功能正是以核糖体的形式参与蛋白质生物合成(详见第十一章)。

第四节 核酸的理化性质

一、核酸的一般理化性质

DNA 和 RNA 分子中既有酸性的磷酸基团,又有碱性的含氮碱基,因此,核酸与蛋白质一样,也是两性电解质。因为磷酸基的酸性较强,故核酸分子通常表现为酸性。各种核酸分子大小及所带电荷各不相同,可用电泳和离子交换层析等方法区分。

DNA 是线状的高分子化合物,黏度很大;RNA 分子较小,黏度也小得多。DNA 分子在机械力的作用下易发生断裂,通常只能得到它的片段进行研究。

核酸分子中所含的碱基都有共轭双键,故都具有吸收 240~290nm 波长紫外线的特性,其最大吸收峰在 260nm 附近(图 3-13)。该性质可以用来对核酸进行定性和定量分析。但核酸的紫外吸收值常比其水解产物各核苷酸成分的紫外吸收值之和少 30%~40%,这是由于有规律的双螺旋结构中碱基借氢键与疏水键紧密地堆积在一起所造成的。

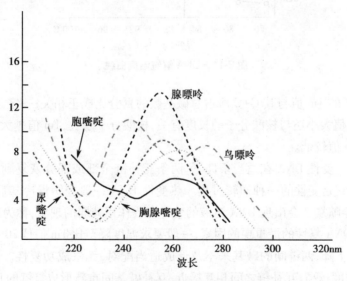

图 3-13 各种碱基的紫外吸收光谱

二、DNA 的变性、复性与分子杂交

1. DNA 变性 DNA 变性是指在理化因素作用下,氢键断裂,DNA 分子由稳定的双螺旋结构松解为无规则线性结构(单链状态),一些生物学活性丧失和理化性质发生改变的现象。变性不涉及磷酸二酯键的断裂和一级结构的改变。凡能破坏双螺旋稳定性的因素,如加热、极端

的 pH、有机溶剂(如甲醇、乙醇、尿素及甲酰胺等),均可引起核酸分子变性。

DNA 变性后其溶液的紫外吸收作用会明显增强,这就是所谓的增色效应。其原因在于,变性时 DNA 双螺旋解开,原来位于双螺旋结构内侧的碱基外露,碱基中电子的相互作用更有利于紫外吸收,故而产生增色效应。

常见的变性方法是加热,当温度升高到一定程度时,DNA 溶液的 A_{260} 会突然快速上升至最高值,随后即使温度继续升高,A_{260} 也不再明显变化。以温度对 A_{260} 的关系作图,所得的 DNA 解链曲线呈 S 型(图3-14)。可见 DNA 热变性是暴发式,只在一个很窄的温度范围内发生。通常将核酸加热变性过程中,紫外吸收增加值达到最大值的 50% 时的温度称为核酸的解链温度或融解温度(melting temperature,Tm)。在 Tm 时,核酸分子内 50% 的双螺旋结构被破坏。

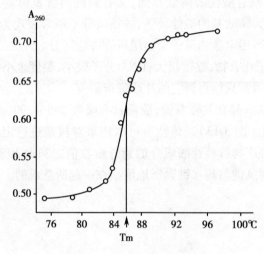

图3-14　DNA 解链温度曲线

特定核酸分子的 Tm 值与其 G+C 所占总碱基数的百分比成正相关;一定条件下(相对较短的核酸分子),Tm 值大小还与核酸分子的长度有关,核酸分子越长,Tm 值越大;另外,溶液的离子强度较低时,Tm 值较低。

2. DNA 复性　变性 DNA 在适当条件下,两条互补链全部或部分恢复到天然双螺旋结构的现象称为复性,它是变性的一种逆转过程。热变性 DNA 一般经缓慢冷却后即可复性,此过程称之为退火。伴随复性会出现 DNA 溶液的紫外吸收作用减弱的现象,称为减色效应。

温度是影响 DNA 复性的最重要的因素,一般要求温度降至比 Tm 值低 20～25℃;降温要缓慢,如果温度骤然下降,两链间的碱基来不及形成适当配对,无法成功复性。浓度也是重要的影响因素,DNA 浓度较高,互补链之间相互接近、互补碱基间重新形成氢键的几率较大,较容易复性。复性还要求有适当的离子强度,一般较高的离子强度有利于复性。

3. 分子杂交　复性也会发生于不同来源的核酸链之间。将不同来源的核酸分子变性后,合并在一处进行复性,这时,只要这些单链核酸分子含有可以形成连续的碱基互补配对的片段,彼此之间就可在这些局部形成双链,这个过程称为核酸分子杂交(hybridization),局部形成的双链被称为杂化双链(图3-15)。杂交可以发生于 DNA 与 DNA 之间,也可以发生于 RNA 与 RNA 之间以及 DNA 与 RNA 之间。核酸杂交技术是目前研究核酸的结构和功能的常用手段,可用于检测待测样品中是否存在某些特定核酸序列,也可用于考察不同生物间核酸序列的相

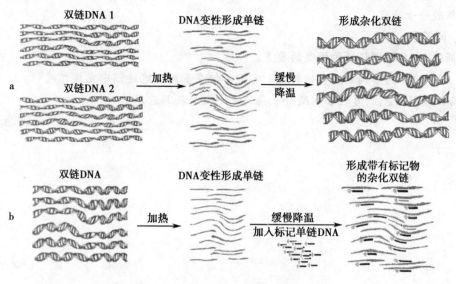

图 3-15　DNA 变性、复性和分子杂交

似性以确定它们在进化中的关系。

小结

　　核酸是一类重要的生物大分子,包括 DNA 和 RNA。DNA 是遗传的物质基础,RNA 则与蛋白质的生物合成有关。

　　核酸的基本组成单位是核苷酸,核苷酸由碱基、戊糖和磷酸组成。DNA 中的碱基为 A、G、C、T,RNA 中为 A、G、C、U。核苷酸之间通过磷酸二酯键相连。核酸的一级结构是指核酸分子的核苷酸排列顺序,也称为碱基序列。双螺旋结构是 DNA 的二级结构:由两股反向平行的多聚脱氧核苷酸链围绕中心轴以右手双螺旋缠绕形成,碱基之间以氢键相连,G-C、A-T 互补配对。双链碱基互补特点揭示了 DNA 的半保留复制的机制。

　　RNA 主要包括:①mRNA,含有 5′端帽结构和 3′末端的多聚 A 尾,功能是指导蛋白质生物合成;②tRNA,含有较多的稀有碱基,具有三叶草形二级结构和倒 L 形的三级结构,功能是运载氨基酸;③rRNA,与蛋白质共同组成蛋白质合成的场所——核糖体。

　　DNA 变性的本质是双链的解链,加热变性中紫外吸收增加值达到最大值的 50% 时的温度称为 DNA 的解链温度,又称融解温度(Tm),此时,核酸分子内 50% 的双链结构被解开。缓慢降低温度,两条互补链又可以重新配对而复性。假如两条链来源不一样,则称为核酸分子杂交。

复习思考题

一、名词解释

1. 核小体
2. 解链温度
3. DNA 变性

4. 核酸分子杂交

二、问答题

1. 简述 DNA 双螺旋结构模型的要点。

2. 三种 RNA 的结构分别有何特征？它们如何在基因表达过程中发挥作用？

3. 解释 DNA 变性、复性和核酸分子杂交三个概念及其应用。

（钟连进）

第 四 章

酶

学习目标

1. 掌握酶的活性中心;酶原激活的机制;同工酶;酶促反应的特点;影响酶促反应速度的因素。
2. 熟悉 B 族维生素与辅酶的关系;酶的作用机制;酶的调节。
3. 了解酶的分类与命名;酶与医学的关系。

酶(enzyme)是生物体内的催化剂,体内新陈代谢的一系列反应几乎都是在酶的催化下完成的。因此,生命活动离不开酶。一般意义上说,酶是由活细胞合成的,具有催化功能的蛋白质。酶所具有的催化能力称为酶的活性;由酶所催化的化学反应称为酶促反应。核酶是具有催化作用的核糖核酸,数量少,主要作用于核酸。

酶与医学关系密切,人类的许多疾病和酶的异常有关,许多酶已经用于疾病的诊断和治疗,酶学知识的广泛应用,必将为人类做出更大的贡献。

第一节 酶的结构与功能

酶是蛋白质,同蛋白质一样,具有一、二、三级结构,有些酶具有四级结构。通常将仅具有三级结构的酶称为单体酶;具有四级结构的酶称为寡聚酶;此外,生物体内还存在由几种不同功能的酶彼此聚合形成的多酶复合物,称为多酶体系;一些多酶体系由于基因的融合,使多种不同催化功能存在于一条多肽链中,这类酶称为多功能酶或串联酶。

一、酶的分子组成

酶按其分子组成可分为单纯酶(simple enzyme)和结合酶(conjugated enzyme)。单纯酶是完全由氨基酸构成的单纯蛋白质。如蛋白酶、淀粉酶、脂酶、脲酶、核糖核酸酶等。结合酶由蛋白质部分(酶蛋白)和非蛋白质部分(辅助因子)组成。两者结合形成的复合物称为全酶(holoenzyme)。在酶促反应中,酶蛋白决定酶催化反应的专一性;辅助因子决定酶催化反应的类型,起着传递某些化学基团、电子或质子的作用。酶蛋白和辅助因子单独存在时均无催化作用,只有全酶才具有催化作用。

结合酶中的辅助因子包括金属离子或小分子有机化合物。辅助因子按其与酶蛋白结合的紧密程度不同,又分为辅酶(coenzyme)和辅基(prosthetic group)。辅酶与酶蛋白结合疏松,用透析或超滤等方法可将其除去;辅基与酶蛋白结合紧密,不能用透析或超滤等方法将其除去。金属离子多为辅基,小分子有机化合物有的为辅酶,有的为辅基。

作为结合酶辅助因子的金属离子主要有 K^+、Na^+、Mg^{2+}、Zn^{2+}、Fe^{2+}、Cu^{2+}、Mn^{2+} 等。以金属离子为辅助因子的酶有两类:一类是金属离子与酶蛋白结合紧密,在纯化过程中不易丢失,这类酶称为金属酶,如羧基肽酶(含 Zn^{2+})、黄嘌呤氧化酶(含 Mo)等;另一类是金属离子与酶蛋白结合不紧密,在纯化过程中易丢失,这类酶称为金属活化酶,如己糖激酶(Mg^{2+})、丙酮酸羧化酶(Mg^{2+}、Mn^{2+})等。金属离子在酶促反应中的作用主要体现在:①稳定酶的空间构象;②参与电子的传递,如细胞色素中的 Fe^{2+}、Cu^{2+};③在酶与底物间起桥梁作用,便于酶与底物的密切接触;④中和电荷,降低反应中的静电斥力等。

作为结合酶辅助因子的小分子有机化合物主要有铁卟啉、B 族维生素及其衍生物,其主要作用是在酶促反应中传递电子、质子或某些基团,如 FMN、FAD、生物素等(表 4-1)。

表 4-1　B 族维生素与辅酶(辅基)的关系

B 族维生素	辅酶或辅基	转移的基团
维生素 B_1(硫胺素)	焦磷酸硫胺素(TPP)	醛基
维生素 B_2(核黄素)	黄素单核苷酸(FMN) 黄素腺嘌呤二核苷酸(FAD)	氢原子(质子)
维生素 PP(烟酰胺)	烟酰胺腺嘌呤二核苷酸(NAD^+) 烟酰胺腺嘌呤二核苷酸磷酸($NADP^+$)	氢原子(质子)
维生素 B_6(吡哆醛,吡哆胺)	磷酸吡哆醛,磷酸吡哆胺	氨基
泛酸	辅酶 A(Co A)	酰基
生物素	生物素	二氧化碳
叶酸	四氢叶酸(FH_4)	一碳单位
维生素 B_{12}	甲基钴胺素	甲基

二、酶的活性中心

酶分子中氨基酸残基的侧链存在许多化学基团,这些基团并不都与酶的催化活性有关,只有一小部分与酶的催化活性密切相关。酶分子中与酶的催化活性密切相关的基团称为酶的必需基团(essential group)。例如,组氨酸残基的咪唑基、丝氨酸和苏氨酸残基的羟基(—OH)、半胱氨酸残基的巯基(—SH)以及谷氨酸残基的 γ-羧基(γ—COOH)等。这些必需基团在一级结构上可能相距很远,甚至存在于不同的多肽链上,但在空间结构上可彼此靠近,形成特定的空间区域,该区域能与底物特异结合,并催化底物转变成产物,这一区域称为酶的活性中心(active center)或活性部位(active site)。

酶活性中心内的必需基团分为结合基团(binding group)和催化基团(catalytic group)。结合基团能识别底物并与之特异地结合,形成酶-底物复合物;催化基团可催化底物转变为产物。需要指出的是,活性中心内的某些必需基团可同时具有这两方面的功能。此外,酶活性中心外还存在一些必需基团,是维持酶活性中心空间构象所必需的(图4-1)。

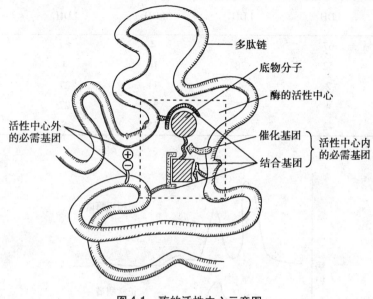

图4-1 酶的活性中心示意图

酶的活性中心是酶行使催化作用的关键区域,形如凹陷或裂缝,并深入至酶分子内部,且多为氨基酸残基的疏水基团组成的疏水环境,形成疏水"口袋";酶的活性中心一旦被其他物质占据或其空间构象被某些因素破坏,酶则丧失催化活性。

三、同 工 酶

有些酶催化的化学反应相同,但酶蛋白的分子结构、理化性质和免疫学特性均不相同,将这样一组酶称为同工酶(isoenzyme)。

同工酶存在于同一机体的不同组织或同一细胞的不同亚细胞结构中,它使不同的组织、器官和不同亚细胞结构具有不同的代谢特征,这为利用同工酶诊断不同器官的疾病提供了理论依据。当某组织发生病变时,可能有某种特殊的同工酶从细胞释放入血液,因此检测血清同工酶活性的改变对于疾病的器官定位具有重要的诊断价值。

现已发现的同工酶已有百余种,乳酸脱氢酶(lactate dehydrogenase,LDH)是最先被发现的同工酶。LDH 是由四个亚基组成的四聚体,其亚基有骨骼肌型(M)和心肌型(H),这两型亚基以不同的比例组成五种同工酶:$LDH_1(H_4)$、$LDH_2(H_3M)$、$LDH_3(H_2M_2)$、$LDH_4(HM_3)$、LDH_5(M_4)。这五种同工酶由于分子结构的差异,具有不同的电泳速度(其电泳速度由 LDH_1 至 LDH_5 依次递减)。

由于 LDH 同工酶在不同组织器官中的种类、含量与分布比例不同(表4-2),使不同的组织、细胞具有不同的代谢特点。如心肌中 LDH_1 含量丰富,LDH_1 以催化乳酸脱氢生成丙酮酸为主;肝和骨骼肌中 LDH_5 较多,以催化丙酮酸还原为乳酸为主。正常血清 LDH 同工酶的活性有如下规律：LDH$_2$>LDH$_1$>LDH$_3$>LDH$_4$>LDH$_5$。当心脏病变时,可见 LDH$_1$ 活性大于 LDH$_2$；当肝脏病变时,可见 LDH$_5$ 活性升高(图4-2)。

表4-2　人体各组织器官中 LDH 同工酶的分布(占总活性的%)

组织器官	LDH$_1$	LDH$_2$	LDH$_3$	LDH$_4$	LDH$_5$
心肌	67	29	4	<1	<1
肾	52	28	16	4	<1
肝	2	4	11	27	56
骨骼肌	4	7	21	27	41
红细胞	42	36	15	5	2

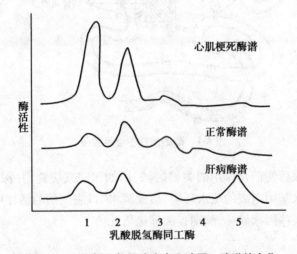

图4-2　心肌梗死与肝病患者血清同工酶谱的变化

肌酸激酶(creatine kinase,CK)是由两种亚基组成的二聚体,即肌型亚基(M)和脑型亚基(B)。脑中含有 CK$_1$(BB)；骨骼肌中含有 CK$_3$(MM)；CK$_2$(MB)仅见于心肌。血清中 CK$_2$ 活性的测定有助于心肌梗死的早期诊断。

第二节　酶促反应的特点与机制

酶是生物催化剂,具有一般催化剂共有的特征,如只能催化热力学上允许的化学反应；虽参与反应,但在反应的前后没有质和量的改变；只能加速反应达到反应的平衡点,而不能改变平衡点。但酶是蛋白质,还具有与一般催化剂不同的特性。

一、酶促反应的特点

(一)高度的催化效率

酶具有极高的催化效率,对于同一化学反应,酶的催化效率通常比非催化反应高 $10^8 \sim 10^{20}$

倍,比一般催化剂高 $10^7 \sim 10^{13}$ 倍。如蔗糖酶催化蔗糖水解的速率是 H^+ 催化作用的 2.5×10^{12} 倍。许多反应可能需要数千年甚至数百年才能达到平衡,在酶的催化下可能仅需数秒或数分钟。正是由于酶具有极高的催化效率,才能保证生物体内新陈代谢的不断进行。

（二）高度的特异性

和一般催化剂不同,酶对其催化的底物具有严格的选择性,称为酶的特异性或专一性。根据酶对其底物分子选择的严格程度不同,酶的特异性可分为三种类型:

1. **绝对特异性** 有的酶只能作用于一种特定结构的底物,进行一种专一的反应,生成一种特定结构的产物,这种严格的选择性称为绝对特异性。如脲酶只能催化尿素水解成 NH_3 和 CO_2。

2. **相对特异性** 有的酶能作用于结构类似的一类底物或一种化学键,这种不太严格的选择性称为相对特异性。如脂肪酶不仅能水解脂肪,也可水解简单的酯;磷酸酶对一般的磷酸酯键都有水解作用。

3. **立体异构特异性** 有些酶只能作用于底物的一种立体异构体,酶对底物构型的这种选择性称为立体异构特异性。如 L-乳酸脱氢酶仅作用于 L-乳酸,对 D-乳酸则无作用;糖代谢中的酶类仅作用于 D-葡萄糖及其衍生物,对 L-葡萄糖及其衍生物则无作用。

（三）高度的不稳定性

酶的化学本质是蛋白质,凡能使蛋白质变性的理化因素都可使酶变性、失活。因此,在保存酶制剂时,要尽量避免使酶变性的因素。

（四）酶促反应的可调节性

生物体内,酶的活性和含量要受多种因素严密和精细的调控,以适应不断变化的内、外环境和生命活动的需要。例如,酶活性的调节可通过变构调节和化学修饰等方式实现;酶含量的调节可通过对酶生物合成的诱导与阻遏和酶的降解的调节来实现;此外,酶与代谢物在细胞内的区域化分布,以及酶原与酶原激活,都是体内酶的调节方式。这些调节方式使酶在代谢途径中发挥最佳作用,从而保证代谢有条不紊地进行。

二、酶的作用机制

（一）酶催化作用是降低反应的活化能

和一般催化剂一样,酶加速化学反应是通过降低反应的活化能实现的。在热力学允许的反应体系中,底物分子所含能量的平均水平较低,彼此之间很难发生化学反应。只有那些能量达到或超过一定水平的分子才有可能发生化学反应,这样的分子称为过渡态分子或活化分子。活化分子具有的高出底物平均水平的能量称为活化能,即底物分子从初态转变为过渡态所需要的能量。在酶促反应中,酶首先与底物结合成中间产物,进而转化为产物,这两步所需的活化能均低于无酶的情况。因此,在酶的催化下,底物分子只需很少的能量即可转变为过渡态,使反应更易进行(图 4-3)。

（二）酶-底物复合物的形成和诱导契合学说

酶催化底物(substrate,S)之前,必须先与底物密切结合,这种结合不是锁和钥匙的机械结合,而是当两者相互接近时,其结构相互诱导而变形,以致相互适应,进而相互结合,这就是酶-底物结合的诱导契合学说(图 4-4)。在此过程中,酶的活性中心进一步形成,更易与底物结

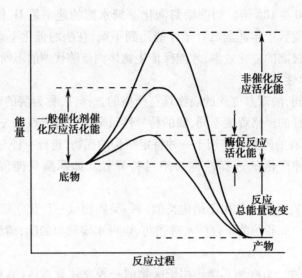

图 4-3 酶促反应活化能的改变

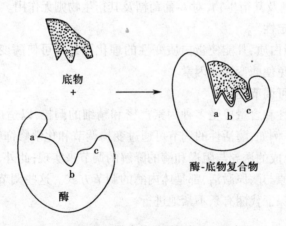

图 4-4 酶-底物结合的诱导契合作用示意图

合;底物的结构也同时发生变形,处于不稳定的过渡态,更易受酶的催化攻击。

（三）邻近效应与定向排列

有两个或两个以上底物参与的酶促反应中,底物之间必须接触一定时间,并以正确的方向相互碰撞,才有可能发生反应。酶将各底物结合到其活性中心,使它们相互接近,有充足的时间进行接触,并诱导底物分子按照有利于反应的方式排列,这就是邻近效应和定向排列。实际上该过程是将分子间的反应变成分子内的反应,从而使酶促反应速率显著提高。

（四）表面效应

酶活性中心多是由酶分子内部的疏水性氨基酸残基形成的疏水"口袋",这决定了酶促反应常是在酶分子内部的疏水环境中进行的。疏水环境可排除周围大量水分子对酶和底物功能基团的干扰性吸引或排斥,防止在底物与酶之间形成水化膜,有利于酶与底物的密切结合,这种现象称为表面效应。

（五）多元催化

酶分子中含有多种功能基团,使酶同时具备多种催化功能,并共同参与酶促反应的完成,这种现象称为多元催化。例如,酶既含有酸性基团又含有碱性基团,因此酶进行酸催化的同时,又可进行碱催化;而一般催化剂很少同时具备这两种催化功能。多元催化是酶促反应高效率的重要原因之一。

第三节 酶促反应动力学

酶促反应速度受多种因素的影响与制约,这些因素主要包括底物浓度、酶浓度、温度、pH、激活剂和抑制剂等。酶促反应动力学(kinetics of enzyme-catalyzed reaction)研究酶促反应速度及其影响因素,其所研究的反应速度通常是反应刚开始时的速度,即初速度。

一、底物浓度对酶促反应速度的影响

在其他因素不变的情况下,底物浓度对酶促反应速度作图呈矩形双曲线(图4-5)。当底物浓度很低时,游离酶很多,随着底物浓度的增加,酶-底物复合物的生成随之呈正比增加,因此反应速度随着底物浓度增高呈直线上升;随着底物浓度的逐渐增加,游离酶逐渐减少,酶-底物复合物的生成比反应初时增幅减小,反应速度增高幅度减小;当底物增加到一定浓度时,所有的酶都与底物形成了复合物,此时再增加底物浓度也不会有酶-底物复合物的生成,反应速度趋于恒定,达到最大。

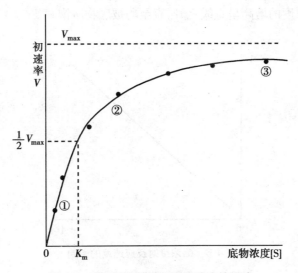

图4-5 底物浓度对酶促反应速度的影响

(一)米-曼氏方程式

解释酶促反应速度与底物浓度之间的变化关系的最合理的学说是中间产物学说。酶首先与底物生成酶-底物复合物(中间产物),此复合物再分解为产物和游离的酶。

$$E + S \rightleftharpoons ES \longrightarrow E + P$$
酶 底物 酶-底物复合物 酶 产物

1913 年 Leonor Michaelis 和 Maud L. Menten 提出了酶促反应速度和底物浓度关系的数学表达式,即著名的米-曼氏方程式,简称米氏方程式。

$$V = \frac{V_{max}[S]}{K_m + [S]}$$

式中 V_{max} 为最大反应速度,$[S]$ 为底物浓度,K_m 为米氏常数,V 是在不同 $[S]$ 时的反应速度。由米氏方程式可知:①当底物浓度很低($[S] \ll K_m$)时,反应速度与底物浓度呈正比 $\left(V = \frac{V_{max}[S]}{K_m}\right)$;②当底物浓度很高($[S] \gg K_m$)时,反应速度达到最大反应速度($V \cong V_{max}$),再增加底物浓度也不影响反应速度。

（二）K_m 的意义

1. K_m 值等于酶促反应速度为最大速度一半时的底物浓度。

2. K_m 值是酶的特征性常数,只与酶的结构、底物和反应环境(如温度、pH、离子强度)有关,而与酶的浓度无关。

3. K_m 值可表示酶对底物的亲和力,K_m 值愈小,酶对底物的亲和力愈大。这表示不需要很高的底物浓度便可容易地达到最大反应速度。

二、酶浓度对酶促反应速度的影响

在酶促反应体系中,当底物浓度足够大时,酶促反应速度与酶浓度变化呈正比关系(图 4-6),即反应速度随酶浓度的增高呈直线上升,直至酶被底物所饱和。

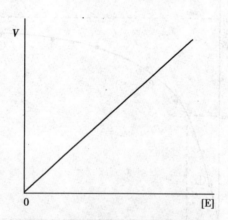

图 4-6 酶浓度对反应速度的影响

三、温度对酶促反应速度的影响

温度对酶促反应速度具有双重影响(图 4-7)。一方面在较低温度范围内,随着温度升高,酶的活性逐步增加,酶促反应速度逐渐加快,直至到最大反应速度。温度每升高 10℃,反应速度可增加 1~2 倍。另一方面温度过高会使酶变性而失活,酶促反应速度下降。如当温度升高到 60℃,大多数酶开始变性;80℃时,大多数酶的变性已不可逆。

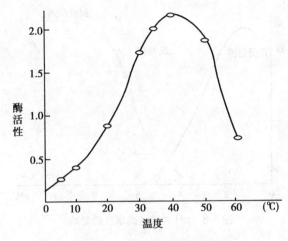

图 4-7　温度对酶活性的影响

通常将酶促反应速度最快时反应体系的温度称为酶的最适温度(optimum temperature)。人体内多数酶的最适温度在 35~40℃ 之间。酶的最适温度不是酶的特征性常数,它与反应时间有关。酶可以在短时间内耐受较高的温度;相反,延长反应时间,酶的最适温度降低,这一点在临床检验中具有一定的意义。

低温使酶活性下降,但不会使酶发生变性,一旦温度回升,酶的活性便可恢复,临床上的低温麻醉就是基于这个原理。

四、pH 对酶促反应速度的影响

酶促反应体系的 pH 可通过影响酶、底物与辅酶的解离,影响酶-底物复合物的形成,从而影响酶的活性,导致酶促反应速度的改变。只有当酶活性中心的必需基团、辅酶和底物的解离状态最适合它们之间相互结合而形成酶-底物中间复合物时,酶才体现出最大的催化活性,使酶促反应速度达到最大。

酶催化活性最大时反应体系的 pH 称酶的最适 pH(optimum pH)。不同的酶,其最适 pH 也不同(图 4-8)。除胃蛋白酶(最适 pH 约为 1.8)、肝精氨酸酶(最适 pH 约为 9.8)等极少数酶外,生物体内多数酶的最适 pH 接近中性。

酶的最适 pH 不是酶的特征性常数,它受底物浓度、缓冲液的种类与浓度、酶的纯度等因素的影响。反应体系的 pH 高于或低于最适 pH 时,酶的活性都会降低,以致酶促反应速度减慢;远离最适 pH 时,还可导致酶变性而失活。因此,在测定酶的活性时,应选择适宜的缓冲液以保持酶的活性。

五、激活剂对酶促反应速度的影响

使酶由无活性变为有活性或使酶活性增加的物质称为酶的激活剂(activator)。激活剂包括无机离子和小分子有机化合物,如 Mg^{2+}、K^+、Mn^{2+}、Cl^- 及胆汁酸盐等。

大多数金属离子对酶促反应是必不可少的,这类激活剂称为酶的必需激活剂,如 Mg^{2+} 是多

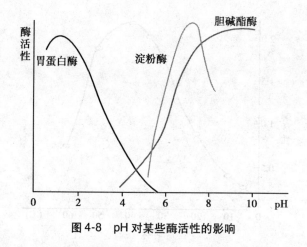

图 4-8　pH 对某些酶活性的影响

种激酶的必需激活剂。有些激活剂不存在时,酶仍有一定的活性,但催化效率较低,加入激活剂后,酶的活性显著提高,这类激活剂称为酶的非必需激活剂,如 Cl^- 是唾液淀粉酶的非必需激活剂,胆汁酸盐是胰脂肪酶的非必需激活剂。

六、抑制剂对酶促反应速度的影响

凡能选择性地使酶活性降低或丧失而不引起酶变性的物质统称为酶的抑制剂(inhibitor, I)。抑制剂多与酶活性中心内、外的必需基团结合,直接或间接影响酶的活性中心,从而影响酶的催化活性。

根据抑制剂与酶结合的紧密程度不同,酶的抑制作用可分为不可逆性抑制和可逆性抑制两类。

(一)不可逆性抑制作用

不可逆性抑制作用(irreversible inhibition)的抑制剂通常是以共价键与酶活性中心内的必需基团结合,使酶失活。此类抑制剂不能用透析或超滤等方法除去,但可用某些药物解除,使酶恢复活性。

有机磷制剂如敌百虫、敌敌畏、农药 1059 等,能专一性地与胆碱酯酶活性中心丝氨酸残基的羟基(—OH)结合,使酶失活,从而使乙酰胆碱不能及时降解而堆积,造成迷走神经的毒性兴奋状态。通常把这些只能与酶活性中心内的必需基团进行专一的共价结合,从而抑制酶活性的抑制剂称为专一性抑制剂。

$$\begin{array}{cc} RO \\ R'O \end{array} P \begin{array}{c} O \\ \\ X \end{array} + E\!-\!OH \longrightarrow \begin{array}{cc} RO \\ R'O \end{array} P \begin{array}{c} O \\ \\ O\!-\!E \end{array} + HX$$

有机磷化合物　　　羟基酶　　　　　失活的酶　　　酸

解磷定(PAM)可以解除有机磷化合物对羟基酶的抑制作用,因此临床上常用此药治疗有机磷农药中毒。

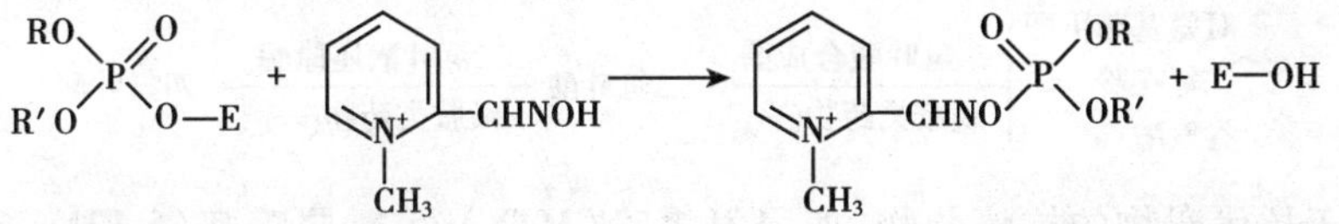

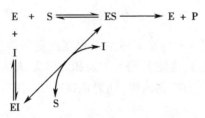

（化学反应式）

磷酰化酶 解磷定 羟基酶
（失活）

低浓度的重金属离子和含 As^{3+} 化合物可与酶分子的巯基（—SH）结合，使酶失活。由于这些抑制剂所结合的—SH 不局限于酶的必需基团，所以此类抑制剂又称为非专一性抑制剂。

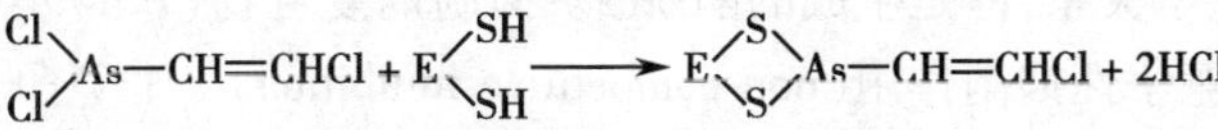

路易斯气 巯基酶 失活的酶

重金属盐和含 As^{3+} 化合物引起的巯基酶中毒可用二巯基丙醇（BAL）或二巯基丁二酸钠解毒。BAL 含有两个—SH，当其在体内达到一定浓度后，可与毒剂结合，恢复巯基酶的活性。

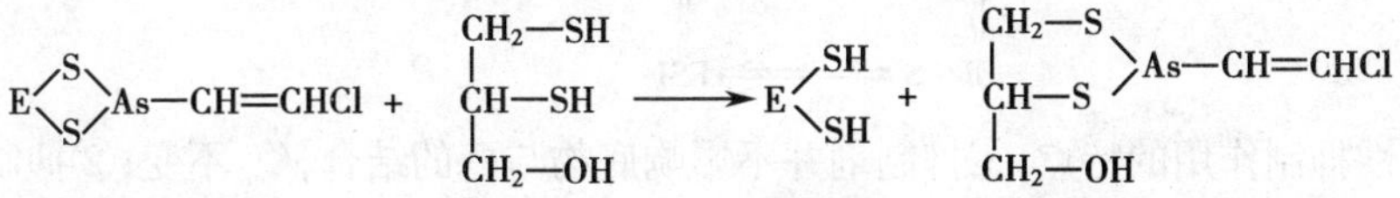

失活的酶 BAL 巯基酶 BAL与砷剂结合物

（二）可逆性抑制作用

可逆性抑制作用（reversible inhibition）的抑制剂通常是以非共价键与酶或酶-底物复合物可逆结合，使酶活性降低或丧失。采用透析或超滤等方法可将抑制剂除去。可逆性抑制作用分为以下三种。

1. 竞争性抑制作用 抑制剂与酶的底物结构相似，可与底物竞争结合酶的活性中心，从而阻碍酶与底物结合，抑制酶促反应速度，称为竞争性抑制作用（competitive inhibition）。竞争性抑制的反应式如下：

$$E + S \rightleftharpoons ES \longrightarrow E + P$$

（反应式图示：E+I ⇌ EI）

竞争性抑制作用的特点：①抑制剂在结构上与底物相似，两者竞争同一酶的活性中心，因此抑制剂的存在能降低酶与底物的亲和力，使 K_m 增大；②抑制剂与酶的结合是可逆的，竞争性抑制作用的强弱取决于抑制剂与底物之间的相对浓度，抑制剂浓度不变时，可通过增加底物浓度来减弱甚至解除抑制剂对酶的抑制作用，此时酶促反应速度仍可达到最大速度，因此 V_{max} 不变。

某些药物的作用机制就是应用竞争性抑制的原理，如磺胺类药物的抑菌作用就是因为其能竞争性抑制细菌生长繁殖过程中二氢叶酸合成酶的活性而达到抑制细菌生长繁殖的目的。

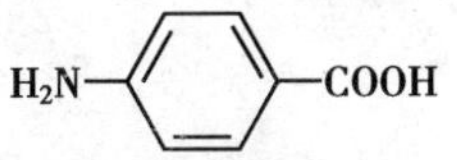

H_2N—⟨苯环⟩—COOH
对氨基苯甲酸

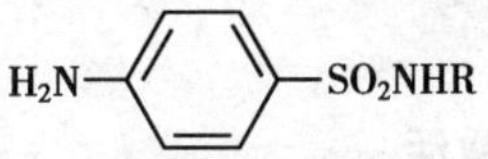

H_2N—⟨苯环⟩—SO_2NHR
磺胺类药物

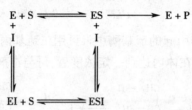

许多属于抗代谢物的抗癌药物,如甲氨蝶呤(MTX)、5-氟尿嘧啶(5-FU)、6-巯基嘌呤(6-MP)等均属酶的竞争性抑制剂,它们分别抑制四氢叶酸、脱氧胸苷酸及嘌呤核苷酸的合成,达到抑制肿瘤生长的目的。

2. 非竞争性抑制作用 抑制剂与酶活性中心外的必需基团可逆结合,并不影响底物与酶的结合,与底物无竞争关系,但是生成的酶-底物-抑制剂复合物(ESI)不能进一步释放产物,这种抑制作用称为非竞争性抑制作用(non-competitive inhibition)。非竞争性抑制的反应式如下:

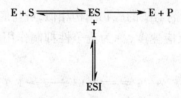

非竞争性抑制作用的特点:①抑制剂并不影响底物与酶的结合,K_m 不变;②抑制剂与酶、底物结合生成的酶-底物-抑制剂复合物不能释放出产物,等于减少了酶活性部位,使 V_{max} 下降。

3. 反竞争性抑制作用 抑制剂仅与酶-底物复合物(ES)结合,生成酶-底物-抑制剂复合物(ESI),使 ES 的量下降;由于该类抑制剂不仅不排斥 E 和 S 的结合,反而可增加两者的亲和力,这与竞争性抑制作用相反,故称为反竞争性抑制作用(uncompetitive inhibition)。反竞争性抑制的反应式如下:

$$E + S \rightleftharpoons ES \longrightarrow E + P$$
$$+$$
$$I$$
$$\big\updownarrow$$
$$ESI$$

反竞争性抑制作用的特点:①当反应体系中存在反竞争性抑制剂时,ES 除了转变为产物外,还多了一条生成 ESI 的去路,这使 E 和 S 的亲和力增大,K_m 减小;②抑制剂与 ES 结合生成 ESI,既减少了从中间产物转化为产物的量,同时也减少了从中间产物解离出游离酶和底物的量,故 V_{max} 降低。

第四节 酶 的 调 节

酶的活性和含量可受多种因素的调节。机体可通过对各条代谢途径中关键酶的调节而实现对物质代谢总反应速率的控制。

一、酶活性的调节

(一)酶原与酶原激活

有些酶在细胞内合成或初分泌时,没有催化活性,这种无活性的酶前体称为酶原

（zymogen）。酶原在一定条件下向有活性酶转化的过程称为酶原激活。酶原激活的实质是酶活性中心形成或暴露的过程。例如，胰蛋白酶在胰腺细胞内合成和初分泌时，以无活性的酶原形式存在，当进入肠道后，在 Ca^{2+} 存在下受肠激酶激活，从 N-端水解掉一个 6 肽片段，分子构象发生改变，形成了酶的活性中心，从而成为有催化活性的胰蛋白酶（图 4-9）。

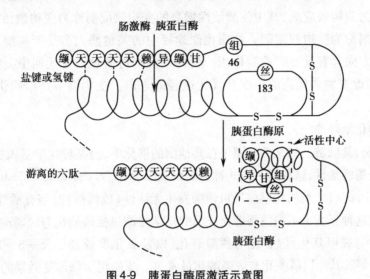

图 4-9　胰蛋白酶原激活示意图

胃蛋白酶、弹性蛋白酶及凝血和纤溶系统的酶类等，它们在初分泌时均以无活性的酶原形式存在，在一定的条件下水解掉一个或几个短肽，才能转变成相应的酶。

酶原激活的生理意义在于既可避免细胞产生的蛋白酶对细胞进行自身消化，又可使酶在特定部位或环境中发挥其催化作用。如血液中的凝血酶和纤维蛋白溶解系统的酶类最初都是以酶原的形式存在的，这样才能保证血流畅通，一旦需要便转化为有活性的酶，发挥其对机体的保护作用。

急性胰腺炎

急性胰腺炎是多种病因导致各种胰酶在胰腺内被激活，继而引起胰腺组织自身消化、水肿、出血甚至坏死的炎症反应。

急性胰腺炎的发病机制尚未完全阐明。已达成共识的机制是，在病理情况下，胰腺组织中的各种消化酶原（磷脂酶 A_2、激肽释放酶、胰蛋白酶、弹性蛋白酶和脂肪酶等）被提前激活，这些消化酶共同作用，造成胰腺及邻近组织的病变。近年来的研究揭示，急性胰腺炎时，胰腺组织在损伤过程中产生一系列炎性介质（氧自由基、血小板活化因子、前列腺素、白三烯等），这些炎性介质和血管活性物质（如 NO、血栓素等）可导致胰腺血液循环障碍，并可通过血液循环和淋巴管输送到全身，引起多脏器损害，成为急性胰腺炎的并发症和致死原因。

（二）变构调节

某些酶除了活性中心外,还有一个或几个部位能与体内的一些代谢物分子以非共价键可逆地结合,使酶的构象发生改变,进而改变酶的活性,这种调节方式称为变构调节(allosteric regulation)。受变构调节的酶称为变构酶(allosteric enzyme);使酶发生变构调节的代谢物分子称为变构效应剂,其中使酶活性增高的变构效应剂称为变构激活剂,使酶活性降低的变构效应剂称为变构抑制剂。物质代谢途径中的关键酶大多是变构酶,因此变构酶对代谢的速度和方向起着重要的控制作用。变构效应剂可通过改变代谢中关键酶的构象,影响其活性,从而改变物质代谢的速度和代谢途径的方向。变构调节是细胞快速调节代谢的一种基本方式。

（三）酶的化学修饰

体内有些酶,其肽链上的某些基团可在其他酶的催化下,与某种化学基团发生可逆的共价结合,从而改变酶的活性,这种调节方式称为酶的化学修饰(chemical modification)或共价修饰(covalent modification)。酶的化学修饰可使酶发生无活性(或低活性)与有活性(或高活性)两种形式的互变,这种互变由不同的酶催化。酶的化学修饰包括磷酸化与脱磷酸化、乙酰化与脱乙酰化、甲基化与脱甲基化、腺苷化与脱腺苷化,以及氧化型巯基($—S—S—$)与还原型巯基($—SH$)的互变等。其中以磷酸化与脱磷酸化最常见。酶的化学修饰受激素的调控,具有放大效应,是细胞代谢快速调节的另一种重要方式。

二、酶含量的调节

生物体除对酶的活性进行调节外,还可通过改变酶的合成或降解的速度以控制酶含量,调节代谢。

（一）酶蛋白合成的诱导和阻遏

酶的底物或产物、激素以及药物等都可以影响酶的合成。一般将促进酶合成的化合物称为诱导剂,所产生的作用为诱导作用(induction);减少酶合成的化合物称为阻遏剂,所产生的作用称为阻遏作用(repression)。诱导剂和阻遏剂一般是在转录水平或翻译水平上影响酶的合成,但以影响转录过程较为常见。诱导剂对酶的诱导作用要经过酶生物合成的一系列环节,故其调节效应出现较迟缓。但一旦酶被诱导合成,即使去除诱导因素,酶的活性仍能保持。可见,这种酶的调节方式所产生的效应持续时间较长。因此,酶蛋白合成的诱导和阻遏是对代谢缓慢而长效的调节方式。

（二）酶的降解

细胞内酶的含量还可通过改变酶分子的降解速率来调节。酶的降解速率与酶的结构密切相关。细胞内的酶都有其最稳定的分子构象,一旦此构象被破坏,酶便易受蛋白酶的攻击而降解。此外,酶的降解还与机体的营养和激素的调节有关。如饥饿情况下,精氨酸酶的活性增加,主要是由于酶蛋白降解的速度减慢所致。饥饿也可使乙酰 CoA 羧化酶浓度降低,其原因除了与酶蛋白合成减少有关外,还与酶分子的降解速度增加有关。

第五节 酶的命名与分类

一、酶 的 命 名

（一）习惯命名法

酶的习惯命名法多根据酶催化的底物、反应性质以及酶的来源而定,如脂肪酶、乳酸脱氢酶、胰蛋白酶等。这种命名法常出现混乱,有的名称不能完全说明酶促反应的本质。

（二）系统命名法

1961 年国际酶学委员会(enzyme commission,EC)制定了酶的系统命名法,系统命名法强调标明酶的所有底物与反应性质。底物名称之间用":"分隔。由于系统命名过于复杂,为了应用方便,国际酶学委员会又从每种酶的数种习惯名称中选定一个简便而实用的名称作为推荐名称(表 4-3)。

表 4-3 酶的命名与分类

酶的分类	催化的化学反应举例	系统名称	编号	推荐名称
氧化还原酶类	乙醇 + NAD$^+$ $\rightleftharpoons$ 乙醛 + NADH +H$^+$	乙醇:NAD$^+$氧化还原酶	EC1.1.1.1	乙醇脱氢酶
转移酶类	L-天冬氨酸+α-酮戊二酸 $\rightleftharpoons$ 草酰乙酸+L-谷氨酸	L-天冬氨酸:α-酮戊二酸氨基转移酶	EC2.6.1.1	天冬氨酸转氨酶
水解酶类	L-精氨酸+H_2O $\longrightarrow$ L-鸟氨酸+尿素	L-精氨酸脒基水解酶	EC3.5.3.1	精氨酸酶
裂解酶类	酮糖-1-磷酸 $\rightleftharpoons$ 磷酸二羟丙酮+醛	酮糖-1-磷酸裂解酶	EC4.1.2.7	醛缩酶
异构酶类	D-葡萄糖-6-磷酸 $\rightleftharpoons$ D-果糖-6-磷酸	D-葡萄糖-6-磷酸酮-醇异构酶	EC5.3.1.9	磷酸葡萄糖异构酶
连接酶类	L-谷氨酸+ATP+NH$_3$ $\longrightarrow$ L-谷氨酰胺+ADP+磷酸	L-谷氨酸:氨连接酶	EC6.3.1.2	谷氨酰胺合成酶

注:酶的编号由 4 个数字组成,分别表示酶的类、亚类、亚-亚类和在亚-亚类中的排序,数字前冠以 EC

二、酶 的 分 类

根据酶的反应类型,酶可分为六大类,排序如下:

1. 氧化还原酶类 催化底物进行氧化还原反应的酶类。如脱氢酶、氧化酶、还原酶、过氧化物酶等。

2. **转移酶类**　催化底物间的基团转移或交换的酶类。如甲基转移酶、氨基转移酶、乙酰基转移酶等。

3. **水解酶类**　催化底物发生水解反应的酶类。如淀粉酶、蛋白酶、脂肪酶等。

4. **裂解酶类**（或裂合酶类）　催化从底物移去一个基团并留下双键的反应或其逆反应的酶类。如脱水酶、脱羧酶、柠檬酸合酶等。

5. **异构酶类**　催化各种异构体之间相互转化的酶类。如磷酸己糖异构酶等。

6. **合成酶类**（或连接酶类）　催化两分子底物合成一分子化合物，同时伴有 ATP 的高能磷酸键断裂释能的酶类。如谷氨酰胺合成酶、氨基酰-tRNA 合成酶等。

第六节　酶与医学的关系

一、酶与疾病的关系

（一）酶与疾病的发生

有些疾病的发病机制与体内某种酶的生成或作用障碍而致酶含量的异常或活性受抑制有关。已发现 140 多种先天代谢性缺陷病，大多数是由于酶的先天性或遗传性缺陷所致。如酪氨酸酶缺乏引起白化病，6-磷酸葡萄糖脱氢酶缺乏引起的蚕豆病。

许多疾病也可引起酶的异常，这种异常又使病情加重。如急性胰腺炎时，胰蛋白酶原在胰腺中被激活，造成胰腺组织被水解破坏。

维生素缺乏或激素代谢障碍可引起某些酶活性的异常，导致相应疾病的发生；如维生素 K 缺乏，使凝血因子 Ⅱ、Ⅶ、Ⅸ、Ⅹ 的前体不能羧化成成熟的凝血因子，导致血液凝固发生异常。

酶活性受抑制多见于中毒性疾病，如前述的有机磷农药中毒、重金属盐中毒等。

（二）酶与疾病的诊断

1. **酶活性测定与酶活性单位**　酶活性测定就是测定组织提取液、体液或纯化的酶液中酶的含量。由于酶的含量甚微，且又与其他蛋白质混合存在，很难直接测定其含量，因此通常以测定酶活性来间接确定酶含量。酶活性单位是衡量酶活性大小的尺度，有三种表示方法：习惯单位（U）、国际单位（IU）和催量（katal）。

2. **血清酶活性变化与疾病诊断**　许多组织器官的疾病常表现为血液中某些酶活性的异常，因此测定血清酶活性对于疾病的辅助诊断非常重要。常见血清酶活性异常的主要原因及常见疾病见表4-4。

（三）酶与疾病的治疗

在临床上许多药物是通过影响酶的活性来起到治疗作用。如磺胺类药物通过竞争性抑制二氢叶酸合成酶的活性而起到抑菌的作用；抗癌药物如氨甲喋呤、6-巯基嘌呤、5-氟尿嘧啶等均是通过竞争性抑制肿瘤细胞核酸和核苷酸代谢途径中的相关酶活性而达到遏制肿瘤生长的目的;胃蛋白酶、胰蛋白酶、胰脂肪酶等助消化;胰蛋白酶、胰凝乳蛋白酶、木瓜蛋白酶等用于外科扩创、化脓伤口的净化、浆膜粘连的防治和某些炎症治疗;链激酶、尿激酶和纤溶酶等防止血栓形成,用于心、脑血管栓塞的治疗。

表 4-4 血清酶活性异常

常见疾病	原因	血清酶的改变
急性胰腺炎 急性肝炎 急性心肌炎	组织器官受损造成细胞破坏或细胞膜通透性增高,细胞内某些酶可大量释放入血	淀粉酶和脂酶活性升高 丙氨酸转氨酶活性升高 天冬氨酸转氨酶活性升高
前列腺癌	细胞的转化率增高或细胞的增殖加快,其标志酶释放入血	酸性磷酸酶活性升高
成骨肉瘤 佝偻病	细胞内酶合成增加,进入血中的酶也随之升高	碱性磷酸酶活性升高
肝病	细胞内酶合成障碍,使血清酶活性降低	凝血酶原等凝血因子含量均显著降低
肝硬化、肝坏死或胆道梗阻	细胞内酶的清除障碍,使血清酶活性升高	碱性磷酸酶活性升高
有机磷农药中毒	酶活性受到抑制	胆碱酯酶活性降低

二、酶在医学其他领域的应用

酶作为试剂已广泛应用于临床检验和科学研究中,如酶法分析(酶偶联测定法)、酶标记测定法以及工具酶等。

酶法分析是指利用酶作为试剂,对一些酶的活性、底物浓度、激活剂、抑制剂等进行定量分析的一种方法。此法已广泛应用于临床检验,如利用葡萄糖氧化酶可对血糖进行定量测定等。

酶标记法是利用酶检测的敏感性对无催化活性的蛋白质进行检测的一种方法。如酶可替代同位素与某些物质结合,从而使该物质被酶所标记,通过测定酶的活性来判断被其定量结合的物质的存在和含量。当前应用最多的是酶联免疫吸附测定法。

工具酶是人们将酶作为工具,在分子水平上对某些生物大分子进行定向的分割和连接。如基因工程常用的工具酶有限制性内切酶,DNA 连接酶,聚合酶和修饰酶等,其中以限制性核酸内切酶和 DNA 连接酶对分子克隆的作用最为突出。

此外,利用物理、化学或分子生物学的方法对酶分子进行改造的酶分子工程在医药业、工业、农业等领域的应用越来越广泛,如固定化酶、抗体酶等。

小 结

酶是对其特异性底物起高效催化作用的蛋白质。单纯酶是仅由氨基酸残基组成的蛋白质。结合酶由酶蛋白和辅助因子两部分组成，酶蛋白决定酶促反应的特异性，辅助因子决定酶促反应的类型。辅助因子根据与酶蛋白结合的紧密程度不同，又可分为辅酶与辅基。许多 B 族维生素参与辅酶或辅基的组成。

酶分子中的必需基团在一级结构上可能相距很远，但在空间结构上彼此靠近，组成具有特定空间结构的区域，能与底物特异地结合并将底物转化为产物，这一区域称为酶的活性中心。

同工酶是指催化的化学反应相同，酶分子结构、理化性质乃至免疫学特性均不同的一组酶。检测血清同工酶活性对于疾病的器官定位具有诊断价值。

酶促反应具有高效性、高度特异性、高度不稳定性和可调节性。酶与底物诱导契合形成酶-底物复合物，通过邻近效应与定向排列、表面效应、多元催化作用使酶发挥高效催化作用。

酶促反应动力学主要研究酶浓度、底物浓度、温度、pH、激活剂和抑制剂对酶促反应速度的影响。底物浓度对反应速率的影响可用米氏方程表示。酶促反应在最适温度和最适 pH 时活性最高。酶的抑制作用包括不可逆性抑制和可逆性抑制两种。可逆性抑制作用又分为竞争性抑制作用、非竞争性抑制作用和反竞争性抑制作用三种。

机体对酶的活性与含量的调节是调节代谢的重要途径。体内有些酶以无活性的酶原形式存在，只有在需要发挥作用时才转化为有活性的酶。变构调节与酶的化学修饰是机体快速调节酶活性的重要方式。酶含量的调节包括酶蛋白合成的诱导和阻遏，以及对酶降解的调节。

酶可分为六大类，分别是氧化还原酶类、转移酶类、水解酶类、裂解酶类、异构酶类和合成酶类。酶的命名包括习惯命名和系统命名。

酶与许多疾病的发生、发展有关，血清酶的测定对某些疾病的辅助诊断具有重要意义。酶可以作为诊断试剂和药物对某些疾病进行诊断与治疗，酶还可作为工具酶用于科学研究。

复习思考题

一、名词解释

1. 酶的活性中心
2. 米氏常数
3. 酶的变构调节
4. 酶的共价修饰

二、问答题

1. 举例说明维生素和辅酶的关系。
2. 酶促反应的特点有哪些？

3. 什么是酶原与酶原激活？举例说明酶原激活的生理意义。

4. 什么是同工酶？举例说明同工酶在临床上的意义。

5. 影响酶促反应速度的因素有哪些？它们是如何影响酶的催化活性的？

6. 竞争性抑制的特点是什么？举例说明竞争性抑制在临床上的应用。

（何旭辉）

第五章

糖 代 谢

学习目标

1. 掌握糖的无氧分解、有氧氧化、糖异生的概念、关键酶及生理意义；磷酸戊糖途径的关键酶及生理意义；血糖的来源与去路。
2. 熟悉三羧酸循环的过程；糖原合成与分解的基本过程、关键酶、调节及生理意义；糖异生途径及调节；乳酸循环；血糖水平的调节。
3. 了解糖的消化吸收；血糖水平的异常。

糖是一类化学本质为多羟基醛或多羟基酮及其衍生物或多聚物的有机化合物。糖类主要为生命活动提供能量，也是机体组织、细胞的重要组成成分。在机体内，糖的主要形式是葡萄糖（glucose）及糖原（glycogen）。葡萄糖是糖在血液中的运输形式，糖原是糖在体内的储存形式。本章主要介绍葡萄糖在体内的代谢。

第一节 概 述

一、糖的消化吸收

食物中的糖类主要有淀粉，还有葡萄糖、果糖、蔗糖、乳糖及麦芽糖等，其中除单糖外，都必须经消化道水解酶类分解为单糖后被吸收。食物中还含有纤维素、果胶等植物多糖，因人体内无 β-糖苷酶而不能对其分解利用，但具有刺激肠蠕动等作用。食物进入口腔后，唾液中含有 α-淀粉酶催化淀粉分子中的 α-1,4 糖苷键水解，此酶水解作用的发挥与食物的停留时间有关。小肠中有胰腺分泌的 α-淀粉酶，催化淀粉水解为麦芽糖、麦芽三糖、异麦芽糖和 α-临界糊精，再在肠黏膜刷状缘的 α-葡萄糖苷酶和 α-临界糊精酶作用下进一步水解为葡萄糖。食物中的蔗糖、乳糖等二糖由蔗糖酶和乳糖酶水解为单糖后被吸收。有些成年人缺乏乳糖酶，在喝牛奶或食用含乳糖的食物后出现恶心、腹痛、腹泻和腹胀等症状。

食物中的糖类被消化为单糖后，在小肠被吸收。葡萄糖的吸收是一个依赖于特定载体转运的主动耗能过程,同时伴有 Na⁺ 的转运。小肠黏膜细胞的刷状缘上存在 Na⁺ 依赖型葡萄糖转运体,该载体也存在于肾小管上皮细胞。

二、糖代谢的概况

葡萄糖被小肠黏膜细胞吸收后经门静脉入肝,由肝分配进入体循环,在各组织细胞膜的葡萄糖转运体协助下转运进入细胞内进行代谢。糖代谢概况见图 5-1。

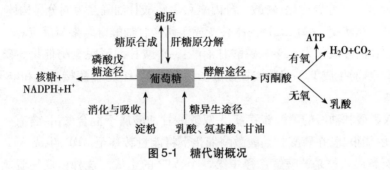

图 5-1 糖代谢概况

第二节 糖的分解代谢

糖的分解代谢主要包括糖的无氧氧化、有氧氧化和磷酸戊糖途径。本节主要介绍糖的分解代谢途径的基本反应过程、调控机制及生理意义。

一、糖的无氧氧化

在缺氧状态下,葡萄糖或糖原分解生成乳酸(lactate)的过程称为糖的无氧氧化,也称为糖酵解(glycolysis)。糖酵解的反应过程分为两个阶段:第一阶段是由葡萄糖分解为丙酮酸的过程,称为糖酵解途径(glycolytic pathway);第二阶段为丙酮酸还原为乳酸的过程。糖酵解全部反应在胞质中进行。

(一)糖酵解的反应过程

1. 糖酵解途径 1 分子葡萄糖经过糖酵解途径可转变为 2 分子丙酮酸。在缺氧状态下,丙酮酸还原为乳酸;在有氧状态下,丙酮酸氧化为乙酰 CoA,进入三羧酸循环彻底氧化为二氧化碳和水。

(1)葡萄糖的磷酸化作用:糖酵解反应的第一步是葡萄糖的 C_6 磷酸化生成 6-磷酸葡萄糖(glucose-6-phosphate,G-6-P),磷酸基团由 ATP 供给。此反应不可逆,且需要 Mg^{2+}。由己糖激酶(hexokinase,HK)催化。

哺乳动物体内有 4 种己糖激酶的同工酶(Ⅰ~Ⅳ型)。肝细胞内为Ⅳ型,称葡萄糖激酶(glucokinase,GK),其 K_m 值为 10mmol/L,对葡萄糖的亲和力很低,只有当肝内葡萄糖浓度很高时方可催化葡萄糖磷酸化,而其他己糖激酶的 K_m 值为 0.1mmol/L。此外,葡糖糖激酶受激素控制,这些特点使葡萄糖激酶在维持血糖水平恒定中起着重要的作用。

（2）6-磷酸葡萄糖的异构作用：6-磷酸葡萄糖由磷酸己糖异构酶催化生成6-磷酸果糖（fructose-6-phosphate，F-6-P），反应可逆。

（3）6-磷酸果糖的磷酸化作用：这是糖酵解途径中的第二个磷酸化反应，由6-磷酸果糖激酶-1（6-phosphofructokinase-1，PFK-l）催化6-磷酸果糖的 C_1 磷酸化，生成1,6-双磷酸果糖（1,6-fructose-biphosphate，F-1,6-BP）。此不可逆反应需ATP和 Mg^{2+}。

（4）磷酸丙糖的生成：1,6-双磷酸果糖经醛缩酶催化裂解成磷酸二羟丙酮和3-磷酸甘油醛，由1个己糖生成2个丙糖，此反应可逆。

（5）磷酸丙糖的同分异构化：磷酸二羟丙酮和3-磷酸甘油醛互为同分异构体，在磷酸丙糖异构酶催化下可相互转变。磷酸二羟丙酮转变成3-磷酸甘油醛继续参与反应。

（6）3-磷酸甘油醛氧化为1,3-双磷酸甘油酸：3-磷酸甘油醛脱氢酶催化3-磷酸甘油醛的醛基氧化为羧基，从而生成1,3-双磷酸甘油酸。该酶以 NAD^+ 为辅酶接受氢和电子，参加反应的还有无机磷酸。

（7）1,3-双磷酸甘油酸的磷酸转移：1,3-双磷酸甘油酸属于混合酸酐，含有一个高能磷酸键，它的水解自由能很高，在磷酸甘油酸激酶催化下将能量转移至ADP，生成ATP和3-磷酸甘油酸。反应需要 Mg^{2+}。这是糖酵解途径中第一个ATP的生成。这种由底物脱氢引起分子内部能量重新分配，形成高能键，并与ADP或其他二磷酸核苷的磷酸化作用直接偶联的反应过程称为底物水平磷酸化（substrate level phosphorylation）。

（8）3-磷酸甘油酸转变为2-磷酸甘油酸：磷酸甘油酸变位酶催化磷酸基在磷酸甘油酸的 C_3 和 C_2 上的可逆转移，需要 Mg^{2+}。

（9）2-磷酸甘油酸脱水生成磷酸烯醇式丙酮酸：烯醇化酶催化2-磷酸甘油酸脱水产生磷酸烯醇式丙酮酸。此反应可引起分子内部的电子重排和能量的重新分布，形成一个高能磷酸键，为下一步反应作准备。

（10）丙酮酸的生成：磷酸稀醇式丙酮酸经丙酮酸激酶（pyruvate kinase，PK）催化将高能磷酸键转移给ADP而生成ATP，同时生成不稳定的烯醇式丙酮酸，后者可自动转变为丙酮酸。这是糖酵解途径的第二次底物水平磷酸化。

上述过程前5步反应中，1分子葡萄糖生成2分子磷酸丙糖，共消耗了2分子ATP，是糖酵解途径的耗能阶段。在后5步反应中，磷酸丙糖转化为丙酮酸，为糖酵解途径的产能阶段，共产生4分子ATP。

2. 丙酮酸还原为乳酸 丙酮酸的还原由乳酸脱氢酶催化，还原所需的氢原子来自第6步反应中3-磷酸甘油醛的脱氢反应，在缺氧状态下，$NADH+H^+$ 使丙酮酸还原为乳酸，重新转变成 NAD^+，才能使糖酵解继续进行。糖酵解的全部反应过程可归纳如图5-2。

（二）糖酵解的调节

糖酵解中己糖激酶（葡萄糖激酶）、6-磷酸果糖激酶-1和丙酮酸激酶催化的反应是不可逆反应，是糖酵解途径流量的3个调节点。

1. 6-磷酸果糖激酶-1 它是调节糖酵解途径流量最重要的关键酶。ATP和柠檬酸是该酶的变构抑制剂。AMP、ADP、1,6-双磷酸果糖及2,6-双磷酸果糖（2,6-fructose-biphosphate，F-2,6-BP）是6-磷酸果糖激酶-1的变构激活剂。当细胞内ADP和AMP浓度升高时，它们与酶的变构部位结合，解除ATP的抑制，加速糖酵解途径。1,6-双磷酸果糖是6-磷酸果糖激酶-1的反应

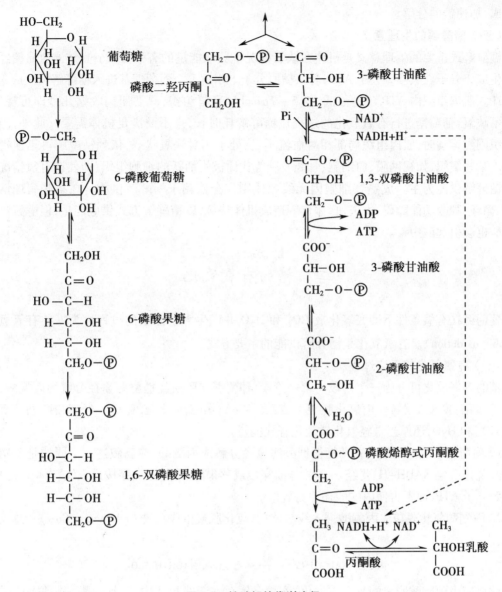

图 5-2　糖酵解的代谢途径

产物,这种产物正反馈作用比较少见,主要有利于糖的分解。

2,6-双磷酸果糖是 6-磷酸果糖激酶-1 最强的变构激活剂,在生理浓度范围(μmol 水平)内即发挥作用。其作用是与 AMP 一起取消 ATP、柠檬酸对 6-磷酸果糖激酶-1 的抑制作用。2,6-双磷酸果糖由 6-磷酸果糖激酶-2 催化 6-磷酸果糖 C_2 磷酸化而成,果糖双磷酸酶-2 则可水解 2,6-双磷酸果糖 C_2 位磷酸,使其转变为 6-磷酸果糖。

2. 丙酮酸激酶　1,6-双磷酸果糖是丙酮酸激酶的变构激活剂,ATP 是它的变构抑制剂。此外,丙酮酸激酶还受激素介导的共价修饰调节,胰高血糖素通过依赖 cAMP 的蛋白激酶和依赖钙调蛋白的蛋白激酶使其磷酸化而失活。

3. 己糖激酶或葡萄糖激酶　己糖激酶受其产物 6-磷酸葡萄糖变构抑制,葡萄糖激酶分子内不存在 6-磷酸葡萄糖的变构部位,故不受 6-磷酸葡萄糖的影响。胰岛素可诱导葡萄糖激酶的合成,加速糖的分解。

(三)糖酵解的生理意义

糖酵解最重要的生理意义是机体在缺氧情况下获取能量的有效方式。1 分子葡萄糖经糖酵解生成 2 分子乳酸和 2 分子 ATP,若从糖原分子上水解 1 个葡萄糖基进入糖酵解则生成 3 分子 ATP。肌肉组织内 ATP 含量很低,仅 5～7μmol/g 新鲜组织,只要肌肉收缩几秒即可耗尽。即使不缺氧,葡萄糖进行有氧氧化的过程比糖酵解耗时长,来不及满足机体需要。此外,当肌肉组织剧烈运动时,肌肉组织局部相对血流不足,处于相对缺氧状态,依赖糖酵解可迅速得到能量。某些组织,如视网膜、白细胞、骨髓及脑等代谢极为活跃的细胞组织,即使在有氧情况下仍以糖酵解供能为主。成熟红细胞因无线粒体则完全依赖于糖酵解供能。在某些病理情况下,如循环、呼吸功能障碍、大失血、休克等造成机体缺氧,以糖酵解方式供应能量,但酵解时产生乳酸也会引起酸中毒。

二、糖的有氧氧化

葡萄糖在有氧条件下彻底氧化成 CO_2 和 H_2O 并产生大量能量的过程称为糖的有氧氧化(aerobic oxidation)。有氧氧化是糖分解供能的主要方式。

(一)有氧氧化的反应过程

糖的有氧氧化可分为三个阶段。第一阶段:葡萄糖在胞质经糖酵解途径分解为丙酮酸;第二阶段:丙酮酸进入线粒体内氧化脱羧生成乙酰 CoA;第三阶段:乙酰 CoA 经三羧酸循环氧化生成 CO_2 和 H_2O,还原当量经氧化磷酸化释放能量。

1. 葡萄糖生成丙酮酸 葡萄糖循糖酵解途径分解成丙酮酸,前已叙述。不同的是 3-磷酸甘油醛脱氢产生 $NADH+H^+$ 要经 α-磷酸甘油穿梭或苹果酸-天冬氨酸穿梭进入线粒体生成 1.5 或 2.5 分子 ATP,而不再使丙酮酸还原为乳酸。

2. 丙酮酸氧化脱羧 丙酮酸进入线粒体后,氧化脱羧生成乙酰 CoA(acetyl CoA)。总反应式为:

$$丙酮酸+NAD^++HSCoA \longrightarrow 乙酰CoA+NADH+H^++CO_2$$

此反应由丙酮酸脱氢酶复合体催化,该复合体存在于线粒体中,包括丙酮酸脱氢酶(E_1),辅酶是 TPP;二氢硫辛酰胺转乙酰酶(E_2),辅酶是硫辛酸和 CoA;二氢硫辛酰胺脱氢酶(E_3),辅基是 FAD 和 NAD^+。三种酶按一定比例组合成多酶复合体,其组合比例随生物体不同而异。其反应机制见图 5-3。

3. 三羧酸循环 三羧酸循环(tricarboxylic acid cycle)是指乙酰 CoA 和草酰乙酸缩合成含有三个羧酸的柠檬酸开始,反复进行氧化脱羧,最终再生成草酰乙酸的过程,亦称柠檬酸循环,最早由 Krebs 提出,也称 Krebs 循环。

(1)三羧酸循环的反应过程:由 8 步代谢反应组成。

1)柠檬酸的形成:柠檬酸合酶催化乙酰 CoA 与草酰乙酸缩合形成柠檬酸,乙酰 CoA 中的高能硫酯键水解释放的能量促进缩合反应,此反应不可逆。

2)异柠檬酸的生成:柠檬酸在顺乌头酸酶催化下,C_3 上的羟基转到 C_2 上,形成它的同分异构体——异柠檬酸。此反应可逆。

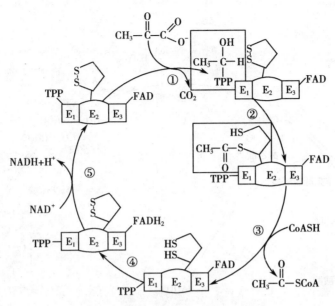

图 5-3　丙酮酸脱氢酶复合体作用机制

3）第一次氧化脱羧：异柠檬酸在异柠檬酸脱氢酶催化下氧化脱羧成为 α-酮戊二酸，脱下来的氢由 NAD^+ 接受，生成 $NADH+H^+$。

4）第二次氧化脱羧：α-酮戊二酸氧化脱羧生成琥珀酰 CoA，反应不可逆。此过程由 α-酮戊二酸脱氢酶复合体催化，其组成和催化反应类似丙酮酸脱氢酶复合体。

5）底物水平磷酸化：在琥珀酰 CoA 合成酶催化下，琥珀酰 CoA 分子中的高能硫酯键能量转移给 GDP 生成 GTP，自身转变成琥珀酸，这是底物水平磷酸化的又一例子，生成的 GTP 可在二磷酸核苷激酶催化下，将磷酸根转移给 ADP 而生成 ATP 与 GDP。

6）琥珀酸脱氢生成延胡索酸：反应由琥珀酸脱氢酶催化，脱下来的氢由 FAD 接受生成 $FADH_2$。该酶是三羧酸循环中唯一结合在线粒体内膜上的酶。

7）延胡索酸加水生成苹果酸：延胡索酸酶催化此可逆反应。

8）苹果酸脱氢生成草酰乙酸：苹果酸脱氢酶催化苹果酸脱氢生成草酰乙酸，脱下来的氢由 NAD^+ 接受生成 $NADH+H^+$。在细胞内，草酰乙酸不断地被用于柠檬酸的合成，所以这一可逆反应向生成草酰乙酸的方向进行。

三羧酸循环的反应过程总结于图 5-4。

三羧酸循环是由草酰乙酸和乙酰 CoA 缩合成柠檬酸开始，每循环一次消耗一个乙酰基。每次循环有 4 次脱氢（其中 3 次以 NAD^+ 为受氢体，1 次以 FAD 为受氢体）、2 次脱羧和 1 次底物水平磷酸化。三羧酸循环的中间产物类似于催化剂，本身并无量的变化。草酰乙酸主要来自丙酮酸的直接羧化或由丙酮酸转变成苹果酸后生成。三羧酸循环是不可逆的，柠檬酸合酶、异柠檬酸脱氢酶和 α-酮戊二酸脱氢酶复合体为其限速酶。

（2）三羧酸循环的意义：1）三羧酸循环是糖、脂肪和氨基酸三大营养素的最终代谢通路：糖、脂肪和氨基酸在体内氧化分解供能时都将产生乙酰 CoA 进入三羧酸循环进行降解。2）三羧酸循环是糖、脂肪和氨基酸代谢联系的枢纽：糖代谢的中间产物如 α-酮戊二酸、草酰乙酸通过氨基化生成相应的非必需氨基酸；而这些氨基酸又可通过不同途径转变成草酰乙酸，再经糖

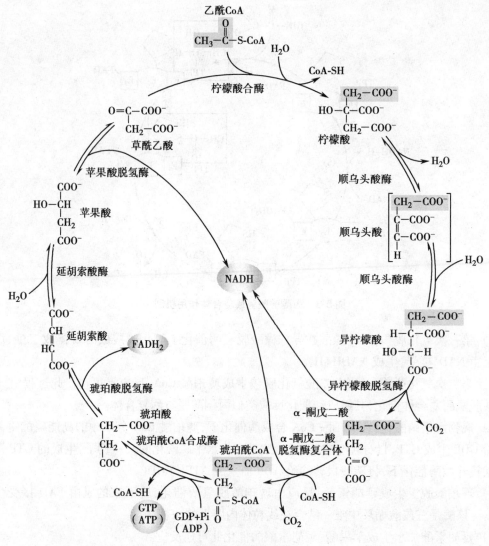

图 5-4　三羧酸循环

异生过程转变成糖及甘油。葡萄糖有氧氧化产生的乙酰 CoA 在线粒体内与草酰乙酸缩合成柠檬酸后,在载体的转运下可出线粒体到胞质中,在柠檬酸裂解酶作用下裂解成草酰乙酸和乙酰 CoA,后者可在胞质中经一系列酶的作用合成脂肪酸。

（二）有氧氧化的生理意义

糖的有氧氧化是机体获得 ATP 的主要方式。1 分子葡萄糖在胞质中分解为 2 分子丙酮酸,净生成 2 分子 ATP 和 2 分子 NADH+H$^+$;1 分子丙酮酸进入线粒体氧化脱羧生成 1 分子乙酰 CoA,产生 1 分子 NADH+H$^+$;1 分子乙酰 CoA 进入三羧酸循环,产生 3 分子 NADH+H$^+$ 和 1 分子 FADH$_2$ 及 1 分子 GTP。线粒体中的 NADH+H$^+$ 和 FADH$_2$ 进入电子传递链分别产生 2.5、1.5 分子 ATP。因此,1 分子乙酰 CoA 经三羧酸循环可产生 10 分子 ATP。1 分子葡萄糖完全氧化可产生 30 或 32 分子 ATP(见表 5-1)。

（三）有氧氧化的调节

机体在不同生理状况下,各组织器官对能量的需求变动很大。因此,机体必须根据需要对有氧氧化的速率加以调节。糖酵解途径的调节前面已讨论，这里主要讨论丙酮酸脱氢酶复合体的调节及三羧酸循环的调节。

表 5-1 葡萄糖有氧氧化产生 ATP 的统计

反 应 阶 段	ATP 的消耗	ATP 的生成	
		底物水平磷酸化	氧化磷酸化
细胞质内阶段			
葡萄糖→6-磷酸葡萄糖	1		
6-磷酸葡萄糖→1,6-双磷酸果糖	1		
3-磷酸甘油醛→1,3-双磷酸甘油酸			2.5×2 或 1.5×2*
1,3-双磷酸甘油酸→3-磷酸甘油酸		1×2	
磷酸烯醇式丙酮酸→丙酮酸		1×2	
线粒体内阶段			
丙酮酸→乙酰 CoA			2.5×2
异柠檬酸→α-酮戊二酸			2.5×2
α-酮戊二酸→琥珀酰 CoA			2.5×2
琥珀酰 CoA→琥珀酸		1×2	
琥珀酸→延胡索酸			1.5×2
苹果酸→草酰乙酸			2.5×2
合计	2	6	28 或 26

*指线粒体外 3-磷酸甘油醛脱氢产生的 NADH+H⁺要经 α-磷酸甘油穿梭或苹果酸-天冬氨酸穿梭进入线粒体生成 1.5 或 2.5 分子 ATP

1. 丙酮酸脱氢酶复合体的调节　可通过变构调节和共价修饰调节对酶活性进行快速调节。反应产物乙酰 CoA 和 NADH+H⁺以及 ATP 对该酶复合体有较强的抑制作用,当饥饿、大量脂肪酸被动员利用时,细胞内乙酰 CoA 及 NADH+H⁺浓度增高,ATP 生成增加,糖的有氧氧化速率减慢。AMP 是丙酮酸脱氢酶复合体的激活剂。当进入三羧酸循环的乙酰 CoA 减少,而 AMP、辅酶 A 和 NAD⁺堆积,酶复合体就被变构激活,有氧氧化速率加快。丙酮酸脱氢酶复合体还接受共价修饰调节,经磷酸化后,酶活性受到抑制,脱磷酸化而恢复活性。

2. 三羧酸循环速率和流量的调控　影响三羧酸循环速率和流量的因素有多种,其中最关键的两个调节点是异柠檬酸脱氢酶和 α-酮戊二酸脱氢酶复合体催化的反应。由于柠檬酸可移至胞质分解成乙酰 CoA,用于合成脂肪酸,故柠檬酸合酶活性升高并不一定加速三羧酸循环的速率。而当异柠檬酸和 α-酮戊二酸脱氢的产物 NADH+H⁺堆积时,即 NADH/NAD⁺增大,可反馈抑制催化该反应的两种脱氢酶;ATP/ADP 比例升高也起到同样的作用。Ca²⁺可激活异柠檬酸脱氢酶、α-酮戊二酸脱氢酶复合体和丙酮酸脱氢酶复合体,从而使三羧酸循环和有氧氧化速率加快。

氧化磷酸化的速率对三羧酸循环的运转也起着非常重要的作用。三羧酸循环脱下来的氢若不能有效地进行氧化磷酸化,NADH+H⁺和 FADH₂仍保持还原状态,则三羧酸循环中的脱氢反应都将无法继续进行。三羧酸循环的调节如图 5-5 所示。

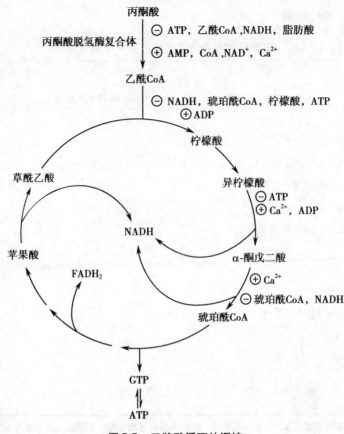

图 5-5 三羧酸循环的调控

三、磷酸戊糖途径

磷酸戊糖途径（pentose phosphate pathway）是糖的分解代谢的另一重要途径，又称为磷酸戊糖旁路。在胞质中，葡萄糖可经此途径产生磷酸核糖和 $NADPH+H^+$。

（一）磷酸戊糖途径的反应过程

磷酸戊糖途径的反应过程可分为两个阶段：第一阶段是氧化过程，生成磷酸戊糖、NADPH $+H^+$ 及 CO_2；第二阶段是非氧化反应，包括一系列基团转移。

1. 磷酸戊糖生成 6-磷酸葡萄糖在 6-磷酸葡萄糖脱氢酶催化下脱氢生成 6-磷酸葡萄糖酸内酯，此反应以 $NADP^+$ 为电子受体。6-磷酸葡萄糖酸内酯水解后由 6-磷酸葡萄糖酸脱氢酶催化脱氢、脱羧，生成 5-磷酸核酮糖、CO_2 以及 $NADPH+H^+$。5-磷酸核酮糖在异构酶作用下转变为 5-磷酸核糖，或在差向异构酶作用下转变成 5-磷酸木酮糖。6-磷酸葡萄糖脱氢酶是该途径的限速酶。

2. 基团转移反应 5-磷酸核糖和 5-磷酸木酮糖在转酮醇酶和转醛醇酶催化下，经过一系列基团转移反应转变成 6-磷酸果糖和 3-磷酸甘油醛而进入糖酵解途径。基团转移反应均为可逆反应。磷酸戊糖途径的反应过程见图 5-6。

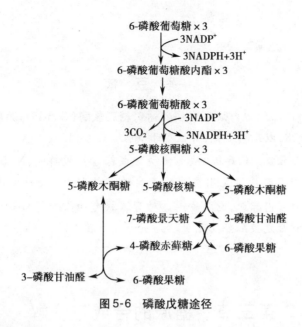

图 5-6 磷酸戊糖途径

磷酸戊糖途径的总的反应为：

$$3×6\text{-磷酸葡萄糖}+6NADP^+ \longrightarrow 2×6\text{-磷酸果糖}+3\text{-磷酸甘油醛}+6NADPH+6H^++3CO_2$$

（二）磷酸戊糖途径的生理意义

磷酸戊糖途径的生理意义在于生成 NADPH+H^+ 和 5-磷酸核糖。

1. 5-磷酸核糖是核酸合成的原料　磷酸戊糖途径是体内合成 5-磷酸核糖的唯一途径。5-磷酸核糖是核酸的基本单位——核苷酸合成的原料,可利用葡萄糖经 6-磷酸葡萄糖脱氢、脱羧反应生成,也可通过基团转移反应由糖酵解中间产物 3-磷酸甘油醛和 6-磷酸果糖经基团转移反应生成,如肌肉组织主要依靠基团转移反应生成 5-磷酸核糖。

2. NADPH+H^+ 的作用　NADPH+H^+ 作为供氢体参与机体多种代谢反应,发挥不同的功能。

（1）NADPH+H^+ 是脂肪酸、胆固醇、非必需氨基酸等合成反应的供氢体:如乙酰 CoA 生成脂肪酸和胆固醇时需要 NADPH+H^+ 提供还原当量(详见第六章脂类代谢)。

（2）NADPH+H^+ 参与体内羟化反应:羟化反应是体内氧化反应中最重要的一类,胆汁酸及类固醇激素的合成都需要 NADPH+H^+ 提供氢。肝的生物转化过程中加单氧酶系也以 NADPH+H^+ 为供氢体。

（3）NADPH+H^+ 可以维持细胞内还原型谷胱甘肽的正常含量。

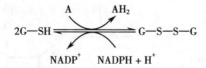

还原型谷胱甘肽(GSH)是体内重要的抗氧化剂,可保护巯基酶和细胞膜中的不饱和脂肪酸不被过氧化物氧化。谷胱甘肽与体内氧化剂结合后,也就是被氧化后即失去抗氧化的能力,NADPH+H^+ 可使氧化型谷胱甘肽(GSSG)重新回到还原状态。反应由谷胱甘肽还原酶催化。这对维持红细胞膜的完整性尤为重要。

蚕 豆 病

　　蚕豆病是一种以红细胞内缺乏 6-磷酸葡萄糖脱氢酶(G-6-PD)为特征的遗传性酶缺陷病,基因定位于 Xq28,以儿童多见,男性多于女性。G-6-PD 缺乏者进食蚕豆后发生急性溶血性贫血,故称为蚕豆病。G-6-PD 缺乏使磷酸戊糖途径被抑制,NADPH+H^+缺乏,血液中 GSH 生成不足,不能及时清除食用蚕豆后产生的大量 H_2O_2,使红细胞膜脂质被氧化而破坏,从而发生急性血管内溶血,造成黄疸。对有家族史和已知有 G-6-PD 缺乏者,应该禁食蚕豆及其制品,尽量避免接触蚕豆花粉。

第三节　糖原的合成与分解

　　糖原是体内糖的储存形式,是由多个葡萄糖单位组成的带分支的大分子多糖。糖原分子中的直链是由葡萄糖以 α-1,4-糖苷键相连形成,支链以 α-1,6-糖苷键相连构成。肝和肌肉是储存糖原的主要组织器官。人体肝糖原约 70~100g,用以维持血糖水平;肌糖原约 180~300g,主要供肌肉收缩时所需能量。

一、糖　原　合　成

　　体内由葡萄糖生成肝、肌糖原的过程称为糖原合成(glycogen synthesis)。包括以下 5 步反应。

　　1. 6-磷酸葡萄糖的生成　葡萄糖在己糖激酶(葡萄糖激酶)催化下磷酸化生成 6-磷酸葡萄糖。

　　2. 1-磷酸葡萄糖的生成　6-磷酸葡萄糖在磷酸葡萄糖变位酶作用下转变为 1-磷酸葡萄糖,为可逆反应。

　　3. 尿苷二磷酸葡萄糖的生成　1-磷酸葡萄糖在尿苷二磷酸葡萄糖焦磷酸化酶催化下生成尿苷二磷酸葡萄糖(uridine diphophate glucose,UDPG)和焦磷酸。UDPG 是活性葡萄糖,是糖原合成时葡萄糖的供体。焦磷酸随即被焦磷酸酶水解,使反应变为不可逆反应。

1-磷酸葡萄糖　　+ UTP　　PPi　　尿苷二磷酸葡萄糖(UDP-葡萄糖)

　　4. UDPG 与糖原结合　在糖原引物(细胞内较小的糖原分子)存在下,糖原合酶(glycogen synthase)将 UDPG 的葡萄糖基转移给糖原引物的非还原末端葡萄糖残基上的 C_4 羟基,形成

α-1,4 糖苷键,使原来的引物增加 1 个葡萄糖单位。此反应反复进行,可使糖链不断延长。

5. 糖链分支的形成　糖原合酶只能使糖链延长,不能形成分支。当糖链延长到 12～18 个葡萄糖基时,分支酶将一段约 7 个葡萄糖基的糖链转移至邻近糖链上,以 α-1,6-糖苷键连接形成分支(图 5-7)。分支的形成不仅可增加非还原端的数目,有利于糖原磷酸化酶迅速分解糖原,而且可增加糖原的水溶性。

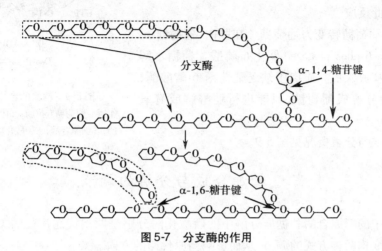

图 5-7　分支酶的作用

糖原合成是一个耗能的过程。每增加一个葡萄糖单位需消耗 2 分子 ATP。UTP 中的高能磷酸键可由 ATP 转移而来。

二、糖原分解

糖原分解(glycogenolysis)通常是指肝糖原分解为葡萄糖的过程。糖原的分解从糖链的非还原端开始,包括下列 4 步酶促反应。

1. 糖原磷酸解为 1-磷酸葡萄糖　磷酸化酶从糖原的非还原端分解下一个葡萄糖基,生成 1-磷酸葡萄糖和比原先少了 1 个葡萄糖基的糖原。

2. 脱支酶催化的反应　糖原磷酸化酶只催化糖原直链的水解,糖原侧链由脱支酶催化水解。脱支酶具有葡萄糖转移酶和 α-1,6-葡萄糖苷酶双重酶的活性。当糖链缩短至距分支点 4

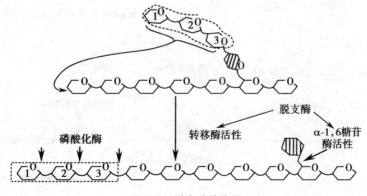

图 5-8　脱支酶的作用

个葡萄糖基时,葡萄糖转移酶将3个葡萄糖基转移到邻近的糖链末端,以α-1,4-糖苷键连接。在α-1,6-糖苷键分支处剩余的葡萄糖基被α-1,6-葡萄糖苷酶水解成游离葡萄糖。除去分支后磷酸化酶即可继续发挥作用(图5-8)。

3. 1-磷酸葡萄糖转变为6-磷酸葡萄糖 磷酸葡萄糖变位酶催化此反应。

4. 6-磷酸葡萄糖转变为葡萄糖 在肝内,葡萄糖-6-磷酸酶(glucose-6-phos phatase)催化6-磷酸葡萄糖水解为游离葡萄糖释放入血。肌肉中缺乏葡萄糖-6-磷酸酶,故肌糖原不能分解成葡萄糖,只能进行糖酵解或有氧氧化。

糖原的合成与分解概况见图5-9。

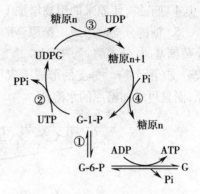

图5-9 糖原的合成与分解
①磷酸葡萄糖变位酶;②UDPG 焦磷酸化酶;③糖原合酶;④磷酸化酶

三、糖原合成与分解的调节

糖原合成中的糖原合酶和糖原分解中的磷酸化酶分别是两条代谢途径的关键酶,其活性受共价修饰和变构两种方式的调节,从而影响糖原代谢的方向。

(一)共价修饰调节

糖原合酶和磷酸化酶都存在着活性型和无活性型两种形式。去磷酸型的糖原合酶 a 有活性,磷酸化型的糖原合酶 b 无活性;而去磷酸型的磷酸化酶 b 无活性,磷酸化型的磷酸化酶 a 有活性。依赖 cAMP 的蛋白激酶 A 可使上述两种酶发生磷酸化,去磷酸则由磷蛋白磷酸酶-1 催化。

依赖 cAMP 的蛋白激酶 A 也有有活性及无活性两种形式,其活性受 cAMP 的调节。胰高血糖素主要调节肝糖原,肾上腺素主要调节肌糖原,这两个激素通过 cAMP 连锁酶促反应,构成一个调节糖原合成与分解的级联放大系统(图5-10)。

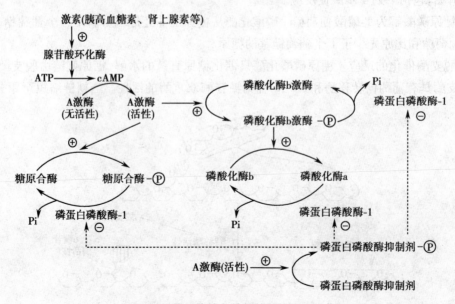

图5-10 糖原合成与分解的共价修饰调节

（二）变构调节

6-磷酸葡萄糖是糖原合酶 b 的变构激活剂。当血糖水平增高,6-磷酸葡萄糖生成增加,促使糖原合酶 b 转变为糖原合酶 a,促进糖原合成;同时抑制糖原磷酸化酶从而抑制了糖原的分解。AMP是磷酸化酶 b 的变构激活剂,当细胞内 AMP 浓度升高,可变构激活无活性的糖原磷酸化酶 b 使之产生有活性磷酸化酶 a,加速糖原分解。ATP 则是磷酸化酶 a 的变构抑制剂,从而使糖原分解减少。

Ca^{2+}可激活磷酸化酶 b 激酶,促进磷酸化酶 b 磷酸化成磷酸化酶 a,加速糖原分解。

糖原贮积症

糖原贮积症(glycogen storage disease)是一类遗传性代谢病,其特点是体内某些组织器官中有大量结构正常或异常的糖原堆积。此病是由于患者先天性糖原合成和分解的酶缺陷所致。主要累及肝,其次是心和肌肉。糖原贮积病至少有 12 种类型,多数属分解代谢酶缺陷,使糖原异常堆积。Ⅰ、Ⅲ、Ⅳ、Ⅵ、Ⅸ型以肝脏病变为主,以肝大(肝糖原储积增多所致)和低血糖(肝糖原不能转化为葡萄糖)为特征;Ⅱ、Ⅴ、Ⅶ型以肌肉组织受损为主。

第四节 糖 异 生

非糖物质转变为葡萄糖或糖原的过程称为糖异生(gluconeogenesis)。非糖物质主要有生糖氨基酸、乳酸和甘油等。在正常情况下,糖异生主要在肝脏中进行,肾脏糖异生能力只有肝脏的 1/10,长期饥饿和酸中毒时肾脏中的糖异生作用明显增强。

一、糖异生途径

从丙酮酸生成葡萄糖的反应过程称为糖异生途径(gluconeogenenic pathway)。糖异生途径基本上是糖酵解途径的逆过程,但有 3 个不可逆反应,构成糖异生途径的"能障",必须由另外的反应和酶代替。

（一）丙酮酸转变为磷酸烯醇式丙酮酸

先由丙酮酸羧化酶催化丙酮酸转变为草酰乙酸。此反应以生物素为辅酶,由 ATP 提供能量。然后由磷酸烯醇式丙酮酸羧激酶催化草酰乙酸生成磷酸烯醇式丙酮酸。反应中消耗一个高能磷酸键,同时脱羧。上述两步反应过程消耗 2 分子 ATP。

$$
\underset{\text{丙酮酸}}{\begin{array}{c} COO^- \\ | \\ C=O \\ | \\ CH_3 \end{array}}
\xrightarrow[\text{ATP} \quad \text{ADP + Pi}]{CO_2}
\underset{\text{草酰乙酸}}{\begin{array}{c} COO^- \\ | \\ C=O \\ | \\ CH_2 \\ | \\ COOH \end{array}}
\xrightarrow[\text{GTP} \quad \text{GDP}]{CO_2}
\underset{\text{磷酸烯醇式丙酮酸}}{\begin{array}{c} COO^- \quad O \\ | \quad\quad \| \\ C-O-P-O^- \\ \| \quad\quad | \\ CH_2 \quad O^- \end{array}}
$$

由于丙酮酸羧化酶仅存在于线粒体内,胞质中的丙酮酸必须进入线粒体,才能羧化生成草酰乙酸,而磷酸烯醇式丙酮酸羧激酶在线粒体和胞质中都存在,因此草酰乙酸可在线粒体中直接转变为磷酸烯醇式丙酮酸再进入胞质中,也可在胞质中转变为磷酸烯醇式丙酮酸。但是,草酰乙酸不能通过线粒体膜,需要还原生成苹果酸或经转氨基作用生成天冬氨酸再逸出线粒体。进入胞质中的苹果酸或天冬氨酸再分别通过脱氢氧化和转氨基作用重新生成草酰乙酸。

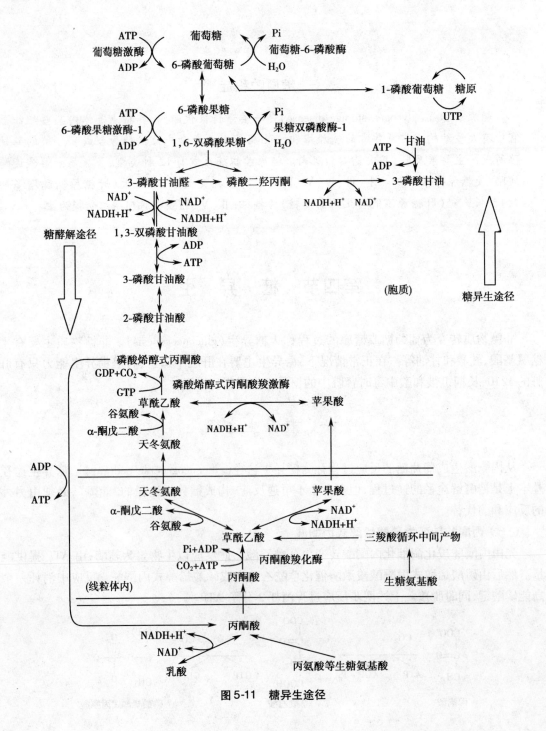

图 5-11 糖异生途径

（二）1,6-双磷酸果糖转变为6-磷酸果糖

该反应由果糖双磷酸酶-1催化脱去 C_1 上的磷酸。因是放能反应,反应易于进行。

（三）6-磷酸葡萄糖水解为葡萄糖

此反应由葡萄糖-6磷酸酶催化完成。

在以上反应过程中,底物和产物的互变反应由不同的酶催化,这种互变循环被称为底物循环(substrate cycle)。在机体细胞内这些酶的活性不完全相等,代谢反应向一个方向进行。糖异生途径可归纳如图5-11。

二、糖异生的调节

糖酵解途径和糖异生途径是方向相反的两条代谢途径。体内进行糖异生途径时,为避免无效循环,必须抑制糖酵解途径,反之亦然。这种协调方式依赖于对这两条代谢途径的两个底物循环进行调节。

第一个底物循环在6-磷酸果糖与1,6-双磷酸果糖之间进行。

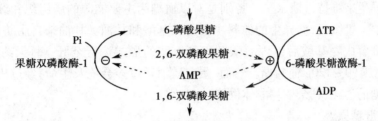

6-磷酸果糖磷酸化生成1,6-双磷酸果糖,而1,6-双磷酸果糖脱磷酸生成6-磷酸果糖。这样,磷酸化反应与脱磷酸化反应构成了一个底物循环,若6-磷酸果糖激酶-1、果糖双磷酸酶-1活性相等,就不能将代谢向前推进,净结果是ATP的消耗。实际上,在细胞内同一生理条件下这两种酶活性相反。2,6-双磷酸果糖和AMP激活6-磷酸果糖激酶-1的同时,抑制果糖双磷酸酶-1的活性,使反应向糖酵解方向进行,同时糖异生受到抑制。胰高血糖素通过cAMP和依赖cAMP的蛋白激酶A,使6-磷酸果糖激酶-2磷酸化而失活,降低肝细胞中2,6-双磷酸果糖的浓度,从而促进了糖异生途径而抑制了糖酵解途径。胰岛素的作用正相反。2,6-双磷酸果糖是果糖双磷酸酶-1的变构抑制剂,又是6-磷酸果糖激酶-1最强的变构激活剂,进餐后,胰岛素分泌增多,2,6-双磷酸果糖水平增多,糖异生受抑制,糖的分解加强,为脂肪酸的合成提供乙酰CoA;饥饿时,胰高血糖素分泌增加,2,6-双磷酸果糖水平减少,使糖从分解转向糖异生。

第二个底物循环在磷酸烯醇式丙酮酸和丙酮酸之间。

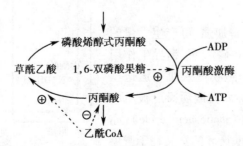

1,6-双磷酸果糖是丙酮酸激酶的变构激活剂,通过1,6-双磷酸果糖将两个底物循环相协

调。胰高血糖素能抑制 2,6-双磷酸果糖合成,因而减少 1,6-双磷酸果糖的生成;胰高血糖素还可通过 cAMP 使丙酮酸激酶磷酸化而失去活性,从而使糖异生加强而糖酵解受抑制。此外,糖异生的原料丙氨酸也可抑制丙酮酸激酶,有利于丙氨酸异生成糖。

饥饿时脂肪动员增强,脂酰 CoA 大量氧化时乙酰 CoA 堆积。乙酰 CoA 一方面反馈抑制丙酮酸脱氢酶复合体,使丙酮酸蓄积,另一方面变构激活丙酮酸羧化酶,促使丙酮酸转变为草酰乙酸,从而加速糖异生。

胰高血糖素可通过 cAMP 快速诱导磷酸烯醇式丙酮酸羧激酶基因的表达,增加酶的合成,故而促进糖异生作用。胰岛素则抑制该酶的基因表达,对该酶有重要的调节作用。

三、糖异生的生理意义

(一)维持血糖水平恒定

糖异生最主要的生理意义是在空腹或饥饿状态下保持血糖水平的相对恒定。在不进食的情况下,血糖水平依赖肝糖原分解来维持。由于肝糖原储备有限,十几小时即被耗尽。此后,机体主要靠糖异生来维持血糖水平。特别是对以血糖为主要能源的脑组织和红细胞,糖异生的作用更为重要。饥饿时,糖异生的原料主要是氨基酸和甘油。甘油来自脂肪组织分解。肌肉组织蛋白质分解成氨基酸后以丙氨酸和谷氨酰胺的形式运行至肝。每天约需分解 180 ~ 200g 蛋白质,生成 90 ~ 120g 葡萄糖。然而,蛋白质消耗过多会危及生命,经过机体调节,脑减少每天对葡萄糖的消耗,其余依赖酮体供能。

(二)补充肝糖原

糖异生是肝脏补充或恢复糖原储备的重要途径。长期以来人们认为,进食后肝糖原储备丰富是肝直接利用葡萄糖合成糖原的结果,但后来经同位素标记等实验结果证明,进食后摄入的大部分葡萄糖先在肝外细胞中分解为乳酸或丙酮酸等三碳化合物,再进入肝细胞异生成糖原,合成糖原的这条途径称为三碳途径或间接途径。

(三)调节酸碱平衡

肾脏糖异生活性增强有利于维持机体酸碱平衡。长期禁食时,酮体生成增加造成体液 pH 下降,促进了肾小管中磷酸烯醇式丙酮酸羧激酶的合成,使糖异生作用加强。当肾脏中 α-酮戊二酸因异生成糖而减少时,促进了谷氨酰胺或谷氨酸脱氨,肾小管细胞将 NH_3 分泌入管腔中,与原尿中 H^+ 结合,降低原尿 H^+ 的浓度,对于防止酸中毒有重要作用。

四、乳酸循环

肌肉剧烈运动时,糖酵解加强,可产生大量的乳酸。肌肉内缺乏葡萄糖-6-磷酸酶,糖异生作用又非常弱,所以乳酸透过细胞膜进入血液运送至肝,在肝中异生为葡萄糖,释入血液后又可被肌肉摄取,这就构成了乳酸循环(lactic acid cycle),亦称 Cori 循环(图 5-12)。乳酸循环的意义在于避免损失乳酸以及防止因乳酸堆积引起代谢性酸中

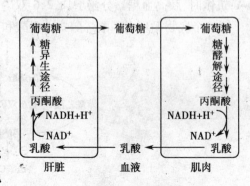

图 5-12 乳酸循环

毒。2 分子乳酸异生成为葡萄糖需消耗 6 分子 ATP。

第五节　血糖及其调节

血液中的葡萄糖称为血糖(blood sugar)。血糖浓度是反映机体糖代谢状况的一项重要指标。正常人空腹血糖浓度为 3.89~6.11mmol/L(葡萄糖氧化酶法)。正常情况下,血糖浓度是相对恒定的,这是由于血糖的来源和去路处于动态平衡的结果。

一、血糖的来源与去路

血糖的主要来源有:①食物中的糖类经消化吸收入血;②肝糖原分解释放的葡萄糖;③由乳酸、甘油及生糖氨基酸等非糖物质经糖异生作用生成的葡萄糖。

血糖的主要去路有:①葡萄糖经氧化分解为各组织细胞提供能量;②在肝脏、肌肉组织中合成肝、肌糖原;③转变为脂肪、非必需氨基酸等非糖物质;④转变成核糖、脱氧核糖、氨基糖等其他糖及糖衍生物;⑤当血糖浓度超过肾糖阈(8.89~10.00mmol/L)时由尿排出葡萄糖。

二、血糖水平的调节

正常人体内血糖浓度维持在恒定范围,是因为有神经系统、激素及组织器官的调节作用。肝脏是调节血糖水平的最主要器官,主要通过肝糖原的合成及分解、糖异生作用及脂肪合成等代谢途径来调节血糖浓度。神经系统对血糖浓度的调节主要通过下丘脑和自主神经系统调节相关激素的分泌。调节血糖浓度的激素可分为两大类,即降低血糖水平的激素和升高血糖水平的激素。这两类激素的调节作用相反但又相互制约,共同维持血糖在正常水平。激素的作用如表 5-2。

表 5-2　激素对血糖浓度的影响

降低血糖水平的激素		升高血糖水平的激素	
胰岛素	1. 促进血糖转运至细胞 2. 促进糖原合成、抑制糖原分解 3. 促进糖的有氧氧化 4. 抑制脂肪动员	胰高血糖素	1. 促进肝糖原分解,抑制糖原合成 2. 促进糖异生途径,抑制糖酵解途径 3. 促进脂肪动员
		肾上腺素	1. 促进肝、肌糖原分解 2. 促进糖异生
		糖皮质激素	1. 促进肌肉蛋白质的分解,促进糖异生 2. 抑制肝外组织对葡萄糖的摄取和利用 3. 协助促进脂肪动员

三、血糖水平的异常

（一）高血糖与糖尿病

临床上将空腹血糖浓度高于 7.0mmol/L 称为高血糖。当空腹血糖超过 9.0mmol/L（肾糖阈）时尿糖可呈阳性。高血糖分为生理性高血糖和病理性高血糖。生理性高血糖多见于高糖饮食、剧烈运动、情绪激动等。病理性高血糖常见于以糖尿病为代表的内分泌机能紊乱。慢性肾炎、肾病综合征等引起肾小管对糖的吸收障碍而出现糖尿，但血糖水平正常，称为肾性糖尿。

糖尿病（diabetes mellitus，DM）是最常见的糖代谢紊乱疾病，是由于胰岛素分泌和（或）作用缺陷引起的以慢性血糖水平升高为特征的代谢性疾病。临床上糖尿病多见于 1 型糖尿病和 2 型糖尿病，1 型糖尿病属于自身免疫性疾病，由于遗传因素和环境因素，引起选择性胰岛 β 细胞破坏和功能衰竭，导致胰岛素分泌不足，多见于青少年。2 型糖尿病是复杂的遗传因素和环境因素共同作用的结果，与肥胖关系密切，引起胰岛素抵抗和胰岛 β 细胞功能缺陷。糖尿病患者长期糖代谢、脂肪代谢、蛋白质代谢紊乱引起多系统损坏，导致眼、肾、神经、心脏、血管等组织器官慢性进行性病变、功能减退及衰竭，病情严重或应激可发生酮症酸中毒等急性严重代谢紊乱。

临床上常用葡萄糖耐量试验（glucose tolerance test，GTT）用于诊断症状不明显或血糖升高不明显的可疑糖尿病。口服葡萄糖耐量试验（oral glucose tolerance test，OGTT）多采用 WHO 推荐的 75g 葡萄糖标准，被试者测定空腹血糖水平后，一次服用 75g 葡萄糖，分别检测服糖后 30 分钟、1 小时、2 小时、3 小时的血糖和尿糖。正常人服糖后血糖急剧升高，然后逐渐降低，一般 2 小时左右恢复正常值。糖尿病等糖代谢紊乱时，服糖后血糖急剧升高或升高不明显，短时间内不能降至空腹血糖水平，称为糖耐量异常或糖耐量降低。

（二）低血糖症与低血糖休克

空腹血糖低于 3.9mmol/L 时称为低血糖，当空腹血糖低于 2.8mmol/L 时称为低血糖症（hypoglycemia）。低血糖也分为生理性低血糖和病理性低血糖。生理性低血糖多见于饥饿、长期剧烈运动、妊娠期等。病理性低血糖多见于胰岛素过多、升高血糖激素分泌不足、肝糖原储存不足、消耗性疾病、急性乙醇中毒等。脑细胞对血糖水平降低非常敏感，因脑细胞功能所需的能量主要来自糖的氧化，当血糖水平过低时，脑细胞因能源缺乏而导致功能障碍，表现为头晕、心悸、饥饿感及出冷汗，若血糖浓度低于 2.5mmol/L，则会出现惊厥和昏迷，重者甚至死亡，称为低血糖昏迷或低血糖休克。

小结

在不同的生理状况下，机体不同组织、细胞糖的分解代谢途径是不同的。糖的分解代谢途径主要包括糖酵解、有氧氧化、磷酸戊糖途径等。

糖酵解和糖有氧氧化是糖分解供能的两条主要途径。糖酵解和有氧氧化自葡萄糖分解至丙酮酸的阶段是共有的，称为糖酵解途径。糖酵解是在特殊情况下机体快速获得能量的有效方式。1 分子葡萄糖或从糖原分子水解 1 个葡萄糖基进入糖酵解，最终产物是乳酸，净生成 2 分子或 3 分子 ATP。糖的有氧氧化是糖分解的主要方式。1 分子葡萄糖经有氧氧

化分解成 CO_2 和 H_2O,生成 30 或 32 分子 ATP。三羧酸循环是三大营养物质糖、脂肪、蛋白质分解的共同通路,每循环一次消耗 1 个乙酰基,经过 2 次氧化脱羧生成 2 分子 CO_2,4 次脱氢(3 次以 NAD^+ 为受氢体,1 次以 FAD 为受氢体),1 次底物水平磷酸化,共生成 10 分子 ATP。

磷酸戊糖途径是糖的分解代谢途径,但不是体内产能途径,它最主要的生理意义是生成 5-磷酸核糖和 $NADPH+H^+$。

糖原是糖在体内的储存形式,有肝糖原和肌糖原等,肌糖原可供肌肉收缩的急需,肝糖原则是血糖的重要来源。糖原合酶是糖原合成的限速酶。UDPG 是葡萄糖供体,又称"活性葡萄糖"。磷酸化酶是糖原分解的限速酶。由于肌肉组织缺乏葡萄糖-6-磷酸酶,肌糖原不能像肝糖原一样,补充血糖。糖原合酶和磷酸化酶两者均受共价修饰调节和变构调节。

从乳酸、氨基酸和甘油等非糖化合物前体合成葡萄糖及糖原的过程称为糖异生,主要器官为肝脏。糖异生途径大多是糖酵解途径的逆反应,但糖酵解途径的 3 个限速酶催化的反应在糖异生途径中需由 4 个限速酶替代。糖异生在空腹和饥饿状态下对保持血糖水平的恒定具有重要意义。

血糖的来源和去路的动态平衡使血糖维持在一个恒定水平。肝脏是调节血糖的主要器官,胰岛素具有降血糖作用,胰高血糖素、肾上腺素和糖皮质激素有升高血糖的作用。当人体内糖代谢发生障碍时可导致高血糖或低血糖。

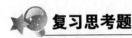 **复习思考题**

一、名词解释

1. 糖酵解
2. 乳酸循环
3. 三羧酸循环
4. 糖异生

二、问答题

1. 试比较糖酵解与有氧氧化的异同点。
2. 为什么说三羧酸循环是糖、脂、蛋白质三大营养物质代谢的共同通路?
3. 简述葡萄糖-6-磷酸在体内的代谢去路。
4. 简述血糖的来源和去路,并举例说明激素在维持血糖水平中的作用。

(李 燕)

第 六 章

脂 类 代 谢

学习目标 ▸

1. 掌握脂肪动员；脂肪酸 β-氧化；酮体的生成和利用；胆固醇合成及其在体内的转化；血浆脂蛋白的分类及功能。
2. 熟悉脂肪酸的合成；甘油三酯的合成；甘油磷脂的合成。
3. 了解血浆脂蛋白的代谢。

脂类是脂肪和类脂的总称。脂肪即甘油三酯或称为三酰甘油，由一分子甘油和三分子脂肪酸组成。类脂是由脂肪酸与各种不同的醇类形成的酯或其衍生物组成，包括磷脂、糖脂、胆固醇和胆固醇酯等。脂类具有共同的物理性质，即不溶于水，溶于乙醚、氯仿等有机溶剂。生物体内甘油三酯的主要功能是储能供能、保温、保护内脏和促进脂溶性维生素的吸收等。类脂的主要功能是构成生物膜、参与形成脂蛋白及作为第二信使参与代谢调节等。

第一节 脂类的消化吸收

生物体内脂类物质有两个来源：一是外源性，主要来源于食物；二是内源性，主要是储存在脂肪组织中的或由其他物质转化而来。

一、脂类的消化

膳食中的脂类主要为甘油三酯，占到90%以上，除此以外还有少量的磷脂、胆固醇及其酯和一些游离脂肪酸。脂类不溶于水，必须在小肠经胆汁中胆汁酸盐的作用，乳化并分散成细小的微团后，才能被消化酶消化。脂类消化主要在小肠。胆汁酸盐是较强的乳化剂，能使脂肪及胆固醇酯等疏水的脂质乳化成细小微团，增加消化酶对脂质的接触面积，有利于脂肪及类脂的消化及吸收。胰腺分泌入十二指肠中消化脂类的酶有胰脂酶、磷脂酶 A_2、胆固醇酯酶及辅脂酶。胰脂酶特异催化甘油三酯水解，生成甘油一酯及脂肪酸。胰脂酶必须吸附在乳化脂肪微团的水油界面上，才能作用于微团内的甘油三酯。辅脂酶是胰脂酶对脂肪消化不可缺少的蛋白质辅因子。磷脂酶 A_2 催化磷脂水解,生成脂肪酸及溶血磷脂;胆固醇酯酶促进胆固醇酯水解生成游离胆固醇及脂肪酸。脂肪及类脂的消化产物包括甘油一酯、脂肪酸、胆固醇及溶血磷脂等,可与胆汁酸盐乳化成更小的混合微团。这种微团体积更小,极性更大,易于穿过小肠黏膜细胞表面的水屏障,为肠黏膜细胞吸收。

二、脂类的吸收

脂类消化产物主要在十二指肠下段及空肠上段吸收。中链脂肪酸(6~10C)及短链脂肪酸(2~4C)构成的甘油三酯,经胆汁酸盐乳化后即可被吸收。在肠黏膜细胞内脂肪酶的作用下,水解为脂肪酸及甘油,通过门静脉进入血液循环。长链脂肪酸(12~26C)及甘油一酯吸收入肠黏膜细胞后,再重新合成甘油三酯。后者再与磷脂、胆固醇及载脂蛋白结合成乳糜微粒(chylomicron,CM),经淋巴进入血液循环。

第二节 甘油三酯的代谢

在正常情况下脂肪的合成与分解处于动态平衡。各组织中的甘油三酯不断地进行自我更新,其中脂肪组织和肝脏有较高的更新率,其次是小肠黏膜上皮细胞和肌细胞,而皮肤和神经组织中甘油三酯的更新率最低。

一、甘油三酯的分解代谢

(一)脂肪动员

脂肪组织中储存的脂肪,在脂肪酶包括甘油三酯脂肪酶、甘油二酯脂肪酶和甘油一酯脂肪酶的依次催化下,逐步水解为脂肪酸和甘油释放入血,供全身各组织利用,此过程称为脂肪动员(fat mobilization)。

$$\text{甘油三酯} \xrightarrow[\text{H}_2\text{O} \quad \text{脂肪酸}]{\text{甘油三酯脂肪酶}} \text{甘油二酯} \xrightarrow[\text{H}_2\text{O} \quad \text{脂肪酸}]{\text{甘油二酯脂肪酶}} \text{甘油一酯} \xrightarrow[\text{H}_2\text{O} \quad \text{脂肪酸}]{\text{甘油一酯脂肪酶}} \text{甘油}$$

其中,甘油三酯脂肪酶是脂肪动员的限速酶,此酶受多种激素的调节,故称为激素敏感性甘油三酯脂肪酶(hormone sensitive triglyceride lipase,HSL)。肾上腺素、去甲肾上腺素、胰高血糖素、肾上腺皮质激素等能使该酶活性增强,促进脂肪动员,这些激素称为脂解激素;胰岛素、前列腺素可使该酶活性降低,抑制脂肪动员,故称为抗脂解激素。脂解作用生成的甘油溶于水,直接由血液运输,而游离脂肪酸不溶于水,须与血浆清蛋白结合后才能在血液中运输。

(二)甘油的代谢

脂肪动员所产生的甘油,由血液运输到肝、肾和小肠黏膜等组织细胞,经甘油激酶催化生成 α-磷酸甘油后,再脱氢生成磷酸二羟丙酮,后者可进入糖代谢途径彻底氧化分解或异生成糖。肌肉和脂肪组织因甘油激酶活性很低,故不能很好地利用甘油。

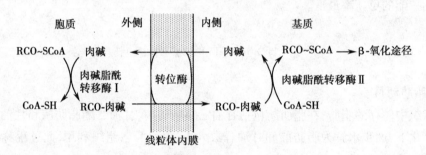

（三）脂肪酸的氧化

脂肪动员所产生的游离脂肪酸释放入血后,与清蛋白结合形成脂肪酸-清蛋白,随血液循环运输到全身各组织利用。在氧供应充足的条件下,脂肪酸在体内可分解为 CO_2 和 H_2O 并释放大量能量。机体除脑、神经组织及红细胞外,大多数组织都能氧化脂肪酸,以肝和肌肉最为活跃。线粒体是脂肪酸氧化的主要部位。

1. 脂肪酸的活化　脂肪酸氧化前先在胞质中进行活化。在辅酶 A(CoA-SH)和 Mg^{2+} 的参与下,由 ATP 供能,脂肪酸经内质网及线粒体外膜上的脂酰 CoA 合成酶催化,生成其活性形式——脂酰 CoA。生成的脂酰 CoA 是一种高能化合物,水溶性强,从而提高了其代谢活性。

$$R—COOH + HS\sim CoA + ATP \xrightarrow[Mg^{2+}]{\text{脂酰CoA合成酶}} R—CO\sim SCoA + AMP + PPi$$

反应过程中生成的焦磷酸(PPi)可立即被细胞内的焦磷酸酶水解,阻止了逆向反应的进行,故每活化 1 分子脂肪酸实际上消耗了 2 分子 ATP。

2. 脂酰 CoA 进入线粒体　脂肪酸氧化的酶系存在于线粒体基质内,而长链脂酰 CoA 不能直接通过线粒体内膜进入线粒体,需通过肉碱的转运,才能进入线粒体基质(图 6-1)。

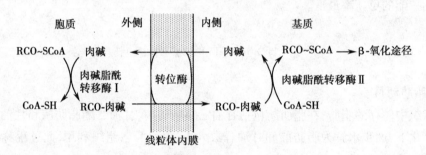

图 6-1　脂酰 CoA 进入线粒体示意图

线粒体外膜的肉碱-脂酰转移酶Ⅰ(CATⅠ)催化肉碱和长链脂酰 CoA 生成脂酰肉碱,后者即可在线粒体内膜的肉碱-脂酰肉碱转位酶的作用下,通过内膜进入线粒体基质内。进入线粒体基质内的脂酰肉碱,经位于线粒体内膜内侧面的肉碱-脂酰转移酶Ⅱ(CATⅡ)催化,转变为脂酰 CoA 并释放肉碱。此转运过程是脂肪酸氧化的限速步骤,肉碱-脂酰转移酶Ⅰ是限速酶。当饥饿、高脂低糖膳食或糖尿病时,体内不能利用糖,需脂肪酸氧化供能时,该酶活性增高,脂肪酸氧化增加。

3. 脂酰 CoA 的 β-氧化　进入线粒体基质的脂酰 CoA,在一系列酶作用下,先从脂酰基 β 碳原子开始,依次进行脱氢、加水、再脱氢和硫解 4 步连续反应。1 分子脂酰 CoA 进行一次 β-氧化,生成 1 分子乙酰 CoA 和 1 分子比原来少 2 个碳原子的脂酰 CoA(图 6-2)。脂酰 CoA 的 β-氧化过程如下:

(1) 脱氢:脂酰 CoA 在脂酰 CoA 脱氢酶催化下,在 α 和 β 碳原子上各脱去 1 个氢原子,生

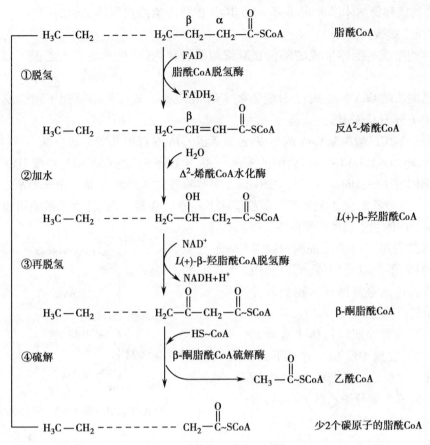

图6-2 脂酰 CoA 的 β-氧化过程

成反 Δ^2-烯酰 CoA,脱下的2H由辅基 FAD 接受生成 $FADH_2$。

（2）加水:反 Δ^2-烯酰 CoA 经水化酶的催化,加水生成 $L(+)$-β-羟脂酰 CoA。

（3）再脱氢:$L(+)$-β-羟脂酰 CoA 在 β-羟脂酰 CoA 脱氢酶催化下,脱去 β 碳原子上的2H,生成 β-酮脂酰 CoA,脱下的2H由 NAD^+接受生成 $NADH+H^+$。

（4）硫解:β-酮脂酰 CoA 在 β-酮脂酰 CoA 硫解酶的催化下,加 CoASH 使碳链断裂,生成1分子乙酰 CoA 和少2个碳原子的脂酰 CoA。

以上生成的比氧化前少2个碳原子的脂酰 CoA 再进行脱氢、加水、再脱氢、硫解反应,如此反复进行,偶数饱和脂酰 CoA 可完全氧化为乙酰 CoA,然后经三羧酸循环氧化。人体内还有奇数碳饱和脂肪酸,它们通过 β-氧化,除生成乙酰 CoA 外,最后还余下1个丙酰 CoA,后者经羧化反应生成琥珀酰 CoA,然后进入三羧酸循环。

现以软脂酸为例计算 ATP 的生成量。16个碳的软脂酸,需经7次 β-氧化,产生7分子 $FADH_2$、7分子 $NADH+H^+$及8分子乙酰 CoA。因此1分子软脂酸完全氧化分解生成$(7×1.5)+(7×2.5)+(8×10)=108$分子 ATP,减去脂肪酸活化时消耗的2分子 ATP,净生成106分子 ATP。由此可见,脂肪酸是体内重要的能源物质。

（四）酮体的生成与利用

脂肪酸在心肌、骨骼肌等组织中经氧化产生的乙酰 CoA 能够彻底氧化成 CO_2 和 H_2O。而脂肪酸在肝细胞中经过 β-氧化生成的乙酰 CoA,则大部分转变成乙酰乙酸、β-羟丁酸和丙酮,这三种化合物统称为酮体(ketone bodies)。其中β-羟丁酸约占酮体总量的70%,乙酰乙酸约占30%,丙酮含量极微。

1. **酮体的生成** 酮体生成的部位在肝细胞线粒体内,合成的原料为乙酰CoA。基本过程是:

(1) 乙酰乙酰CoA的生成:2分子乙酰CoA在乙酰乙酰硫解酶催化下缩合成乙酰乙酰CoA,并释出1分子CoASH。

(2) 羟甲基戊二酸单酰CoA的生成:乙酰乙酰CoA在羟甲基戊二酸单酰CoA(β-hydroxy-β-methyl glutaryl CoA, HMG-CoA)合酶的催化下,再与1分子乙酰CoA缩合生成HMG-CoA。

(3) 酮体的生成:HMG-CoA在HMG-CoA裂解酶催化下裂解,生成1分子乙酰乙酸和1分子乙酰CoA。乙酰乙酸在β-羟丁酸脱氢酶催化下还原成β-羟丁酸,乙酰乙酸也可自动脱羧生成少量丙酮。酮体的生成过程见图6-3。

2. **酮体的利用** 由于肝细胞内缺乏氧化酮体的酶,不能氧化酮体,所以肝内生成的酮体需进入血液循环运输到肝外组织进一步氧化利用。

心、肾、脑及骨骼肌线粒体中有琥珀酰CoA转硫酶,在琥珀酰CoA存在下,可使乙酰乙酸活化生成乙酰乙酰CoA,然后再被硫解酶分解为2分子乙酰CoA,后者进入三羧酸循环被彻底氧化,这是酮体利用的主要途径。

另外,心、肾、脑线粒体中还存在乙酰乙酸硫激酶,可使乙酰乙酸活化生成乙酰乙酰CoA,后者经硫解酶作用分解为2分子乙酰CoA。

β-羟丁酸脱氢后转变成乙酰乙酸,再经上述途径氧化。正常情况下,丙酮量少、易挥发,经肺呼出。酮体的利用过程见图6-4。

3. **酮体生成的生理意义** 酮体是脂肪酸在肝内正常代谢产物,是肝输出能源的一种形式,它分子小,溶于水,便于通过血液运输,能通过血脑屏障和毛细血管壁,是肌肉尤其是脑组织的重要能源。脑组织不能氧化脂肪酸却能利用酮体,当长期饥饿和糖供应不足时,酮体可代替葡萄糖成为脑组织的主要能源。

正常情况下血中仅含有少量酮体,约为0.03~0.5mmol/L(0.3~5mg/dl)。在长期饥饿、高脂低糖膳食或严重糖尿病时,脂肪动员加强,酮体生成增加,尤其在未控制的糖尿病患者,血液酮体的含量可高出正常情况数十倍,这时,丙酮约占酮体总量的一半。酮体生成超过肝外组织利用的能力,引起血中酮体增多,可导致酮症酸中毒,并随尿排出,引起酮尿(可高达

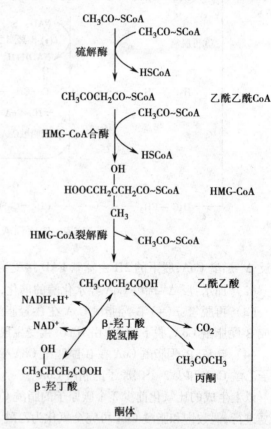

图6-3　酮体的生成过程

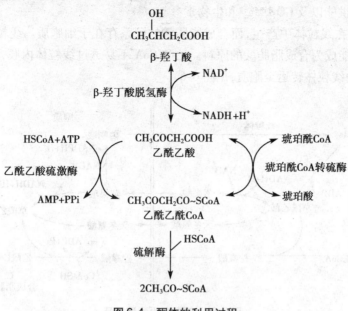

图 6-4 酮体的利用过程

5000mg/24h 尿,正常为≤125mg/24h 尿)。

二、甘油三酯的合成代谢

人体大部分组织都能合成甘油三酯,但主要合成场所是肝脏、脂肪组织和小肠。脂肪的合成有两条途径:一是利用食物中的脂肪转化成为人体的脂肪,由于一般食物中摄入的脂肪量不多,故这种来源的脂肪亦较少;另一种是将糖类物质转化为脂肪,这是体内脂肪的主要来源。

甘油三酯的合成是在胞质中进行的,其合成过程分以下三个阶段。

(一)α-磷酸甘油的来源

α-磷酸甘油的来源有二:①主要由糖代谢的中间产物磷酸二羟丙酮在 α-磷酸甘油脱氢酶催化下,还原生成 α-磷酸甘油;②细胞内甘油再利用。肝、肾、小肠及哺乳期乳腺富含甘油激酶催化甘油活化形成 α-磷酸甘油,而肌肉和脂肪组织细胞内此酶活性很低,不能利用游离甘油。α-磷酸甘油生成过程见图 6-5。

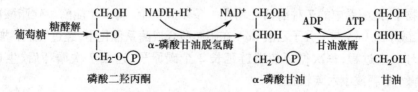

图 6-5 α-磷酸甘油生成过程

(二)脂肪酸的合成

1. 合成部位 脂肪酸合成酶系存在于肝、肾、脑、肺、乳腺及脂肪等组织的胞质中。肝是合成脂肪酸最活跃的组织,其合成能力比脂肪组织大 8~9 倍。

2. 合成原料 脂肪酸合成原料是乙酰 CoA,主要来自糖的氧化分解。同时还需要 NADPH

+H⁺供氢和 ATP 供能以及 CO_2、Mg^{2+}和生物素参与。

乙酰 CoA 是在线粒体中产生,而合成脂肪酸的酶系存在于细胞质。线粒体中的乙酰 CoA 必须进入胞质才能成为合成脂肪酸的原料。乙酰 CoA 不易透过线粒体内膜,需通过柠檬酸-丙酮酸循环,将其由线粒体转运至胞质,见图 6-6。

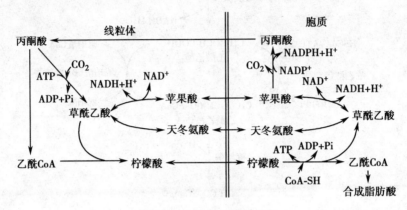

图 6-6 柠檬酸-丙酮酸循环

3. 合成过程 脂肪酸合成过程并不是 β-氧化的逆过程,而是以丙二酸单酰 CoA 为基础的连续反应。

(1) 丙二酸单酰 CoA 的合成:脂肪酸的合成过程中仅有 1 分子乙酰 CoA 是直接参与反应,其他乙酰 CoA 在乙酰 CoA 羧化酶催化下,由碳酸氢盐提供 CO_2,ATP 提供能量,生成丙二酸单酰 CoA,才能参与脂肪酸的合成。

$$CH_3CO\sim SCoA + HCO_3^- + ATP \xrightarrow[\text{生物素}Mn^{2+}]{\text{乙酰CoA羧化酶}} \underset{\underset{COOH}{|}}{CH_2CO\sim SCoA} + ADP + Pi$$

乙酰CoA   丙二酸单酰CoA

乙酰 CoA 羧化酶是脂肪酸合成的限速酶,此酶活性受膳食成分和体内代谢物的调节和影响。长期高糖低脂膳食可促进酶蛋白合成,因而可促进脂肪酸的合成。长期摄入高脂低糖膳食则抑制此酶的生物合成,减少脂肪酸的生成。

(2) 软脂酸的合成:脂肪酸的合成是一个重复的加成反应过程,由脂肪酸合成酶系催化,此酶在大肠杆菌中是由 7 种酶蛋白和酰基载体蛋白(ACP)聚合在一起构成的一个多酶复合体;在哺乳动物中,此酶系中的 7 种酶活性均在一条多肽链上,属多功能酶。软脂酸的合成是由 7 分子丙二酸单酰 CoA 与 1 分子乙酰 CoA 在脂肪酸合成酶系催化下,经过"缩合-加氢-脱水-再加氢"的循环反应过程,每次循环使碳链延长 2 个碳原子,连续 7 次循环后,生成软脂酰 ACP,经硫酯酶水解释放十六碳软脂酸。

软脂酸的合成总反应式为:

$$CH_3COSCoA+7HOOCCH_2COSCoA+14NADPH+14H^+ \longrightarrow CH_3(CH_2)_{14}COOH+7CO_2+6H_2O+8HSCoA+14NADP^+$$

体内合成的脂肪酸经硫激酶催化,ATP 提供能量,与 CoA-SH 反应生成脂酰 CoA 后,再参与甘油三酯的合成。

4. 脂肪酸碳链的加长 脂肪酸合成酶体系催化合成的脂肪酸是软脂酸,它作为更长的脂肪酸的前体,在线粒体和内质网中脂肪酸碳链延长酶系作用下,可以形成更长碳链的脂肪酸。在线粒体中,软脂酸经延长酶系作用下与乙酰 CoA 缩合,逐步延长碳链,其过程与脂肪酸 β-氧化的逆行反应相似。一般可延长脂肪酸碳链至 24 或 26 个碳原子。在内质网中的酶系能利用丙二酸单酰 CoA 作为原料使软脂酰 CoA 的碳链延长,其过程与软脂酸合成酶系催化的过程相似。

5. 不饱和脂肪酸的合成　人体所含有的不饱和脂肪酸主要有软油酸、油酸、亚油酸、亚麻酸及花生四烯酸。前两种单不饱和脂肪酸在人体内由软脂酸和硬脂酸分别在细胞内质网去饱和酶催化下生成,而后三种多不饱和脂肪酸人体内不能合成,必须由食物中摄取,称为营养必需脂肪酸。

(三)甘油三酯的合成

人体合成甘油三酯是以 α-磷酸甘油和脂酰 CoA 为原料,在细胞内质网中经脂酰基转移酶的催化逐步合成的。合成过程有两个途径:

1. 甘油一酯途径　是小肠黏膜细胞利用食物中脂类物质的消化降解产物为原料合成甘油三酯的主要途径。反应过程见图 6-7。

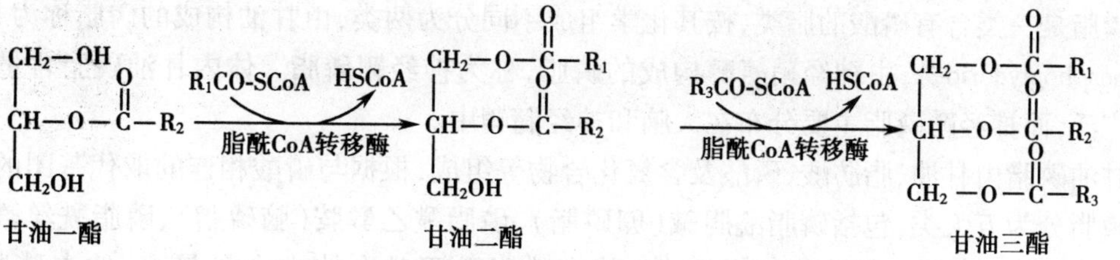

图 6-7　甘油一酯途径

2. 甘油二酯途径　是肝细胞及脂肪细胞内生成甘油三酯的主要途径。在脂酰辅酶 A 转移酶催化下,α-磷酸甘油与 2 分子脂酰辅酶 A 生成磷脂酸。后者水解脱去磷酸生成甘油二酯,再加上 1 分子脂酰基生成甘油三酯。反应过程见图 6-8。

合成脂肪的三分子脂肪酸可相同也可不同,可以是饱和脂肪酸也可以是不饱和脂肪酸。

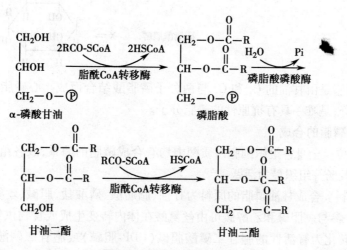

图 6-8　甘油二酯途径

人体甘油三酯中有 50% 的脂肪酸为不饱和脂肪酸,膳食中脂肪酸的组成在一定程度上影响体内脂类物质的组成。甘油三酯的合成速度受多种激素的影响:胰岛素促进糖转变为脂肪,胰高血糖素、肾上腺皮质激素等抑制甘油三酯的生物合成。

脂肪组织是储存脂肪的仓库;肝及小肠黏膜细胞合成的脂肪不能在原组织内储存而是形成极低密度脂蛋白或乳糜微粒后入血,经血液循环被运送到脂肪细胞内储存或运至其他组织内利用。

第三节　类脂的代谢

本节扼要叙述甘油磷脂及胆固醇在体内的代谢。

一、磷脂代谢

(一)磷脂的基本结构与分类

磷脂是一类含有磷酸的脂类,按其化学组成不同分为两类,由甘油构成的磷脂称为甘油磷脂(phosphoglyceride);由神经鞘氨醇构成的磷脂,称为神经鞘磷脂。体内甘油磷脂含量最多,分布广泛,而神经鞘磷脂主要分布在大脑和神经髓鞘中。

甘油磷脂由甘油、脂肪酸、磷酸及含氮化合物等组成,根据与磷酸相连的取代基团的不同,甘油磷脂分为五大类,包括磷脂酰胆碱(卵磷脂)、磷脂酰乙醇胺(脑磷脂)、磷脂酰丝氨酸、二磷脂酰甘油(心磷脂)和磷脂酰肌醇等,其中磷脂酰胆碱在体内含量最多,约占磷脂总量的 50%。

$$
\begin{array}{ll}
\text{CH}_2\text{OOCR}_1 \\
\text{R}_2\text{COOCH} \\
\text{CH}_2\text{—O—P—O—X} \\
\quad\quad\quad\text{OH}
\end{array}
$$

磷脂酸:　　　　　X＝—OH

磷脂酰胆碱:　　　X＝—$\text{CH}_2\text{CH}_2\overset{+}{\text{N}}(\text{CH}_3)_3$

磷脂酰乙醇胺:　　X＝—$\text{CH}_2\text{CH}_2\text{NH}_2$

磷脂酰丝氨酸:　　X＝—$\text{CH}_2\text{CH}_2\text{NH}_2\text{COOH}$

磷脂酰肌醇:　　　X＝

此外,心磷脂是由甘油的 C_1 和 C_3 与两分子磷脂酸结合而成。心磷脂是线粒体内膜和细菌膜的重要成分,是唯一具有抗原性的磷脂分子。

(二)甘油磷脂的合成

1. 合成部位　全身各组织细胞内质网中均有合成磷脂的酶系,故各组织都能合成甘油磷脂,但以肝、肾及肠等组织最为活跃。

2. 合成原料　合成甘油磷脂的原料为甘油、脂肪酸、磷酸盐、胆碱、丝氨酸和肌醇等,此外还需 ATP、CTP 参与。胆碱和乙醇胺可由丝氨酸在体内转变生成或食物供给,它们参与合成代谢之前必须先转化为有活性的胞苷二磷酸胆碱(CDP-胆碱)或胞苷二磷酸乙醇胺(CDP-乙醇胺)。

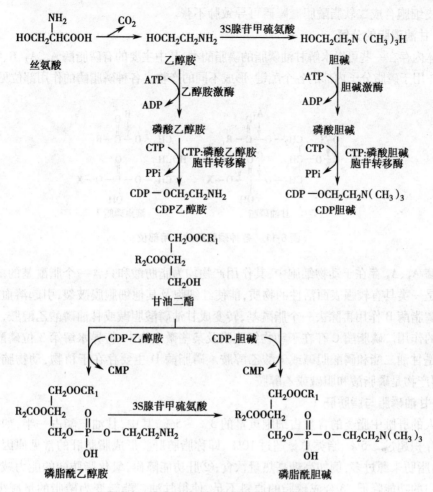

图 6-9 磷酯酰胆碱及磷酯酰乙醇胺合成过程

3. 合成过程 甘油磷脂的合成有两个途径。

（1）甘油二酯合成途径：磷脂酰胆碱及磷脂酰乙醇胺主要通过此途径合成。这两类磷脂在体内含量最多，占磷脂的75%以上。甘油二酯是合成过程的重要中间物。合成过程见图6-9。

（2）CDP-甘油二酯合成途径：磷脂酰肌醇、磷脂酰丝氨酸和心磷脂由此途径合成。CDP-甘油二酯是合成此类磷脂的直接前体和中间产物。反应过程见图6-10。

Ⅱ型肺泡上皮细胞可合成由2分子软脂酸构成的特殊磷脂酰胆碱，其1、2位均为软脂酰基，称二软脂酰胆碱，是较强的乳化剂，能降低肺泡表面张力，有利于肺泡的伸张。如新生

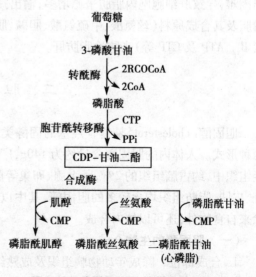

图 6-10 磷脂酰肌醇、磷脂酰丝氨酸和心磷脂合成过程

儿肺泡上皮细胞合成二软脂酰胆碱障碍可导致肺不张。

（三）甘油磷脂的分解

生物体内存在一些可以水解甘油磷脂的磷脂酶类,其中主要的有磷脂酶 A_1、A_2、B、C 和 D,它们特异地作用于磷脂分子内部的各个酯键,形成不同的产物。各种磷脂酶的作用部位见图6-11。

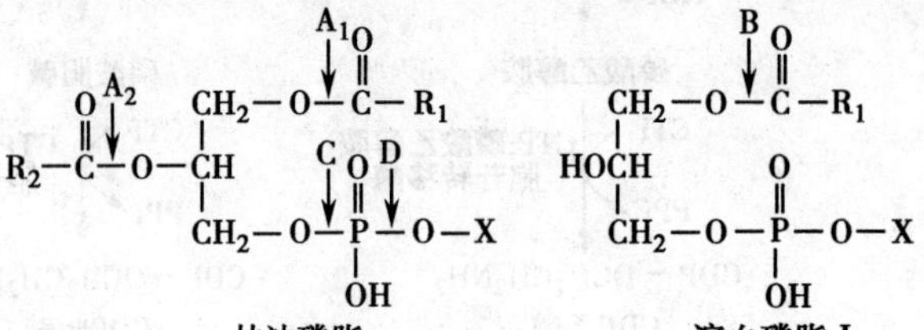

甘油磷脂　　　　　　　　溶血磷脂 I

图6-11　各种磷脂酶的作用部位

磷脂酶 A_1、A_2 存在于动物细胞中,其作用产物均为脂肪酸和只含一个脂酰基的溶血磷脂。溶血磷脂是一类具有较强表面活性的物质,能使红细胞及其他细胞膜破裂,引起溶血或细胞坏死。当经磷脂酶 B 作用再除去一个脂酰基,转变成甘油磷酸胆碱或甘油磷酸乙醇胺,即失去溶解细胞膜的作用。磷脂酶 C 存在于动物细胞膜及某些微生物中,特异水解第 3 位磷酸酯键,其作用产物是甘油二酯和磷酸胆碱或磷酸乙醇胺。磷脂酶 D 主要存在于植物,动物脑组织中亦有,其作用产物是磷脂酸和胆碱或乙醇胺。

（四）甘油磷脂与脂肪肝

正常人的肝脏中脂类的含量占细胞重量的 3% ~ 5%,其中,甘油三酯占一半,如果甘油三酯在肝内存积超过 2.5%、脂类总量超过 10%,即称脂肪肝。形成脂肪肝的常见原因有以下三种:①肝内脂肪来源过多,例如高糖高热量饮食;②肝功能障碍,氧化脂肪酸的能力减弱,合成、释放脂蛋白的功能降低;③合成磷脂的原料不足,使得甘油二酯转变为磷脂的量减少,转而生成甘油三酯。又由于磷脂合成量减少,导致极低密度脂蛋白(VLDL)生成障碍,使肝内脂肪输出困难,导致肝细胞内脂肪来源增多,输出减少,在肝细胞内堆积,形成脂肪肝。临床上常用磷脂及其合成原料(丝氨酸、甲硫氨酸、胆碱、肌醇及乙醇胺等)以及有关辅助因子(叶酸、维生素 B_{12}、ATP 及 CTP 等)来防治脂肪肝。

二、胆固醇代谢

胆固醇(cholesterol)是具有羟基的固醇类化合物。体内胆固醇有游离胆固醇和胆固醇酯两种形式。人体内的胆固醇含量约为140g,广泛分布于全身各组织中,大约1/4分布在脑及神经组织中,约占脑组织的2%,肾上腺、卵巢等胆固醇含量亦较高,达1% ~5%。肝、肾、肠等内脏、皮肤、脂肪组织均含较多的胆固醇,其中以肝最多。肌肉组织含量较低。人体中的胆固醇除来自食物外,还可以体内合成。

（一）胆固醇的生物合成

1. 合成部位　除成年动物脑组织及成熟红细胞外,其他各组织均可合成胆固醇,每天可合成1g左右。肝是胆固醇合成的主要场所,占合成总量的70% ~80%,其次是小肠,合成量约占10%。

2. 合成原料　胆固醇的合成原料是乙酰辅酶 A 和 NADPH+H$^+$，并需要 ATP 供能。乙酰辅酶 A 通过柠檬酸-丙酮酸循环进入胞质参与胆固醇的合成。每合成 1 分子胆固醇需 18 分子乙酰辅酶 A、16 分子 NADPH+H$^+$ 及 36 分子 ATP。乙酰辅酶 A 及 ATP 大多来自糖的有氧氧化，而 NADPH+H$^+$ 则主要来自磷酸戊糖途径。

3. 合成过程　胆固醇合成过程复杂，有近 30 步酶促反应，大致分为甲基二羟戊酸（MVA）的生成、鲨烯的生成和胆固醇的合成三个阶段（图 6-12）。

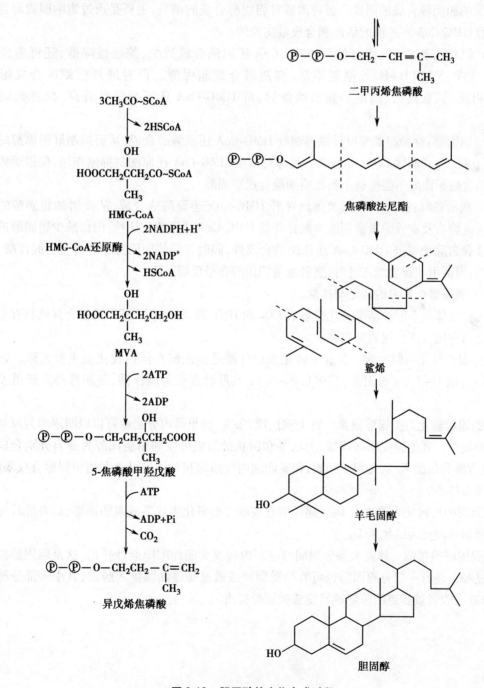

图 6-12　胆固醇的生物合成过程

4. 胆固醇的酯化 血浆及细胞内的游离胆固醇均可被酯化成胆固醇酯,在不同的部位催化胆固醇酯化的酶各异。

(1) 细胞内胆固醇的酯化:细胞内的游离胆固醇由脂酰辅酶 A 提供脂酰基,在脂酰辅酶 A 胆固醇脂酰转移酶(ACAT)的催化下,转变成胆固醇酯。

(2) 血浆中胆固醇的酯化:血浆中的游离胆固醇在卵磷脂胆固醇脂酰转移酶(LCAT)的催化下,接受卵磷脂中第 2 位碳上的脂酰基(大多为不饱和脂肪酸)生成胆固醇酯。

5. 影响胆固醇合成的因素 各种因素对胆固醇合成的调节,主要是通过影响胆固醇合成的限速酶 HMG-CoA 还原酶的活性和合成量实现的。

(1) 饥饿与饱食:饥饿可使肝 HMG-CoA 还原酶合成减少,酶活性降低,还可造成乙酰 CoA、ATP、NADPH+H$^+$等原料不足,抑制肝合成胆固醇。但对肝外组织的合成影响不大。相反,摄取高糖、高饱和脂肪饮食后,肝 HMG-CoA 还原酶活性升高,促进胆固醇合成。

(2) 胆固醇:食物胆固醇可反馈抑制肝 HMG-CoA 还原酶的合成,从而抑制肝胆固醇的合成;相反,降低食物胆固醇量,可解除胆固醇对肝中 HMG-CoA 还原酶的抑制作用,促进胆固醇合成。但食物胆固醇不能抑制小肠黏膜细胞合成胆固醇。

(3) 激素:胰岛素及甲状腺素能诱导肝 HMG-CoA 还原酶的合成,从而增加胆固醇的合成。胰高血糖素及皮质醇激素则能抑制并降低 HMG-CoA 还原酶的活性,因而减少胆固醇的合成。甲状腺素除能促进 HMG-CoA 还原酶的合成外,同时又促使胆固醇在肝转变为胆汁酸,且作用更强,因而甲状腺功能亢进时,患者血清胆固醇含量反而下降。

(二)胆固醇在体内的转化与排泄

胆固醇在体内不能被彻底氧化分解成 CO_2 和 H_2O,而是经氧化、还原转变为其他具有重要生理功能的物质发挥作用或排出体外。

1. 胆固醇转化为胆汁酸 在肝中转化成胆汁酸是胆固醇在体内代谢的主要去路。正常人每天约合成 1~1.5g 胆固醇,其中 0.4~0.6g 在肝转变成为胆汁酸,随胆汁排入肠道发挥作用。

2. 胆固醇转化为类固醇激素 肾上腺皮质、睾丸、卵巢等内分泌腺可以以胆固醇为原料合成类固醇激素。肾上腺皮质球状带、束状带和网状带细胞可以利用胆固醇为原料分别合成醛固酮、皮质醇和雄激素;睾丸间质细胞、卵巢卵泡内膜细胞和黄体也可以利用胆固醇合成睾酮、雌二醇及黄体酮。

3. 胆固醇可转化为维生素 D$_3$ 胆固醇在皮肤可被氧化生成 7-脱氢胆固醇,后者经日光中紫外线照射可转变为维生素 D$_3$。

4. 胆固醇的排泄 体内大部分胆固醇在肝内转变为胆汁酸随胆汁排出,这是胆固醇排泄的主要途径。还有一部分胆固醇也可直接随胆汁或通过肠道黏膜排入肠道,其中一部分被重吸收,未被吸收者被肠道细菌还原转变成粪固醇排出。

第四节 血脂与血浆脂蛋白

一、血脂的种类与含量

血浆中的脂类物质称为血脂,包括甘油三酯、磷脂、胆固醇、胆固醇酯和非酯化脂肪酸等。血脂的来源有两种:一是外源性,从食物摄取的脂类经消化吸收进入血液;二是内源性,由肝、脂肪组织合成后释放入血。血脂含量受膳食、年龄、性别、职业及代谢等影响,波动范围较大,正常成人空腹 12~14 小时血脂的组成与含量见表6-1。

表6-1 正常成人空腹血脂的组成及含量

组 成	血脂含量		空腹主要来源
	mg/dl	mmol/L	
血脂总量	400~700		
甘油三酯	10~150	0.11~1.69	肝
总胆固醇	100~250	2.59~6.47	肝
胆固醇酯	70~250	1.81~5.17	
游离胆固醇	40~70	1.03~1.81	
磷脂总量	150~200	48.44~80.73	肝
卵磷脂	50~200	16.1~64.6	肝
脑磷脂	15~35	4.8~13.0	肝
神经磷脂	50~130	16.1~42.0	肝
游离脂肪酸	5~20	0.5~0.7	脂肪组织

血脂含量虽只占全身脂类总量的极少部分,但由于脂类物质通过血液运转于各组织之间,故血脂含量可以反映体内脂类代谢情况。临床上可作为高脂血症、动脉粥样硬化和冠心病的辅助诊断指标。

二、血浆脂蛋白的分类、组成与结构

脂类不溶于水,在水中呈乳浊液。而正常人血浆却清澈透明,这是因为血脂在血浆中不是以游离状态存在的,而是与蛋白质结合成脂蛋白才能在血中运输。

(一)血浆脂蛋白的分类

血浆脂蛋白由脂类和蛋白质两部分组成,由于脂蛋白所含的脂类比例和蛋白质的量不同,各种脂蛋白的理化性质(密度、颗粒大小、表面电荷、电泳速率等)存在差异,可用电泳法和超速离心法对脂蛋白进行分类。

1. 电泳分类法 由于各类脂蛋白中的载脂蛋白不同,其表面电荷多少不同,因此,在电泳时迁移率的大小不同。电泳法可将血浆脂蛋白分为:α-脂蛋白、前 β-脂蛋白、β-脂蛋白和乳糜微粒,如图 6-13 所示。

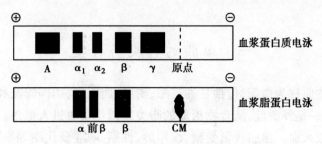

图 6-13 血浆脂蛋白电泳示意图

2. 超速离心法(密度分类法) 由于不同脂蛋白中蛋白质与脂类的比例不同,其密度也各不相同(脂类含量比较高的密度相对小),因此,可根据在一定密度的盐溶液中进行超速离心(50 000r/min)时沉降速度的不同,将血浆脂蛋白分成四类,按密度从低到高的次序分别为乳糜微粒(CM)、极低密度脂蛋白(VLDL),低密度脂蛋白(LDL)和高密度脂蛋白(HDL)。

(二)血浆脂蛋白的组成与结构

血浆脂蛋白的种类、组成及一般特性见表 6-2。

表 6-2 血浆脂蛋白的性质、组成和主要功能

分 类	超速离心法 电泳法	CM	VLDL 前 β-脂蛋白	LDL β-脂蛋白	HDL α-脂蛋白
性质	密度(g/ml)	<0.95	0.95 ~ 1.006	1.006 ~ 1.063	1.063 ~ 1.210
	漂浮系数(Sf)	>400	20 ~ 400	0 ~ 20	—
	颗粒直径(nm)	80 ~ 500	25 ~ 80	20 ~ 25	7.5 ~ 10
组成(%)	蛋白质	1 ~ 2	5 ~ 10	20 ~ 25	45 ~ 55
	脂质	98 ~ 99	90 ~ 95	75 ~ 80	45 ~ 55
	甘油三酯	80 ~ 95	50 ~ 70	10	5
	磷脂	5 ~ 7	15	20	25
	总胆固醇	4 ~ 5	15 ~ 19	48 ~ 50	20 ~ 23
	游离胆固醇	1 ~ 2	5 ~ 7	8	5 ~ 6
	胆固醇酯	3	10 ~ 12	40 ~ 42	15 ~ 17
载脂蛋白组成(%)	apoA I	7	<1	—	65 ~ 70
	apoA II	5	—	—	20 ~ 25
	apoA IV	10	—	—	—
	$apoB_{100}$	—	20 ~ 60	95	—
	$apoB_{48}$	9	—	—	—
	apoC I	11	3	—	6
	apoC II	15	6	微量	1

续表

分　　类	超速离心法 电泳法	CM	VLDL 前 β-脂蛋白	LDL β-脂蛋白	HDL α-脂蛋白
	apoC III$_{0~2}$	41	40	—	4
	apoE	微量	7~15	<5	2
	apoD	—	—	—	3
合成部位		小肠黏膜细胞	肝细胞	血浆	肝、小肠
功能		转运外源性甘油三酯和胆固醇	转运内源性甘油三酯和胆固醇	转运内源性胆固醇	逆向转运胆固醇

1. 血浆脂蛋白组成　血浆脂蛋白是由脂类(甘油三酯、磷脂、胆固醇及其酯)和蛋白质(载脂蛋白)组成。但组成比例有很大差异,其中乳糜微粒中甘油三酯含量最高,达90%以上,蛋白质含量少于2%。VLDL中甘油三酯含量达50%~70%,蛋白质含量比CM多。LDL中的胆固醇及其酯最多,几乎占50%,蛋白质含量可达20%。HDL含蛋白质最多,与脂类各占一半,甘油三酯较少,以磷脂和胆固醇为主。

2. 血浆脂蛋白的结构　血浆各种脂蛋白具有大致相似的基本结构(图6-14)。疏水性较强的甘油三酯和胆固醇酯位于脂蛋白的内核,载脂蛋白、磷脂、游离胆固醇则以单分子层借其疏水基团与内部的疏水键相连接,覆盖于脂蛋白表面,其极性基团朝外,呈球形。

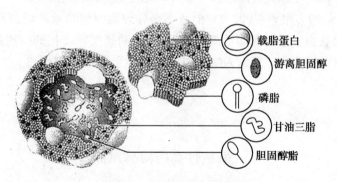

载脂蛋白
游离胆固醇
磷脂
甘油三脂
胆固醇脂

图6-14　脂蛋白结构示意图

3. 载脂蛋白　血浆脂蛋白中的蛋白质部分称为载脂蛋白(apo)。目前发现人血浆中载脂蛋白至少有18种,主要分为A、B、C、D、E五类,各类载脂蛋白又可分为许多亚类,如apoA有AⅠ、AⅡ、AⅣ、AⅤ;apoB又分为B$_{100}$及B$_{48}$;apoC又分为CⅠ、CⅡ、CⅢ等。不同的脂蛋白中含不同的载脂蛋白。近年来的研究表明,载脂蛋白不但在结合和转运脂质及稳定脂蛋白的结构方面发挥重要作用,而且还调节脂蛋白代谢关键酶活性。此外载脂蛋白还参与脂蛋白受体的识别,在脂蛋白代谢上发挥极为重要的作用。

三、血浆脂蛋白的代谢

(一)乳糜微粒(CM)

CM由小肠黏膜细胞合成,是外源性甘油三酯从肠运往全身的主要形式。其特点是含有大量脂肪(约占90%)而蛋白质含量很少。小肠黏膜细胞能将食物中消化吸收的脂类(主要是脂肪酸、甘油一酯、胆固醇和溶血卵磷脂)再重新合成脂肪,连同磷脂、胆固醇、载脂蛋白 apoB$_{48}$ 及少量的 apoA I、A II、A IV 等形成新生的 CM。新生的 CM 经淋巴管进入血液循环后从 HDL 获得 apoC 及 apoE,并将部分 apoA I、apoA II 和 apoA IV 转移给 HDL,形成成熟的 CM。当 CM 随血流通过心肌、骨骼肌及脂肪等组织时,apoC II 能够激活脂蛋白脂肪酶(LPL)。在 LPL 的作用下,CM 中的甘油三酯逐渐被降解,形成 CM 残余颗粒,最终被肝细胞摄取利用。正常人 CM 代谢迅速,半衰期为 5~15 分钟,因此空腹 12~14 小时,血浆中不含 CM。

(二)极低密度脂蛋白(VLDL)

VLDL 主要由肝细胞合成,是运输内源性甘油三酯的主要形式。肝细胞可以利用葡萄糖、脂肪酸、甘油等合成甘油三酯,并与磷脂和胆固醇及 apoB$_{100}$ 等合成 VLDL。进入血液循环后,VLDL 的代谢与 CM 非常相似,激活 LPL,VLDL 中的甘油三酯逐渐被降解,将 apoC 转移给 HDL,而 apoB$_{100}$ 和 apoE 含量相对增加,VLDL 转变为中间密度脂蛋白(IDL)。一部分 IDL 与肝细胞膜上的 apoE 受体结合后被肝细胞摄取利用,另一部分 IDL 转变为 LDL。正常人血浆中 VLDL 的半衰期为 6~12 小时。

(三)低密度脂蛋白(LDL)

LDL 由 VLDL 在血浆中转变而来,是转运肝合成的内源性胆固醇的主要形式,正常人空腹血浆脂蛋白主要是 LDL,可占到血浆脂蛋白总量的 2/3。LDL 在体内的代谢有两条途径:一条是 LDL 受体途径;另一条是由单核吞噬细胞系统的巨噬细胞清除,其中以 LDL 受体途径为主,大约 2/3 的 LDL 由 LDL 受体途径降解,1/3 的 LDL 由巨噬细胞清除。

临床上对 LDL 的增多很重视,因为它的增多会导致胆固醇总量的增多,如果 LDL 结构不稳定,则胆固醇很易在血管壁沉着而形成斑块,这就是动脉粥样硬化的病理基础,由此而诱发一系列的心、脑血管系统疾病。正常人血浆中 LDL 的半衰期为 2~4 天。

家族性高胆固醇血症

家族性高胆固醇血症(familial hypercholesterolemia,FH)是一种常染色体显性遗传性疾病。本症的发病机制是细胞膜表面的 LDL 受体缺如或异常,导致体内 LDL 代谢异常,造成血浆总胆固醇水平和低密度脂蛋白-胆固醇水平升高,临床上常有多部位黄色瘤和早发冠心病。

1974 年 Michael S. Brown 和 Joseph L. Goldstein 发现人成纤维细胞膜表面的 LDL 受体,被认为是脂蛋白研究领域最伟大的进展之一,不仅揭示了胆固醇代谢调节的重要机制,而且为胆固醇代谢异常引起的疾病治疗指明了方向。这两位科学家因他们的杰出贡献而荣获 1985 年诺贝尔生理学或医学奖。

(四)高密度脂蛋白(HDL)

HDL 主要由肝细胞合成,小肠亦可合成。HDL 可将胆固醇从外周组织转运到肝脏进行代谢,这一过程称为胆固醇的逆向转运。

　　肝细胞利用载脂蛋白、磷脂及少量胆固醇合成圆盘状的新生 HDL 后分泌入血,与富含胆固醇的细胞膜、其他脂蛋白及动脉壁接触,获得肝外细胞的胆固醇。在血浆卵磷脂胆固醇脂酰转移酶催化下形成胆固醇酯。随着胆固醇酯的增加及 apoC 和 apoE 的转移,新生的 HDL 转变为成熟的 HDL,形状也由原来的圆盘形逐渐变成单脂层的球状 HDL。成熟的 HDL 携带胆固醇被肝细胞膜上的 HDL 受体识别,被肝细胞摄取,胆固醇可用于合成胆汁酸或直接通过胆汁排出体外。正常人血浆中 HDL 的半衰期为 3 ~ 5 天。

四、血浆脂蛋白代谢异常

(一)高脂蛋白血症

　　在空腹时血浆中的脂类有一类或几类浓度高于正常参考值上限的现象称为高脂血症。因血脂是以脂蛋白形式存在,所以也称为高脂蛋白血症。正常人上限标准因地区、膳食、年龄、劳动状况、职业以及测定方法不同而有差异。一般以成人空腹 12 ~ 14 小时血甘油三酯超过 2.26mmol/L,胆固醇超过 6.21mmol/L,儿童胆固醇超过 4.14mmol/L 为高脂血症标准。

　　世界卫生组织(WHO)于 1970 年建议将高脂蛋白血症分为六型(表 6-3)。我国发病率高的高脂血症主要是 Ⅱa 和 Ⅳ。

表 6-3　高脂蛋白血症分型

分型	病　　名	血脂变化	病　　因
Ⅰ	家族性高乳糜微粒血症	CM↑,TG↑↑↑,Ch↑	LPL 或 apoCⅡ遗传缺陷
Ⅱa		LDL↑,Ch↑↑	apoB$_{100}$、apoE 受体功能缺陷
Ⅱb	家族性高胆固醇血症	LDL、VLDL↑,Ch↑↑,TG↑↑	VLDL 及 apoB$_{100}$、apoE 合成↑
Ⅲ	家族性异常 β 脂蛋白血症	LDL↑,Ch↑↑,TG↑↑	apoE 异常,干扰 CM
Ⅳ	高前 β 脂蛋白血症	VLDL↑,TG↑↑	VLDL 合成↑或降解↓
Ⅴ	混合性高甘油三酯血症	CM、VLDL↑,TG↑↑↑,Ch↑	LPL 或 apoCⅡ缺陷

　　按发病原因高脂蛋白血症可分为原发性高脂蛋白血症和继发性高脂蛋白血症。原发性高脂蛋白血症是原因不明的高脂血症,已证明有些是遗传性缺陷所致。而继发性高脂蛋白血症是继发于控制不良的糖尿病、甲状腺功能减退症及肝、肾病变引起的脂蛋白代谢紊乱,也多见于肥胖、酗酒等。

(二)动脉粥样硬化

　　动脉粥样硬化(AS)是一类动脉壁退行性病理变化,其病理基础之一是大量脂质沉积在大、中动脉内膜上,形成粥样斑块,引起局部坏死,结缔组织增生,血管壁纤维化和钙化等病理改变,使血管腔狭窄。冠状动脉若发生这种变化,常引起心肌缺血,导致冠状动脉粥样硬化性心脏病,称为冠心病,是严重危害人类健康的常见病之一。近来研究表明,动脉粥样硬化的发生发展过程与血浆脂蛋白代谢密切相关。

　　已知 LDL 水平升高往往与动脉粥样硬化的发病呈正相关。当血液中的 LDL 水平升高时,

LDL 堆积在动脉分支或弯曲等 AS 病变易发的地方,LDL 通过内皮细胞间的连接被动地扩散进入血管,存留在血管壁,并与其他脂蛋白如 VLDL 残粒等一起共同作用于血管壁从而导致 AS 的发生。

流行病学调查表明,血浆中 HDL 的浓度与动脉粥样硬化的发生呈负相关,因此临床上认为 HDL 是抗动脉粥样硬化的"保护因子"。其抗 AS 的主要机制为:HDL 可将肝外组织,包括动脉壁、巨噬细胞等组织细胞的胆固醇转运至肝脏,从而降低血液中的胆固醇含量,同时还具有抑制 LDL 氧化的作用。

小结

脂类是脂肪及类脂的总称,脂肪的主要功能是储能供能、促进脂溶性维生素的吸收。类脂包括胆固醇及其酯、磷脂及糖脂,是生物膜的主要组分。

储存在脂肪组织中的脂肪,在一系列脂肪酶作用下,水解生成甘油、脂肪酸。甘油经甘油激酶催化生成 α-磷酸甘油,再脱氢生成磷酸二羟丙酮后,循糖代谢途径代谢。脂肪酸则转运至线粒体经 β-氧化(脱氢、加水、再脱氢和硫解)释放大量的能量。脂肪酸在肝内 β-氧化生成的乙酰 CoA 可转变为酮体,但肝不能利用酮体,需运至肝外组织氧化利用。长期饥饿时脑及肌组织主要靠酮体氧化供能。

甘油三酯主要在肝、脂肪组织及小肠合成,合成原料中的甘油和脂肪酸主要来源于葡萄糖代谢。脂肪酸是在胞质中以乙酰 CoA 为原料,在 NADPH、ATP、HCO_3^- 及 Mn^{2+} 的参与下逐步缩合而成的。

磷脂分为甘油磷脂和鞘磷脂两大类。甘油磷脂的合成是以磷脂酸为前体,需 GTP 参与。甘油磷脂的降解是磷脂酶 A、B、C、D 催化下的水解反应。

胆固醇的合成原料是乙酰辅酶 A 和 $NADPH+H^+$,并需要 ATP 供能。HMG-CoA 还原酶是胆固醇合成途径的限速酶。胆固醇在体内可转化为胆汁酸、类固醇激素、维生素 D_3 及胆固醇酯。

血浆中的脂类物质称为血脂,脂蛋白是脂类在血液中的运输形式。用电泳分类法和超速离心法将血浆脂蛋白分为 α-脂蛋白(HDL)、前 β-脂蛋白(VLDL)、β-脂蛋白(LDL)和乳糜微粒(CM)。CM 是外源性甘油三酯从肠运往全身的主要形式。VLDL 是内源性甘油三酯由肝运至全身的主要形式。LDL 由 VLDL 在血浆中转变而来,是转运肝合成的内源性胆固醇的主要形式,HDL 是逆向转运胆固醇的主要形式。血浆中 LDL 水平升高往往与动脉粥样硬化的发病呈正相关,而 HDL 的浓度与动脉粥样硬化的发生呈负相关。

复习思考题

一、名词解释

1. 酮体
2. 血脂
3. 血浆脂蛋白
4. 脂肪动员

二、问答题

1. 血浆脂蛋白的分类、功能。
2. 酮体的来源及其生理意义。
3. 简述胆固醇代谢的调节,降低血浆胆固醇的措施有哪些?
4. 简述脂肪肝与磷脂代谢的关系。

（仲其军）

第七章

生 物 氧 化

营养物质(糖、脂肪、蛋白质等)在生物体内分解时逐步释放能量,并最终生成 H_2O 和 CO_2 的过程称为生物氧化(biological oxidation)。其中有相当一部分能量在线粒体内可使 ADP 磷酸化生成 ATP,供生命活动之需,其余能量主要以热能形式释放,可用于维持体温。由于生物氧化是在细胞内进行的,表现为细胞摄取 O_2,放出 CO_2,因此生物氧化又被称为细胞呼吸(cellular respiratory)。

生物氧化主要讨论生物体内代谢物的氧化作用,即代谢物脱下的氢与氧结合生成水、CO_2 的生成、能量的释放、储存与利用以及细胞外的物质如何进入到细胞内等问题。

第一节　概　　述

一、生物氧化的方式和特点

(一)生物氧化的方式

生物氧化包括氧化和还原两个过程。凡发生失电子、脱氢或加氧的反应称为氧化;相反,得电子、加氢或脱氧称为还原。体内氧化最常见的方式是失电子及脱氢。

1. 失电子反应　例如,细胞色素(cytochrome,Cyt)中的 Fe^{2+} 失电子后变为 Fe^{3+},Fe^{3+} 得电子则变为 Fe^{2+}。

$$Cyt—Fe^{2+} \xrightleftharpoons[+e(还原)]{-e(氧化)} Cyt—Fe^{3+}$$

2. 脱氢反应 体内作用物脱氢主要有直接脱氢及加水脱氢两种方式。例如：

直接脱氢

$$\underset{\text{乳酸}}{\overset{\text{COOH}}{\underset{\text{CH}_3}{\text{CH—OH}}}}+NAD^+ \xrightarrow{LDH} \underset{\text{丙酮酸}}{\overset{\text{COOH}}{\underset{\text{CH}_3}{\text{C}=\text{O}}}}+NADH+H^+$$

加水脱氢

$$\underset{\text{苯甲醛}}{\text{CHO}}+FAD+H_2O \xrightarrow{\text{醛氧化酶}} \underset{\text{苯甲酸}}{\text{COOH}}+FADH_2$$

3. 加氧反应 向底物分子中直接加入氧原子或氧分子的反应。例如：

$$苯丙氨酸 + [O] \xrightarrow{\text{苯丙氨酸羟化酶}} 酪氨酸$$

（二）生物氧化的特点

生物氧化与有机体在体外彻底氧化(燃烧)对比,其化学本质、终产物(H_2O 和 CO_2)及释放的总能量相同,这是两者的相同点。但生物氧化有其特点:①氧化是在 pH 值接近中性、37℃、有水的环境中进行的酶促反应;②CO_2 由底物脱羧生成,水由底物脱氢、递电子,最后与氧结合生成;③能量逐步释放,故有利于 ATP 生成,利用率高;④氧化速度受生理功能与内、外环境变化调控。

二、生物氧化的酶类

参与生物氧化的酶类均属于酶分类中的氧化还原酶类,这类酶都是结合酶,各酶的酶蛋白不同,但不少酶的辅助因子相同。按作用特点一般将其分为五类:

1. 氧化酶类 主要存在于线粒体,其辅基常含有铁、铜等金属离子,催化代谢物脱氢,并直接把氢交给氧分子生成 H_2O。如抗坏血酸氧化酶和细胞色素氧化酶等。

2. 需氧脱氢酶 主要存在于过氧化酶体,催化代谢物脱氢经其辅基 FMN 或 FAD 传递给氧分子生成 H_2O_2。习惯上将此类酶也称为氧化酶,如黄嘌呤氧化酶、单胺氧化酶等。

3. 不需氧脱氢酶 是体内最重要的脱氢酶,它们催化代谢物脱氢,并把氢交给其辅助因子 NAD^+ 或 $NADP^+$、FMN 或 FAD 等,不以氧作直接受氢体。此类酶若在胞质中仅起受氢体作用,若在线粒体内,则为氧化呼吸链供氢。如乳酸脱氢酶、三羧酸循环中的各种脱氢酶等。

4. 加氧酶 主要存在于微粒体,分为加单氧酶和加双氧酶。加单氧酶催化氧分子中一个氧原子加到底物分子上(羟化),另一个氧原子被氢(来自 $NADPH+H^+$)还原成水,如苯丙氨酸羟化酶;加双氧酶催化氧分子中的 2 个氧原子加到底物中带双键的 2 个碳原子上,如色氨酸加双氧酶等。

5. 氢过氧化物酶 主要分布于过氧化物酶体,分过氧化物酶和过氧化氢酶,分别催化过氧化物和过氧化氢的还原,其辅基均为铁卟啉。例如谷胱甘肽过氧化物酶,过氧化氢酶等。

三、生物氧化中 CO_2 的生成

生物氧化过程中 CO_2 的生成方式是有机酸的脱羧,而不是碳原子与氧的直接结合。根据被脱去 CO_2 的羧基在有机酸中的位置,将脱羧反应分为 α-脱羧和 β-脱羧,根据是否伴有氧化(脱氢)反应,又可分为氧化脱羧和单纯脱羧。现将脱羧基反应类型及其特点简要地归纳于表7-1。

表7-1　脱羧基反应类型及其特点

脱羧基类型	羧基所在部位	是否伴有氧化	举　　例
α-单纯脱羧	α-位	否	氨基酸脱羧基生成 CO_2 和胺
β-单纯脱羧	β-位	否	草酰乙酸脱羧基生成 CO_2 和丙酮酸
α-氧化脱羧	α-位	有	丙酮酸氧化脱羧基生成 CO_2 和乙酰 CoA
β-氧化脱羧	β-位	有	苹果酸氧化脱羧基生成 CO_2 和丙酮酸

第二节　线粒体氧化体系

一、呼　吸　链

代谢物脱下的成对氢原子(2H)通过多种酶和辅酶所催化的连锁反应逐步传递,最终与氧结合生成水。由于此过程与细胞呼吸有关,所以将此传递链称为呼吸链(respiratory chain)。在呼吸链中,酶和辅酶按一定顺序排列在线粒体内膜上。其中传递氢的酶或辅酶称之为递氢体,传递电子的酶或辅酶称之为电子传递体。不论递氢体还是电子传递体都起传递电子的作用,所以呼吸链又称电子传递链(electron transfer chain)。

(一)呼吸链的组成

用胆酸、脱氧胆酸等反复处理线粒体内膜,可将呼吸链分离得到四种仍具有传递电子功能的酶复合体和两种游离成分泛醌和细胞色素 c(表7-2,图7-1)。

表7-2　人线粒体呼吸链复合体

复合体	酶　名　称	多肽链数	辅　　基
复合体 I	NADH-泛醌还原酶	39	FMN,Fe-S
复合体 II	琥珀酸-泛醌还原酶	4	FAD,Fe-S
复合体 III	泛醌-细胞色素 c 还原酶	11	铁卟啉,Fe-S
复合体 IV	细胞色素 c 氧化酶	13	铁卟啉,Cu

1. 复合体 I　即 NADH-泛醌还原酶,将基质内经脱氢酶催化产生的 $NADH+H^+$ 脱下的氢传递给泛醌(ubiquinone)。人复合体 I 中含有以黄素单核苷酸(FMN)为辅基的黄素蛋白和以

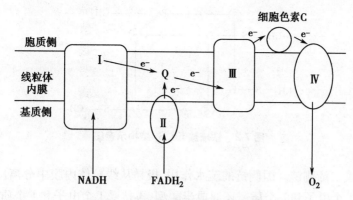

图 7-1　呼吸链各复合体位置示意图

铁硫簇(Fe-S)为辅基的铁硫蛋白。黄素蛋白和铁硫蛋白均具有催化功能。

烟酰胺腺嘌呤二核苷酸(NAD^+)或称辅酶Ⅰ(CoⅠ),与烟酰胺腺嘌呤二核苷酸磷酸($NADP^+$)或称辅酶Ⅱ(CoⅡ)是烟酰胺脱氢酶类的辅酶,它们都能可逆地加氢还原,脱氢氧化,故可作为递氢体而起作用。烟酰胺核苷酸只能接受一个氢原子和一个电子,而另一个质子则留在介质中。

FMN 中含有核黄素(维生素 B_2),其发挥功能的结构是异咯嗪环。氧化型或醌型的 FMN 可接受 1 个质子和 1 个电子形成稳定的半醌型 FMNH·,再接受另 1 个质子和 1 个电子转变为还原型或氢醌型 $FMNH_2$。

Fe-S 含有等量的铁原子和硫原子(如 Fe_2S_2,Fe_4S_4),通过其中的铁原子与铁硫蛋白中半胱氨酸的巯基硫相连接(图 7-2)。其中的一个铁原子能进行可逆的氧化还原反应,每次传递一个电子,为单电子传递体。

泛醌又称辅酶 Q(coenzyme Q,CoQ),是一种小分子、脂溶性醌类化合物。它有多个(人的

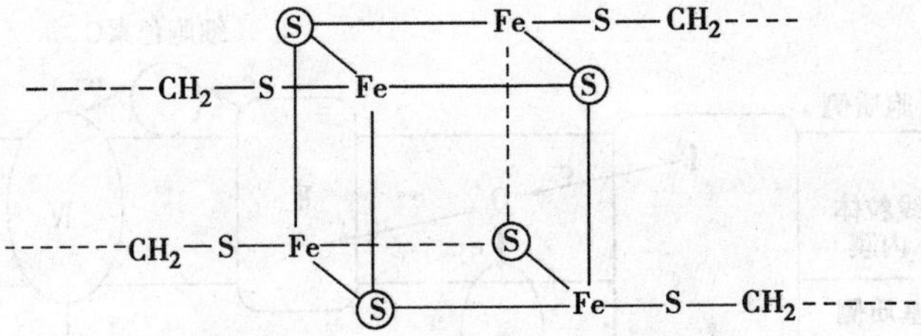

图7-2 铁硫簇 Fe_4S_4 结构示意图

CoQ 为 10 个)异戊二烯侧链。因侧链的疏水作用,极易从线粒体内膜中分离出来,故不在复合体中。泛醌接受 1 个电子和 1 个质子还原成半醌型,再接受 1 个电子和 1 个质子还原成二氢泛醌,后者又可脱去电子和质子而被氧化为泛醌。

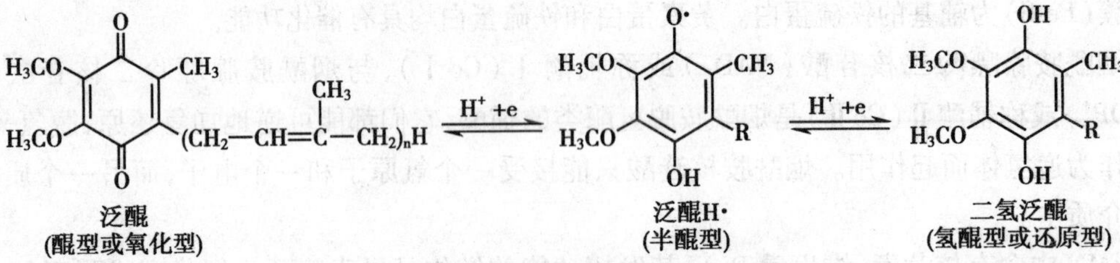

泛醌
(醌型或氧化型)

泛醌H·
(半醌型)

二氢泛醌
(氢醌型或还原型)

2. 复合体 II 即琥珀酸-泛醌还原酶,将电子从琥珀酸传递给泛醌。人复合体 II 中含有以黄素腺嘌呤二核苷酸(FAD)为辅基的黄素蛋白、铁硫蛋白。FAD 中含 FMN,递氢机制同 FMN。铁硫蛋白递电子机制也同复合体 I 中的 Fe-S。

3. 复合体 III 即泛醌-细胞色素 c 还原酶,将电子从泛醌传递给细胞色素 c。人复合体 III 含有细胞色素 b(b_{562},b_{566})、细胞色素 c_1 和铁硫蛋白,作用是将电子由 $CoQH_2$ 传递给细胞色素 c。

细胞色素是一类以铁卟啉为辅基的催化电子传递的酶类。根据细胞色素吸收光谱不同,将它们分为 a、b、c 三类,每一类中又因其最大吸收峰的微小差别再分为几种亚类。各种细胞色素的主要差别仅在于铁卟啉侧链及其与酶蛋白的连接方式,如 Cytb、c 的铁卟啉都是血红素,但 Cytc 的铁卟啉以乙烯侧链与酶蛋白中半胱氨酸共价连接,而 Cytb 与酶蛋白以非共价连接。Cyta 的辅基为血红素 A,即血红素 C-2 的乙烯基被 3 个相连的异戊烯长链取代,C-8 的甲基被甲酰基取代。Cytc 呈水溶性,与线粒体内膜结合不紧密,易被分离,故不在复合体中。

细胞色素辅基铁卟啉中的铁可以进行可逆的氧化还原反应,起传递电子的作用,也属单电子传递体。

4. 复合体 IV 即细胞色素 c 氧化酶,将电子从细胞色素 c 传递给氧。人复合体 IV 中含有 Cyta 和 $Cyta_3$,结合于同一酶蛋白的不同部位。由于两者结合紧密,很难分离,故称之为 $Cytaa_3$。$Cytaa_3$ 中除含有铁卟啉辅基外,还含有铜离子(Cu^+ 与 Cu^{2+} 互变递电子)。在呼吸链中只有 $Cytaa_3$ 可以直接将电子传给氧,使氧激活形成活化的氧,后者与介质中的质子化合生成水。

(二)呼吸链成分的排列顺序

呼吸链成分的排列顺序是由下列实验确定的:①根据呼吸链各组分的标准氧化还原电位,

由低到高的顺序排列(电位低容易失去电子)(表7-3);②在体外将呼吸链拆开和重组,鉴定四种复合体的组成与排列;③利用呼吸链特异的抑制剂阻断某一组分的电子传递,在阻断部位以前的组分处于还原状态,后面的组分处于氧化状态,根据吸收光谱的改变进行检测;④利用呼吸链各组分特有的吸收光谱,以离体线粒体无氧时处于还原状态作为对照,缓慢给氧,观察各组分被氧化的顺序。

表7-3 呼吸链中各种氧化还原对的标准氧化还原电位

氧化还原对	$E^{0'}(V)$	氧化还原对	$E^{0'}(V)$
$NAD^+/NADH+H^+$	−0.32	$Cytc_1\ Fe^{3+}/Fe^{2+}$	0.22
$FMN/FMNH_2$	−0.30	$Cytc\ Fe^{3+}/Fe^{2+}$	0.25
$FAD/FADH_2$	−0.06	$Cyta\ Fe^{3+}/Fe^{2+}$	0.29
$Cytb\ Fe^{3+}/Fe^{2+}$	0.04(或0.10)	$Cyta_3\ Fe^{3+}/Fe^{2+}$	0.55
$Q_{10}/Q_{10}H_2$	0.07	$1/2O_2/H_2O$	0.82

按以上试验结果分析得到呼吸链各组分的排列顺序,根据其排列顺序得知,体内存在两条氧化呼吸链(图7-3):

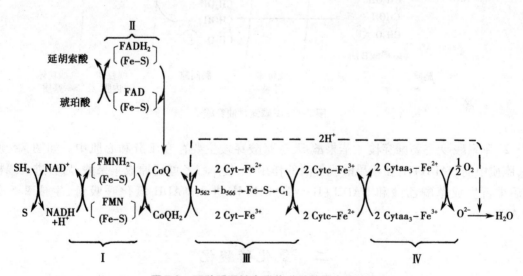

图7-3 两种呼吸链电子传递过程及水的生成

图中复合体 Ⅰ、Ⅲ、Ⅳ 为 NADH 氧化呼吸链;复合体 Ⅱ、Ⅲ、Ⅳ 为琥珀酸氧化呼吸链

1. NADH 氧化呼吸链 生物氧化中大多数脱氢酶如乳酸脱氢酶、苹果酸脱氢酶都是以 NAD^+ 为辅酶的。NAD^+ 接受氢生成 $NADH+H^+$,然后通过 NADH 氧化呼吸链将其携带的 2 个电子逐步传递给氧。即 $NADH+H^+$ 脱下的 2H 经复合体 Ⅰ(FMN,Fe-S)传给 CoQ,再经复合体 Ⅲ(Cytb,Fe-S,Cytc₁)传至 Cytc,然后传至复合体 Ⅳ(Cyta,Cyta₃),最后将 2 个电子交给 O_2。

2. 琥珀酸氧化呼吸链(FADH₂ 氧化呼吸链) 琥珀酸由琥珀酸脱氢酶催化脱下的2H 经复合体 Ⅱ(FAD,Fe-S)使 CoQ 形成 CoQH₂,再往下的传递与 NADH 氧化呼吸链相同。α-磷酸甘油脱氢酶及脂酰 CoA 脱氢酶催化代谢物脱下的氢也由 FAD 接受,通过此呼吸链被氧化,故归属于琥珀酸氧化呼吸链。

（三）线粒体外 NADH 的氧化

线粒体内生成的 NADH 可直接参加氧化磷酸化过程,但在胞质中生成的 NADH 不能自由透过线粒体内膜,须通过穿梭机制才能进入线粒体,然后再经呼吸链进行氧化磷酸化。

1. α-磷酸甘油穿梭　α-磷酸甘油穿梭作用主要存在于脑和骨骼肌中。如图 7-4 所示,线粒体外的 NADH+H$^+$ 在胞质中 α-磷酸甘油脱氢酶催化下,使磷酸二羟丙酮还原成 α-磷酸甘油,后者通过线粒体外膜,再经位于线粒体内膜近胞质侧的 α-磷酸甘油脱氢酶催化氧化生成磷酸二羟丙酮和 FADH$_2$。FADH$_2$ 则进入琥珀酸氧化呼吸链,生成 1.5 分子 ATP。

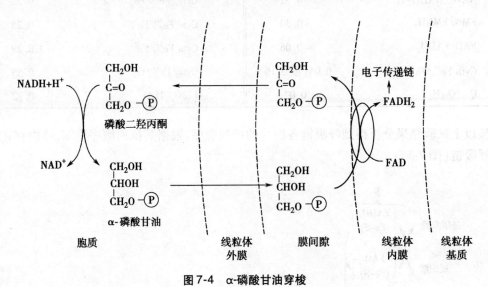

图 7-4　α-磷酸甘油穿梭

2. 苹果酸-天冬氨酸穿梭　苹果酸-天冬氨酸穿梭主要存在于肝和心肌中。如图 7-5 所示,胞质中的 NADH+H$^+$ 在苹果酸脱氢酶的作用下,使草酰乙酸还原成苹果酸,后者进入线粒体后重新生成草酰乙酸和 NADH+H$^+$。NADH+H$^+$ 进入 NADH 氧化呼吸链,生成 2.5 分子 ATP。

二、氧化磷酸化

营养物质在生物氧化过程中脱下的 2H,可经线粒体内呼吸链的连续传递最终与氧结合生成 H$_2$O 并逐步释放能量,此能量可驱动 ATP 合酶催化 ADP 磷酸化生成 ATP,这种 ATP 生成方式称为氧化磷酸化或偶联磷酸化。氧化磷酸化在线粒体内进行,其结果可产生大量的 ATP,是体内 ATP 生成的最重要的方式。细胞内还有一种与脱氢反应偶联,直接将高能代谢物分子中的能量转移到 ADP(或 GDP),生成 ATP(或 GTP)的过程,称为底物水平磷酸化,已在糖代谢中叙述。

（一）氧化磷酸化偶联部位

NADH 氧化呼吸链的偶联部位有 3 个:复合体Ⅰ,复合体Ⅲ,复合体Ⅳ。琥珀酸氧化呼吸链的偶联部位有 2 个:复合体Ⅲ,复合体Ⅳ。已经证明,复合体Ⅱ所释能量不足以使 1 分子

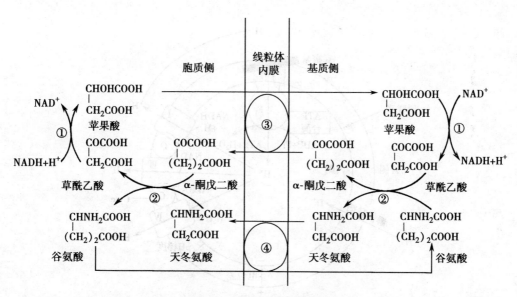

图7-5　苹果酸-天冬氨酸穿梭
①苹果酸脱氢酶；②谷草转氨酶；③α-酮戊二酸转运蛋白；④酸性氨基酸转运蛋白

ADP 磷酸化成 ATP。由于氧化磷酸化过程中每形成 1 分子 ATP 需消耗 1 分子 ADP 和 1 分子 Pi，而呼吸链每传递 2H 生成水的过程中只消耗 $1/2O_2$，并且 Pi 和 O_2 容易检测，故常用 P/O 比值(是指氧化磷酸化过程中，每消耗 1/2 摩尔 O_2 所生成 ATP 的摩尔数)来表示产生 ATP 的效率。近年来实验证实，一对电子经 NADH 氧化呼吸链传递，P/O 比值约为 2.5，一对电子经琥珀酸氧化呼吸链传递，P/O 比值约为 1.5。

（二）氧化磷酸化的作用机制

1. 化学渗透假说　化学渗透假说(chemiosmotic hypothesis)是 20 世纪 60 年代初由 Peter Mitchell 提出的，1978 年获诺贝尔化学奖。其基本要点是电子经呼吸链传递时，复合体Ⅰ、Ⅲ、Ⅳ(均有质子泵功能)把质子(H^+)从线粒体内膜的基质侧泵到内膜外侧(内、外膜间隙)，而 H^+ 不能自由透过内膜，于是产生线粒体内膜内外质子电化学梯度(H^+浓度梯度和跨膜电位差)，以此储存能量。当质子顺浓度梯度回流时驱动 ADP 与 Pi 生成 ATP(图 7-6)。

2. ATP 合酶　ATP 合酶(ATP synthase)是膜蛋白复合体，由 F_1(亲水部分)和 F_0(疏水部分)组成。F_0 镶嵌在内膜中，由三种疏水性亚基($ab_2c_{9\sim12}$)组成，形成跨内膜 H^+ 通道。F_1 是突出于线粒体基质的颗粒状蛋白，由 $\alpha_3\beta_3\gamma\delta\varepsilon$ 亚基组成(图 7-7)，起催化 ATP 合成作用。催化部位在 β 亚基中，但 β 亚基必须与 α 亚基结合才有活性。近年来发现，在 H^+ 回流所释放的能量驱动下，γ 亚基发生转动，带动 $\alpha_3\beta_3$ 所形成的六聚体不断地转动。在转动中 β 亚基连续变构，不断结合 ADP+Pi、合成 ATP、释放 ATP(图 7-8)。此外，在 F_0 与 F_1 之间还有寡霉素敏感相关蛋白(OSCP)，使 ATP 合酶在寡霉素存在时不能生成 ATP。

三、影响氧化磷酸化的因素

（一）抑制剂

1. 呼吸链抑制剂　此类抑制剂能阻断呼吸链中某些部位电子传递。例如，鱼藤酮、粉蝶霉

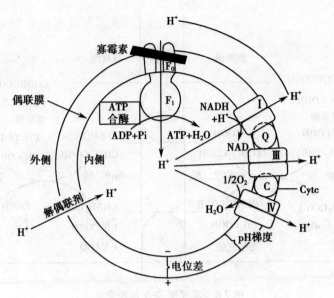

图 7-6 化学渗透学说

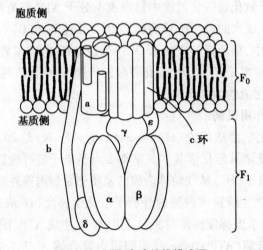

图 7-7 ATP 合酶结构模式图

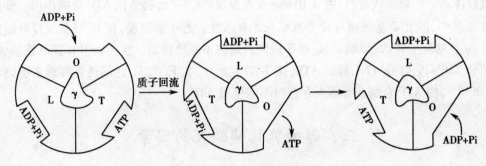

图 7-8 ATP 合酶的工作机制

三个 β 亚基构象不同:O 开放型;L 疏松型;T 紧密结合型。质子回流驱动构象相互转化

素 A 及异戊巴比妥等与复合体 I 中的铁硫蛋白结合,从而阻断电子传递。抗霉素 A 和二巯基丙醇抑制复合体 III 中 Cytb 与 $Cytc_1$ 间的电子传递。CO、CN^-、N_3^- 及 H_2S 抑制细胞色素 c 氧化酶,故此类抑制剂可使细胞内呼吸停止,与此相关的细胞生命活动停止,引起机体迅速死亡。室内生火炉若产生 CO,易致 CO 中毒(煤气中毒)的原因即在于此。

2. 解偶联剂 解偶联剂(uncoupler)能使氧化与磷酸化偶联过程脱离,阻止 ATP 的合成。其基本作用机制是使呼吸链传递电子过程中泵出的 H^+ 不经 ATP 合酶的 F_0 质子通道回流,而通过线粒体内膜中的其他途径返回线粒体基质,从而破坏内膜两侧的质子电化学梯度,使 ATP 生成受到抑制,而以电化学梯度储存的能量以热能形式释放。如 2,4-二硝基苯酚能将 H^+ 从线粒体内膜外侧运至内膜内侧,使形成的电化学梯度受到破坏。

新生儿硬肿症

新生儿硬肿症是指由多种原因引起的皮肤和皮下脂肪变硬与水肿。早产儿发病率高,寒冷、早产、感染和窒息为主要原因。其发病机制主要有:哺乳动物和人棕色脂肪组织线粒体内膜中含丰富的解偶联蛋白,在内膜上形成质子通道,H^+ 可经此通道返回线粒体基质中,同时释放热能,因此棕色脂肪组织是产热御寒组织。某些新生儿缺乏棕色脂肪组织,不能维持其正常体温而引起硬肿症;还有新生儿皮下脂肪中饱和脂肪含量大,其熔点高,寒冷时易凝固。

3. 氧化磷酸化抑制剂 此类抑制剂对电子传递及 ADP 磷酸化均有抑制作用。如寡霉素可与 ATP 合酶中 F_1 的 OSCP 结合,阻止了 H^+ 回流,抑制 ATP 生成。同时由于线粒体内膜两侧的电化学梯度增高影响呼吸链质子泵的功能,继而抑制电子传递。

(二)ADP 的调节作用

正常机体氧化磷酸化的速率主要受 ADP 的调节。当机体利用 ATP 增多,ADP 浓度增高,转运入线粒体后使氧化磷酸化速度加快;反之 ADP 不足,使氧化磷酸化速度减慢。

(三)甲状腺激素

甲状腺激素诱导细胞膜上 Na^+、K^+-ATP 酶的生成,使 ATP 加速分解为 ADP 和 Pi,ADP 增多促进氧化磷酸化,甲状腺素(T_3)还可诱导解偶联蛋白基因表达增加,因而引起耗氧和产热均增加。故甲状腺功能亢进时出现发热、消瘦、基础代谢率升高等表现。

(四)线粒体 DNA 突变

线粒体 DNA 呈裸露的环状双螺旋结构,缺乏蛋白质保护和损伤修复系统,容易受到本身氧化磷酸化过程中产生的氧自由基的损伤而发生突变,影响氧化磷酸化的功能。

四、ATP

营养物质氧化过程中释放的能量大约有 40% 以化学能形式储存于某些特殊类型的有机磷

酸化合物中,这些化合物的磷酸酯键不稳定,水解时释放能量较多(大于 21kJ/mol),一般称之为高能磷酸键,常用"~P"表示。含有高能磷酸键的化合物称为高能磷酸化合物。例如 ATP、ADP、磷酸稀醇式丙酮酸和磷酸肌酸等。除高能磷酸化合物之外,也有高能硫酯类化合物,如乙酰 CoA、琥珀酰 CoA 等。在体内所有高能磷酸化合物中,以 ATP 末端的磷酸键最为重要。为糖原、磷脂、蛋白质合成提供能量的 UTP、CTP、GTP 不能从物质氧化过程中直接生成,只能在二磷酸核苷激酶的催化下,从 ATP 中获得 ~P。反应如下:

$$ATP+UDP \longrightarrow ADP+UTP$$
$$ATP+CDP \longrightarrow ADP+CTP$$
$$ATP+GDP \longrightarrow ADP+GTP$$

另外,当体内 ATP 消耗过多(例如肌肉剧烈收缩)时,ADP 积累,在腺苷酸激酶催化下由 ADP 转变成 ATP 被利用。此反应是可逆的,当 ATP 需要量降低时,AMP 从 ATP 中获得 ~P 生成 ADP。

$$ADP+ADP \Longleftrightarrow ATP+AMP$$

此外,ATP 还可将 ~P 转移给肌酸生成磷酸肌酸(creatine phosphate,CP)作为肌肉和脑组织中能量的一种贮存形式。当机体消耗 ATP 过多而致 ADP 增多时,磷酸肌酸将 ~P 转移给 ADP,生成 ATP,供生理活动之用。

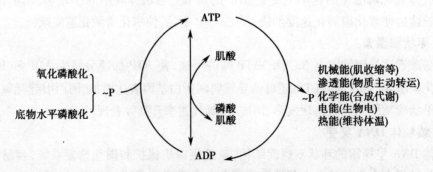

由此可见,生物体内能量的储存和利用都以 ATP 为中心,通过 ATP 与 ADP 的相互转变来完成(图7-9)。

图 7-9　ATP 的生成、储存和利用

第三节 非线粒体氧化体系

一、微粒体氧化体系

1. 加单氧酶 加单氧酶（monooxygenase）催化氧分子中一个氧原子加到底物分子上（羟化），另一个氧原子被氢（来自 $NADPH+H^+$）还原成水。故又称混合功能氧化酶（mixed-function oxidase）或羟化酶（hydroxylase）。

$$RH+NADPH+H^++O_2 \longrightarrow ROH+NADP^++H_2O$$

加单氧酶在肝和肾上腺的微粒体中含量最多，参与类固醇激素、胆汁酸及胆色素等的生成，以及药物、毒物在肝的生物转化作用。

2. 加双氧酶 此酶催化氧分子中的 2 个氧原子加到底物中带双键的 2 个碳原子上。如色氨酸吡咯酶，可使色氨酸氧化成甲酰犬尿酸原。

二、过氧化物酶体氧化体系

1. 过氧化氢酶 过氧化氢酶（catalase）又称触酶，其辅基含有 4 个血红素，催化反应如下：

$$2H_2O_2 \longrightarrow 2H_2O+O_2$$

在粒细胞和吞噬细胞中，H_2O_2 可氧化杀死入侵的细菌；甲状腺细胞中产生的 H_2O_2 可使 $2I^-$ 氧化为 I_2，进而使酪氨酸碘化生成甲状腺激素。

2. 过氧化物酶 过氧化物酶（peroxidase）也以血红素为辅基，它催化 H_2O_2 直接氧化酚类或胺类化合物，反应如下：

$$R+H_2O_2 \longrightarrow RO+H_2O \text{ 或 } RH_2+H_2O_2 \longrightarrow R+2H_2O$$

体内还存在一种含硒的谷胱甘肽过氧化物酶，可使 H_2O_2 或过氧化物（ROOH）与还原型谷胱甘肽（G-SH）反应，生成氧化型谷胱甘肽（G-S-S-G），再由 NADPH 供氢使 G-S-S-G 重新被还原。该酶具有保护生物膜及血红蛋白免遭损伤的作用。

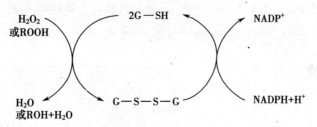

三、超氧化物歧化酶

超氧化歧化酶(superoxide dismutase,SOD)可催化 1 分子 O_2^- 氧化生成 O_2,另一分子 O_2^- 还原生成 H_2O_2:

$$2O_2^- + 2H^+ \xrightarrow{SOD} H_2O_2 + O_2$$

在真核细胞的胞质中,该酶以 Cu^{2+}、Zn^{2+} 为辅基,称为 CuZn-SOD,线粒体内的 SOD 以 Mn^{2+} 为辅基,称 Mn-SOD。生成的 H_2O_2 可被活性极强的过氧化氢酶分解。SOD 是人体防御内、外环境中超氧离子损伤的重要酶。

小　结

物质在生物体内氧化称为生物氧化。线粒体内膜存在的有多种酶和辅酶排列组成的氧化呼吸链,可将代谢物脱下的氢逐步传递给氧生成水,同时释放能量。从呼吸链分离得到 4 种功能复合体:NADH-泛醌还原酶(复合体Ⅰ)、琥珀酸-泛醌还原酶(复合体Ⅱ)、泛醌-细胞色素 c 还原酶(复合体Ⅲ)和细胞色素 c 氧化酶(复合体Ⅳ)。CoQ 和 Cytc 不包含在这些复合体中。

线粒体内重要的呼吸链有二条,即 NADH 氧化呼吸链和琥珀酸氧化呼吸链。胞质中的 $NADH+H^+$ 可经 α-磷酸甘油穿梭或苹果酸-天冬氨酸穿梭作用进入线粒体,再经呼吸链氧化。

体内 ATP 的生成方式有底物水平磷酸化和氧化磷酸化,以后者为主。营养物质氧化分解产生的氢经 4 种复合体组分传递电子,同时将 H^+ 从线粒体内膜基质侧转移到胞质侧,形成了质子电化学梯度储存氧化释放的能量。当质子顺浓度梯度经 ATP 合酶 F_0 回流时,F_1 催化 ADP 和 Pi 生成并释放 ATP。计算结果表明,每对氢经 NADH 氧化呼吸链传递产生约 2.5 分子 ATP;而经琥珀酸氧化呼吸链传递产生 1.5 分子 ATP。氧化磷酸化抑制剂包括呼吸链抑制剂、解偶联剂和 ATP 合酶抑制剂,此外氧化磷酸化还受细胞内 ADP 浓度及甲状腺激素的调控。

体内能量直接利用的形式和能量储存转换的中心是 ATP,磷酸肌酸是肌和脑中能量的储存形式。

除线粒体氧化体系外,在微粒体、过氧化物酶体还存在其他氧化体系,其特点是氧化过程中不伴有 ATP 生成,主要与体内代谢物、药物和毒物的生物转化有关。

复习思考题

一、名词解释

1. 生物氧化
2. 呼吸链
3. 氧化磷酸化

4. P/O 比值

二、问答题

1. 请写出呼吸链中各组分电子传递顺序,并总结各种抑制剂如何抑制电子传递链的传递。
2. 细胞质中 NADH 是通过哪两种穿梭机制进入线粒体内的?
3. 试述脂酰 CoA 脱氢酶催化脂酰 CoA 脱下的一对氢是如何氧化的?

（于晓光）

第 八 章

氨基酸代谢

学习目标 ▸▸

1. 掌握氨基酸的脱氨基方式;血氨的来源、转运及去路;尿素合成的原料、部位及意义;α-酮酸的代谢去路;一碳单位的概念、来源及生理功能。
2. 熟悉谷氨酸、半胱氨酸、甲硫氨酸、苯丙氨酸、酪氨酸的特殊代谢衍生物;蛋白质的营养价值与氮平衡。
3. 了解外源蛋白质的消化吸收与腐败。

氨基酸是蛋白质的基本组成单位,体内蛋白质的合成、分解都与氨基酸有关。蛋白质在体内必须首先分解成氨基酸才能进一步代谢,所以氨基酸代谢是蛋白质分解代谢的中心内容。体内蛋白质的更新以及氨基酸的分解均需摄入食物蛋白质加以补充。为此在讨论氨基酸代谢之前,先介绍蛋白质的营养作用及其消化吸收。

第一节 蛋白质的营养作用

蛋白质是组织细胞的主要成分。膳食中必须提供足够质和量的蛋白质才能满足机体生长发育、更新、修补和增殖的需要。体内具有多种特殊功能的蛋白质。例如酶、多肽类激素、抗体和某些调节蛋白等。肌肉收缩、物质的运输、血液的凝固等生理过程也离不开蛋白质。氨基酸在代谢过程中还可产生儿茶酚胺类激素、甲状腺素、神经递质、多胺类等活性物质;也能参与血红素、活性肽类、嘌呤和嘧啶等重要化合物的合成。每克蛋白质在体内氧化可产生 17.19kJ (4.3kcal)的能量。一般成人每日约有 10% ~ 15% 的能量来自蛋白质的氧化。

一、蛋白质的需要量

(一)氮平衡

食物中的含氮物质主要是蛋白质,所以测定食物中的含氮量即可代表食物中蛋白质的含量。蛋白质在体内代谢产生的含氮化合物主要通过尿、粪排出。因此,可依据氮平衡(nitrogen balance)实验,即人体每日摄入食物中的氮含量和排泄物的氮含量来反映体内蛋白质的代谢概况。

1. 氮的总平衡 摄入氮=排出氮,反映机体蛋白质"收支"平衡。见于正常成人。

2. 氮的正平衡 摄入氮>排出氮,反映每日机体摄入蛋白质量大于排出量。见于儿童、孕妇、青少年及恢复期患者。

3. 氮的负平衡 摄入氮<排出氮,反映蛋白质摄入量不能满足机体的需要。见于长期饥饿、营养不良和消耗性疾病等。

(二)生理需要量

在完全禁食蛋白质的情况下,健康成人每日仍分解约20g蛋白质。由于食物蛋白质与人体蛋白质氨基酸组成的差异,不能全部被人体利用,加上消化道中食物蛋白质难以全部消化吸收,故成人每日最低需要 30~50g 蛋白质。我国营养学会推荐成人每日蛋白质的需要量为80g。

二、蛋白质的营养价值

天然蛋白质是由20种氨基酸组成的。这些氨基酸虽然对机体来说都不可缺少,但并不都需要直接从食物供给,有一部分可在人体内合成或者可由其他氨基酸转变而成。但有8种氨基酸体内不能合成,必须由食物蛋白质供给,这些氨基酸称为营养必需氨基酸(nutritionally essential amino acid)。异亮氨酸、甲硫氨酸、缬氨酸、亮氨酸、色氨酸、苯丙氨酸、苏氨酸和赖氨酸是机体营养必需氨基酸。其他12种氨基酸体内能合成,不一定需要从食物获取,称为营养非必需氨基酸(nutritionally nonessential amino acid)。组氨酸和精氨酸因其体内合成量常不能满足机体的需要,也必须由食物提供,故可以将这两种氨基酸视为营养半必需氨基酸。

一般说来,含有必需氨基酸种类齐全和数量充足的蛋白质,其营养价值高,反之营养价值低。由于动物蛋白质所含的必需氨基酸的种类和数量比较符合人体的需要,故营养价值高。但是,若将营养价值较低的蛋白质混合食用,可使其所含必需氨基酸相互补充从而提高营养价值,称为食物蛋白质的互补作用。例如,谷类蛋白质含赖氨酸较少而色氨酸含量相对多,有些豆类蛋白质含赖氨酸较多而色氨酸相对少些。因此,两者混合食用可使蛋白质营养价值得到提高。因此,应提倡同时食用多种食物,防止偏食。

第二节 蛋白质的消化吸收与腐败

一、蛋白质的消化

未经消化或消化不完全的蛋白质不易吸收,如异体蛋白直接进入人体,则会引起过敏现象,产生毒性反应。唾液中无水解蛋白质的酶类,蛋白质的消化自胃中开始,主要在小肠中进行。

（一）胃中的消化

胃蛋白酶（pepsin）是由胃黏膜的主细胞所分泌的胃蛋白酶原经胃酸或胃蛋白酶自身激活而生成的。胃蛋白酶的最适 pH 为 1.5~2.5，主要水解芳香族氨基酸羧基所形成的肽键，产物主要是多肽及少量氨基酸。此外，胃蛋白酶还有凝乳作用，乳液凝为乳块后，在胃中的停留时间延长，有利于乳汁中蛋白质的消化。

（二）小肠中的消化

在小肠内，有胰腺和肠黏膜细胞分泌的多种蛋白酶和肽酶完成对蛋白质的消化。

胰液中的蛋白酶分为内肽酶与外肽酶。内肽酶催化蛋白质肽链内部肽键的水解，它包括胰蛋白酶、糜蛋白酶及弹性蛋白酶，这些酶对不同氨基酸组成的肽键有一定的专一性；外肽酶有羧基肽酶 A 和 B，它们能特异地水解蛋白质或多肽羧基末端的肽键。

小肠黏膜细胞的刷状缘及胞质中存在着寡肽酶，例如氨基肽酶和二肽酶。氨基肽酶从肽链的氨基末端逐步水解出氨基酸，最后生成二肽被二肽酶水解生成氨基酸。

二、氨基酸的吸收

肠黏膜细胞膜上有转运氨基酸的载体蛋白，能与氨基酸和 Na$^+$ 结合，结合后载体蛋白的构象发生改变，从而将两者转入黏膜细胞内，再由钠泵将 Na$^+$ 泵出细胞，此过程消耗 ATP。在小肠黏膜的刷状缘上参与氨基酸和小肽吸收的载体蛋白至少有：中性氨基酸转运蛋白（分为极性和疏水性两种）、碱性氨基酸转运蛋白、酸性氨基酸转运蛋白、亚氨基酸转运蛋白、二肽转运蛋白和三肽转运蛋白。

除了上述氨基酸的吸收机制外，Meister 提出氨基酸向细胞内的转运过程是通过谷胱甘肽起作用的，称为"γ-谷氨酰基循环"（γ-glutamyl cycle），其反应过程是首先由谷胱甘肽对氨基酸进行转运，然后再进行谷胱甘肽的再生成，由此构成一个循环（图 8-1）。上述反应的各种酶在

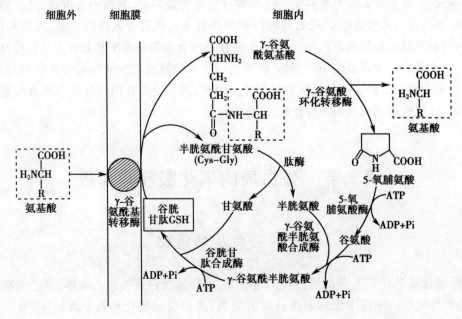

图 8-1　γ-谷氨酰基循环

小肠黏膜细胞,肾小管细胞和脑细胞中存在,其中 γ-谷氨酰基转移酶(γ-glutamyl transferase)位于细胞膜上,其余的酶均在胞质中。

三、蛋白质的腐败作用

肠道细菌对食物中未被消化的蛋白质(约占食物蛋白的5%)及未吸收的氨基酸所起的作用称为腐败作用(putrefaction)。腐败作用是细菌本身对氨基酸和蛋白质的代谢过程,腐败产物除少数(如少量脂肪酸及维生素等)可被机体利用,大多数对人体有害。

(一)胺类的生成

细菌蛋白酶使蛋白质水解生成氨基酸,再经氨基酸脱羧基作用产生胺类。例如,组氨酸脱羧基转变成组胺,赖氨酸脱羧基转变成尸胺,色氨酸脱羧基作用转变成色胺,酪氨酸脱羧基转变成酪胺,苯丙氨酸脱羧基转变成苯乙胺等。当肝功能受损时,酪胺和苯乙胺不能在肝内分解转化而进入脑组织羟化形成假神经递质 β-羟酪胺(鳟胺)和苯乙醇胺,它们可取代正常神经递质儿茶酚胺,阻碍神经冲动传递,使大脑发生异常抑制,这可能是肝性脑病症状发生的原因之一。

(二)氨的生成

未被吸收的氨基酸在肠道细菌作用下脱氨基生成的氨以及血液中尿素渗入肠道,在肠道细菌尿素酶作用下生成的氨是肠道氨的两个来源。这些氨均可被吸收入血,在肝脏合成尿素然后排出。降低肠道的 pH,可减少氨的吸收。

(三)其他有害物质的生成

腐败作用除了胺类和氨以外,尚有硫化氢、吲哚、甲基吲哚和苯酚等有害产物。这些有害物质大部分随粪便排出,小部分被肠道吸收,在肝中代谢解毒。

第三节 氨基酸的一般代谢

体内蛋白质处于不断降解和合成的动态平衡。成人每日有总体蛋白的1%~2%被降解,其中主要是肌肉蛋白质的分解,其降解释放的氨基酸约有70%~80%被重新利用合成新的蛋白质。不同蛋白质的寿命差异很大,短则数秒,长则数月甚至更长。体内蛋白质的降解也是由一系列蛋白酶和肽酶完成的。真核细胞中蛋白质的降解有两条途径:一是不依赖 ATP 的过程,在溶酶体内进行,主要降解细胞外蛋白、膜蛋白和长寿命的细胞内蛋白质;另一是依赖 ATP 和泛素(ubiquitin)的过程,在胞质中进行,主要降解异常蛋白、短寿命的蛋白质。泛素是一种由76个氨基酸残基组成的、一级结构高度保守的小分子蛋白质,广泛存在于真核细胞中,它能与降解的蛋白质共价结合,使后者激活,然后经蛋白酶体降解。

一、氨基酸代谢库

食物蛋白质经消化而被吸收的氨基酸(外源性氨基酸)与体内组织蛋白质降解产生的氨基酸及体内合成的非必需氨基酸(内源性氨基酸)混在一起,分布在体内各处,参与代谢,称为氨基酸代谢库(metabolic pool)。氨基酸代谢库以游离氨基酸总量计算。由于氨基酸不能自由通过细胞膜,所以在体内的分布是不均匀的。肌肉中氨基酸占代谢库的50%以上,肝约占10%,肾约占4%,血浆约占1%~6%。大多数氨基酸主要在肝脏中进行分解代谢,同时氨的解毒过程主要也在肝脏进行。支链氨基酸的分解代谢则主要在骨骼肌中进行。因此,肌肉和肝脏对维持血浆中氨基酸水平起着重要的作用。

氨基酸的主要功能是合成蛋白质和肽类,以及转变成某些含氮物质。此外,一部分氨基酸可彻底分解氧化供能。体内氨基酸的代谢概况见图8-2。

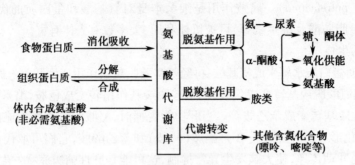

图8-2　氨基酸的代谢概况

二、氨基酸的脱氨基作用

氨基酸分解代谢主要是脱氨基作用。脱氨基作用在大多数组织中均可进行,方式有转氨基、氧化脱氨基、联合脱氨基和非氧化脱氨基作用等,以联合脱氨基作用最为重要。

(一)转氨基作用

1. 转氨酶及转氨基作用　在转氨酶(transaminase)催化下,氨基酸的α-氨基转移到另一α-酮酸的酮基上,生成相应的氨基酸,原来的氨基酸则转变成α-酮酸的过程,称转氨基作用(transamination)。

$$\begin{array}{ccccccc}
R_1 & & R_2 & & R_1 & & R_2 \\
| & & | & \xrightarrow{\text{转氨酶}} & | & & | \\
H-C-NH_2 & + & C=O & & C=O & + & H-C-NH_2 \\
| & & | & & | & & | \\
COOH & & COOH & & COOH & & COOH
\end{array}$$

上述反应可逆。因此转氨基作用既是氨基酸的分解代谢的方式之一,也是体内非必需氨基酸合成的重要途径。

体内大多数氨基酸可以参加转氨基反应,但赖氨酸,苏氨酸、脯氨酸及羟脯氨酸除外。体内存在多种转氨酶,不同氨基酸与α-酮酸之间的转氨基作用只能由专一的转氨酶催化。体内有两种重要的转氨酶,一种是谷丙转氨酶(glutamic pyruvic transaminase,GPT)又称丙氨酸转氨酶(alanine transaminase,ALT),另一种是谷草转氨酶(glutamic oxaloacetic transaminase,GOT)又称天冬氨酸转氨酶(aspartate transaminase,AST)。

$$\begin{array}{ccccccc}
& & COOH & & & & COOH \\
CH_3 & & (CH_2)_2 & & CH_3 & & (CH_2)_2 \\
| & & | & \xrightarrow{\text{ALT}} & | & & | \\
CHNH_2 & + & C=O & \rightleftharpoons & C=O & + & CHNH_2 \\
| & & | & & | & & | \\
COOH & & COOH & & COOH & & COOH \\
\text{丙氨酸} & & \text{α-酮戊二酸} & & \text{丙酮酸} & & \text{谷氨酸}
\end{array}$$

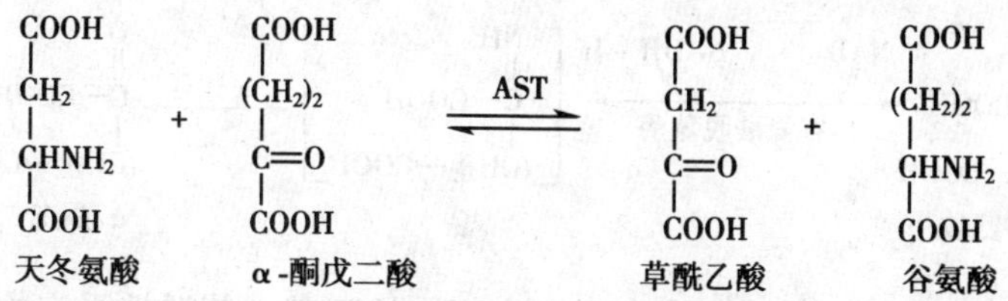

天冬氨酸　　α-酮戊二酸　　　　　　　　草酰乙酸　　谷氨酸

ALT 和 AST 在体内广泛存在,但在各组织中活性差异很大(表8-1),以肝和心肌组织的活性最高。当因某种原因造成细胞破坏或细胞膜通透性增加时,则转氨酶可以大量释放入血,造成血清中转氨酶活性明显升高。例如急性肝炎患者血清 ALT 活性显著升高;心肌梗死患者血清 AST 活性显著上升。可用此作为肝病或心肌梗死辅助诊断、疗效观察和预后的指标之一。

表8-1　正常成人各组织中 ALT 和 AST 活性(单位/克湿组织)

组织	ALT	AST	组织	ALT	AST
心	7100	156 000	胰腺	2000	28 000
肝	44 000	142 000	脾	1200	14 000
骨骼肌	4800	99 000	肺	700	10 000
肾	19 000	91 000	血清	16	20

2. 转氨基作用的机制　转氨酶的辅酶是磷酸吡哆醛及磷酸吡哆胺(维生素 B_6 的磷酸酯)。在转氨酶催化下,磷酸吡哆醛先从氨基酸接受氨基变成磷酸吡哆胺,氨基酸因转出氨基而变成相应的 α-酮酸,接着磷酸吡哆胺的氨基转移到另一 α-酮酸上生成相应的氨基酸,磷酸吡哆胺由于转出氨基又转变为磷酸吡哆醛。由此可见,磷酸吡哆醛和磷酸吡哆胺是转氨基过程中的一种氨基传递体。其传递过程如下:

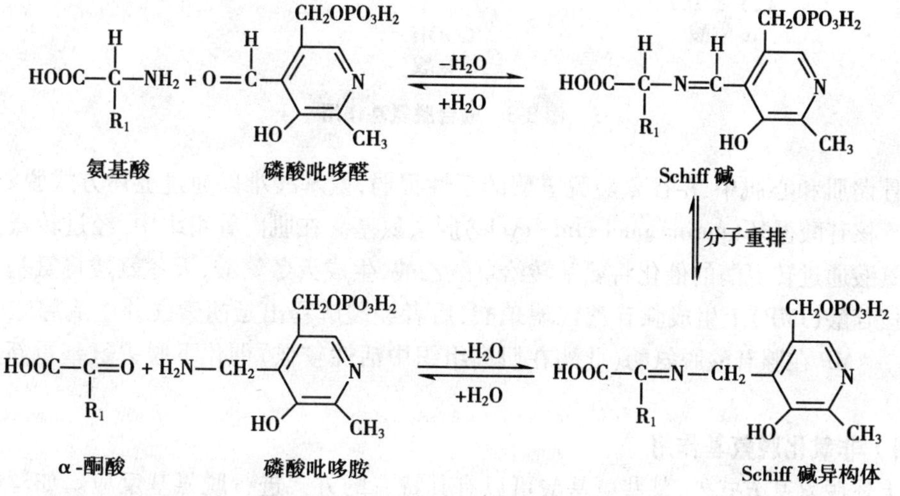

氨基酸　　　磷酸吡哆醛　　　　　　　　Schiff 碱

分子重排

α-酮酸　　　磷酸吡哆胺　　　　　　　　Schiff 碱异构体

(二)L-谷氨酸氧化脱氨基作用

L-谷氨酸脱氢酶广泛存在肝、肾、脑等组织中,活性强(肌肉除外),专一催化 L-谷氨酸氧化脱氨生成 α-酮戊二酸,其辅酶为 NAD^+ 或 $NADP^+$。

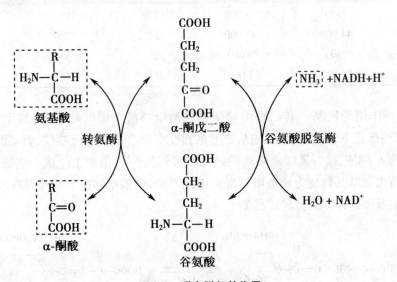

L-谷氨酸脱氢酶是一种变构酶,它含有六个相同的亚基。其活性受变构调节,GDP 和 ADP 是变构激活剂,GTP 和 ATP 则是变构抑制剂,因此当体内能量不足时,即能促进谷氨酸加速氧化,这对于氨基酸氧化供能起重要的调节作用。

(三)联合脱氨基作用

转氨基作用只有氨基的转移,而没有氨基的脱落。*L*-谷氨酸脱氢酶分布广且活性强,但只专一使谷氨酸氧化脱氨基。因此,体内大多数氨基酸的脱氨基作用是上述两种方式联合的结果,即氨基酸先与 α-酮戊二酸进行转氨基作用,生成相应的 α-酮酸和谷氨酸,然后谷氨酸再经 *L*-谷氨酸脱氢酶作用脱去氨基,这种方式称联合脱氨基作用(图 8-3)。这是体内主要的脱氨基方式,因全过程可逆,也是体内合成非必需氨基酸的重要途径。

图 8-3 联合脱氨基作用

在骨骼肌和心肌中,*L*-谷氨酸脱氢酶的活性很弱,氨基酸难以通过上述方式脱氨基,而是通过嘌呤核苷酸循环(purine nucleotide cycle)脱去氨基。在肌肉等组织中,经过转氨基作用产生的谷氨酸通过转氨酶的催化将氨基转给草酰乙酸,生成天冬氨酸;天冬氨酸将氨基转移到次黄嘌呤核苷酸(IMP)上生成腺苷酸代琥珀酸,后者经裂解释出延胡索酸并生成腺嘌呤核苷酸(AMP)。AMP 在腺苷酸脱氨酶(此酶在肌肉组织中活性较强)催化下脱去氨基重新生成 IMP(图 8-4)。

(四)非氧化脱氨基作用

除上述脱氨基方式外,某些氨基酸可以有其特有的方式进行脱氨基反应。如丝氨酸在脱水酶催化下的脱水脱氨基作用。半胱氨酸在脱硫化氢酶催化下,先脱下 H_2S,然后水解生成丙酮酸和氨。此外,天冬氨酸也可在天冬氨酸酶催化下直接脱氨,同时生成延胡索酸。

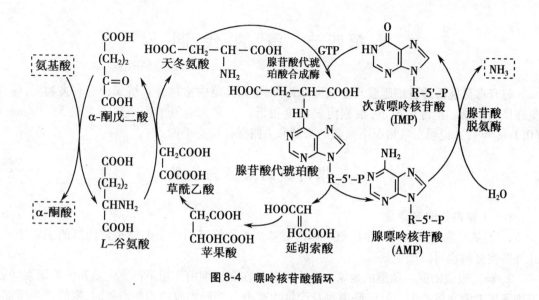

图 8-4 嘌呤核苷酸循环

三、α-酮酸的代谢

氨基酸脱去氨基后生成的 α-酮酸可以进一步代谢,主要有以下三方面的代谢去路。

(一)经氨基化生成非必需氨基酸

α-酮酸可经联合脱氨基作用的逆过程氨基化生成相应的 α-氨基酸。体内不能合成必需氨基酸,是因为相对应的 α-酮酸不能合成。

(二)转变为糖及脂类

大多数氨基酸脱去氨基后生成的 α-酮酸,可转变为糖及脂类。在体内能转变成糖的氨基酸称为生糖氨基酸;能转变成酮体者称为生酮氨基酸;能转变成糖和酮体者称为生糖兼生酮氨基酸(表 8-2)。

表 8-2 氨基酸生糖及生酮性质的分类

类 别	氨 基 酸
生糖氨基酸	甘氨酸、丙氨酸、缬氨酸、甲硫氨酸、脯氨酸、丝氨酸、谷氨酰胺、天冬酰胺、半胱氨酸、精氨酸、组氨酸、天冬氨酸、谷氨酸
生酮氨基酸	亮氨酸、赖氨酸
生糖兼生酮氨基酸	苯丙氨酸、酪氨酸、色氨酸、苏氨酸、异亮氨酸

(三)氧化供能

α-酮酸在体内可通过三羧酸循环彻底氧化分解生成 CO_2 和 H_2O,同时释放能量供机体生理活动的需要。

综上可见,氨基酸代谢与糖和脂肪的代谢密切相关。氨基酸可转变成糖和脂肪;糖可以转变成脂肪及非必需氨基酸的碳架部分。由此可见三羧酸循环将糖代谢、脂类代谢和氨基酸代谢紧密地联系起来。

第四节　氨　的　代　谢

氨有毒且能渗透进细胞膜与血脑屏障,对细胞尤其是中枢神经系统来说是有害物质,应避免在体内积聚。正常情况下,细胞内氨浓度很低。正常人血氨浓度一般不超过 $58.7\mu mol/L$ (0.1mg/dl),这说明正常情况下血氨的来源和去路保持动态平衡。

一、体内氨的来源与去路

(一)体内氨的来源

1. 氨基酸脱氨基作用产生的氨　体内氨基酸经脱氨基后产生的氨是体内氨的主要来源。此外胺类分解也可以产生氨。

2. 肠道吸收的氨　肠道的氨来自肠内氨基酸在肠道细菌作用下产生的氨和肠道尿素经肠道细菌尿素酶水解产生的氨。肠道每日产氨约有4g。当肠内腐败作用增强时,氨的产生增加,在肠道碱性环境中易被吸收,酸性环境中 NH_3 转变成 NH_4^+,不易吸收。临床上对高血氨患者采用弱酸性透析液做结肠透析而不用碱性肥皂水灌肠就是为了减少氨的吸收。

3. 肾小管上皮细胞泌氨　谷氨酰胺在肾小管上皮细胞中的谷氨酰胺酶催化下,可水解成谷氨酸和氨,后者分泌到肾小管腔中,若原尿 pH 偏酸易与尿中的 H^+ 结合成 NH_4^+,以铵盐形式随尿排出,这对调整机体的酸碱平衡有重要意义。若原尿 pH 偏碱时氨易被吸收入血。肝硬化腹水的患者因肝功能下降有高血氨倾向,不宜使用碱性利尿药。

(二)氨的去路

氨是有毒物质,机体必须及时将氨转变成无毒或毒性小的物质排出体外。氨在体内的主要去路是在肝中合成尿素排出体外;有一部分氨与谷氨酸合成谷氨酰胺运至肾脏后以铵盐形式由尿排出;氨可通过联合脱氨基的逆过程合成氨基酸,即氨使 α-酮戊二酸还原性加氨生成谷氨酸,谷氨酸再通过转氨基作用将氨基转移给某种 α-酮酸而合成相应的非必需氨基酸;此外,氨还可参与嘌呤、嘧啶等含氮化合物的合成。

二、氨在血中的转运

有毒的氨必须以无毒性的方式经血液运输到肝合成尿素或运输到肾以铵盐形式排出,其转运方式有下述两种。

(一)丙氨酸-葡萄糖循环

肌肉中的氨以丙酮酸作为转移氨基的受体,生成的丙氨酸经血液运到肝。在肝脏丙氨酸经联合脱氨基作用重新生成氨和丙酮酸,氨用于合成尿素,丙酮酸经糖异生途径转变成葡萄糖,葡萄糖由血液输送到肌组织,沿糖酵解再生成丙酮酸,后者接受氨基又转变为丙氨酸。丙氨酸和葡萄糖在肌和肝之间进行氨的转运,即丙氨酸-葡萄糖循环(alanine-glucose cycle)(图8-5)。通过这个循环,可使肌肉中的氨以无毒的丙氨酸形式运输到肝,同时肝脏又为肌肉组织提供了能生成丙酮酸的葡萄糖。

(二)谷氨酰胺的运氨作用

在脑、肌肉等组织中,氨和谷氨酸在谷氨酰胺合成酶催化下,由 ATP 分解供能合成谷氨酰

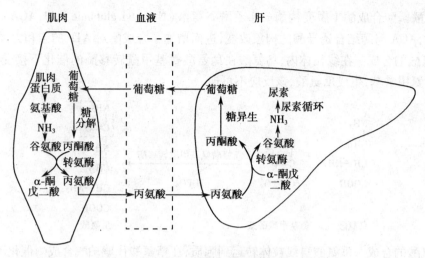

图8-5 丙氨酸-葡萄糖循环

胺,并由血液运送至肝或肾,再经谷氨酰胺酶水解成谷氨酸和氨。谷氨酰胺的合成和分解是由不同的酶催化的不可逆反应。

$$\begin{array}{ccc}
\text{COOH} & & \text{CONH}_2 \\
| & \text{NH}_3+\text{ATP} \quad\quad \text{ADP+Pi} & | \\
\text{CH}_2 & \xrightarrow{\text{谷氨酰胺合成酶}} & \text{CH}_2 \\
| & \xleftarrow{\text{谷氨酰胺酶}} & | \\
\text{CH}_2 & & \text{CH}_2 \\
| & \text{NH}_3 \quad\quad \text{H}_2\text{O} & | \\
\text{CHNH}_2 & & \text{CHNH}_2 \\
| & & | \\
\text{COOH} & & \text{COOH} \\
\text{谷氨酸} & & \text{谷氨酰胺}
\end{array}$$

谷氨酰胺可以认为是氨的解毒产物,也是氨的储存及运输形式。它的生成对控制组织中氨的浓度起重要作用。因此,临床上对氨中毒患者也可通过补充谷氨酸盐来降低氨浓度。

三、尿素的生成

正常情况下体内的氨主要在肝中合成尿素,人体内80%~90%的氨以尿素形式排出,小部分以铵盐形式经肾排出。实验证明,将犬的肝切除,则血及尿中尿素含量显著降低。急性肝坏死患者血氨水平明显上升,尿素水平明显下降。实验及临床观察都证明肝脏是合成尿素的主要器官。肾和脑虽能合成尿素,但合成量甚微。尿素在体内的合成途径称为鸟氨酸循环(ornithine cycle),又称尿素循环(urea cycle)。

(一)鸟氨酸循环的详细步骤

鸟氨酸循环的详细过程可分以下四步:

1. 氨基甲酰磷酸的合成 在肝细胞的线粒体内,代谢中产生的氨及 CO_2 在氨基甲酰磷酸合成酶 I(carbamoyl phosphate synthetase I,CPS-I)催化下合成氨基甲酰磷酸,反应消耗2分子ATP,此反应不可逆。

$$CO_2 + NH_3 + H_2O + 2ATP \xrightarrow[\text{N-乙酰谷氨酸,Mg}^{2+}]{\text{氨基甲酰磷酸合成酶 I}} H_2N-\overset{\overset{\displaystyle O}{\|}}{C}-O\sim PO_3^{2-} + 2ADP + Pi$$

氨基甲酰磷酸

氨基甲酰磷酸合成酶Ⅰ属变构酶。N-乙酰谷氨酸(N-acetyl glutamic acid,AGA)是该酶的变构激活剂,AGA 与酶结合诱导酶的构象改变,进而增加了合成酶对 ATP 的亲和力。

2. 瓜氨酸的合成　在线粒体内,鸟氨酸在鸟氨酸氨基甲酰转移酶的催化下接受氨基甲酰磷酸提供的氨甲酰基,生成瓜氨酸,该反应不可逆。

3. 精氨酸的合成　瓜氨酸自线粒体转运到胞质,在精氨酸代琥珀酸合成酶催化下,与天冬氨酸缩合生成精氨酸代琥珀酸,然后再经精氨酸代琥珀酸裂解酶的催化,裂解为精氨酸及延胡索酸。此过程消耗 ATP。

在上述反应中,天冬氨酸起供给氨基的作用,而其本身又可由草酰乙酸与谷氨酸经转氨基作用再生成,而谷氨酸的氨基又可来自体内多种氨基酸。由此可见,多种氨基酸的氨基可通过天冬氨酸而参加尿素合成。

4. 尿素的生成　在胞质中,精氨酸酶催化精氨酸水解生成尿素和鸟氨酸。鸟氨酸经载体转运重新进入线粒体,参与下一次循环。

尿素合成的总反应可总结为：

$$2NH_3+CO_2+3ATP+3H_2O \longrightarrow H_2N{-}CO{-}NH_2+2ADP+AMP+4Pi$$

尿素合成的中间步骤及其在细胞中的定位总结于图8-6。

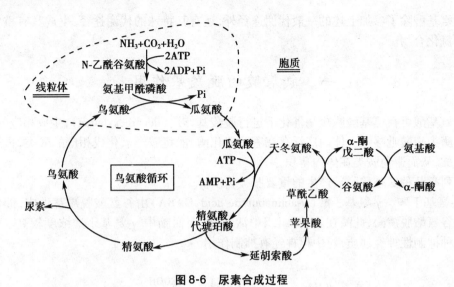

图8-6　尿素合成过程

（二）尿素合成的调控

1. 食物的影响　高蛋白膳食使尿素合成速度加快,排泄的含氮物中尿素占80%~90%,低蛋白膳食使尿素合成速度减慢,排泄的含氮物中尿素可低至60%。

2. AGA 的调节　AGA 是 CPS-Ⅰ的变构激活剂,它由乙酰辅酶 A 与谷氨酸经 AGA 合成酶催化而合成。精氨酸是 AGA 合成酶的激活剂,精氨酸浓度增高时,尿素合成加速。

3. 鸟氨酸循环中酶系的影响　循环中的各种酶系中以精氨酸代琥珀酸合成酶的活性最低,因此是尿素合成的限速酶,可调节尿素的合成速度。

高血氨症与肝性脑病

肝是合成尿素、解除氨毒的重要器官。当肝功能严重损伤时,尿素合成发生障碍,血氨浓度增高,称为高血氨。氨扩散至脑组织,可使脑组织的代谢发生紊乱,引起肝性脑病。高血氨毒性的作用机制尚不完全清楚。一般认为,氨进入脑组织,与α-酮戊二酸结合生成谷氨酸,氨也可与谷氨酸进一步结合生成谷氨酰胺。因α-酮戊二酸是三羧酸循环的中间产物,其含量的减少,使三羧酸循环减弱,从而使脑组织中 ATP 生成减少,致使大脑能量供应不足,导致大脑功能障碍,严重时可发生昏迷。另一种可能性是谷氨酸和谷氨酰胺增多,渗透压增大,引起脑水肿。

第五节 个别氨基酸的代谢

有些氨基酸除了参加上述的一般代谢途径外,还有其特殊的代谢途径,生成具有重要生理作用的含氮化合物。

一、氨基酸的脱羧基作用

部分氨基酸可在氨基酸脱羧酶催化下进行脱羧基作用(decarboxylation),生成相应的胺,脱羧酶的辅酶为磷酸吡哆醛。体内广泛存在着胺氧化酶,能将胺类氧化成相应的醛类,再进一步氧化成羧酸,从而避免胺类在体内蓄积。

下面列举几种氨基酸脱羧产生的重要胺类物质。

1. γ-氨基丁酸 γ-氨基丁酸(γ-aminobutyric acid,GABA)由谷氨酸脱羧基生成,催化此反应的酶是谷氨酸脱羧酶,此酶在脑、肾组织中活性强,因而脑中 γ-氨基丁酸浓度较高。γ-氨基丁酸是一种抑制性神经递质,对中枢神经有抑制作用。

2. 组胺 组胺(histamine)由组氨酸经组氨酸脱羧酶催化脱羧生成。组胺主要由肥大细胞产生并贮存,在乳腺、肺、肝、肌及胃黏膜中含量较高。

组胺是一种强烈的血管舒张剂,并能增加毛细血管的通透性,造成血压下降甚至休克。组胺的释放与变态反应症状密切相关。组胺可刺激胃蛋白酶和胃酸的分泌,可被用于研究胃分泌功能。

3. 5-羟色胺 色氨酸首先由色氨酸羟化酶催化生成 5-羟色氨酸,再经脱羧酶作用生成 5-羟色胺(5-hydroxytryptamine,5-HT)。

5-羟色胺广泛分布于体内的各组织,除神经组织外,胃肠道、血小板、乳腺细胞中也存在。脑内的5-羟色胺是一种神经递质,具有抑制作用,直接影响神经传导;在外周组织,5-羟色胺具有强烈的血管收缩作用。

4. 牛磺酸　半胱氨酸可经氧化、脱羧产生牛磺酸,它是结合胆汁酸的重要组成成分。

$$
\underset{L\text{-半胱氨酸}}{\begin{array}{c}CH_2SH\\|\\CHNH_2\\|\\COOH\end{array}} \xrightarrow{3[O]} \underset{磺基丙氨酸}{\begin{array}{c}CH_2SO_3H\\|\\CHNH_2\\|\\COOH\end{array}} \xrightarrow[\searrow CO_2]{磺基丙氨酸脱羧酶} \underset{牛磺酸}{\begin{array}{c}CH_2SO_3H\\|\\CHNH_2\end{array}}
$$

5. 多胺　某些氨基酸脱去羧基后生成多胺(polyamine),如鸟氨酸在鸟氨酸脱羧酶催化下可生成腐胺,然后转变成精脒和精胺。

$$L-鸟氨酸 \xrightarrow[-CO_2]{鸟氨酸脱羧酶} H_2N-(CH_2)_4-NH_2(腐胺)$$

$$S-腺苷甲硫氨酸(SAM) \xrightarrow[-CO_2]{SAM脱羧酶} 腺苷-S-(CH_2)_3-NH_2(脱羧基SAM)$$

$$腐胺 + 脱羧基SAM \xrightarrow[-腺苷-S-CH_3]{丙胺转移酶} H_2N-(CH_2)_3-NH-(CH_2)_4-NH_2(精脒)$$

$$精脒 + 脱羧基SAM \xrightarrow[-腺苷-S-CH_3]{丙胺转移酶} H_2N-(CH_2)_3-NH-(CH_2)_4-NH-(CH_2)_3-NH_2(精胺)$$

鸟氨酸脱羧酶是多胺合成的限速酶。精脒与精胺是调节细胞生长的重要物质,多胺能与DNA 及 RNA 结合,稳定其结构,促进核酸及蛋白质的合成。在生长旺盛的组织如胚胎、再生肝及癌组织中,多胺含量升高。临床上测定肿瘤患者血、尿中多胺含量作为辅助诊断和病情观察的指标之一。

二、一碳单位的代谢

（一）一碳单位的概念

一碳单位(one carbon unit)是指某些氨基酸在分解代谢过程中产生含一个碳原子的基团,包括甲基($-CH_3$)、甲烯基($-CH_2$),甲炔基($-CH=$)、甲酰基($-CHO$)及亚氨甲基($-CH=NH$)等。一碳单位不能游离存在,常与四氢叶酸结合在一起转运和参与代谢。但是,CO_2 不属于这种类型的一碳单位。

（二）一碳单位的载体

四氢叶酸是一碳单位的载体,也是一碳单位代谢的辅酶,它由叶酸经二氢叶酸还原酶催化还原而生成。四氢叶酸的结构及其生成反应如下:

5,6,7,8-四氢叶酸(FH₄)

121

$$\text{叶酸} \xrightarrow[\text{NADPH+H}^+ \quad \text{NADP}^+]{\text{二氢叶酸还原酶}} \text{二氢叶酸} \xrightarrow[\text{NADPH+H}^+ \quad \text{NADP}^+]{\text{二氢叶酸还原酶}} \text{四氢叶酸}$$

（三）一碳单位的生成

一碳单位主要来源于甘氨酸、丝氨酸、组氨酸及色氨酸的代谢。一碳单位由氨基酸生成的同时即结合在四氢叶酸的 N^5、N^{10} 位。四氢叶酸的 N^5 结合甲基或亚氨甲基，N^5 或 N^{10} 结合甲酰基，N^5 和 N^{10} 结合甲烯基或甲炔基。例如：

$$\begin{array}{c} CH_2NH_2 \\ | \\ COOH \\ \text{甘氨酸} \end{array} + FH_4 \xrightarrow[\text{NAD}^+ \quad \text{NADH+H}^+]{\text{甘氨酸裂解酶}} CO_2 + NH_3 + N^5,N^{10}-CH_2-FH_4$$

$$\begin{array}{c} CH_2OH \\ | \\ CH_2NH_2 \\ | \\ COOH \\ \text{丝氨酸} \end{array} + FH_4 \xrightarrow[-H_2O]{\text{羟甲基转移酶}} N^5,N^{10}-CH_2-FH_4 + \begin{array}{c} CH_2NH_2 \\ | \\ COOH \\ \text{甘氨酸} \end{array}$$

组氨酸 → 亚氨甲基谷氨酸 → 谷氨酸

$$N^5-CH=NH-FH_4 \xrightarrow{} N^5,N^{10}=CH-FH_4$$

色氨酸 → 犬尿氨酸 → HCOOH → $N^{10}-CHO-FH_4$

（四）一碳单位的相互转变

在相应酶的催化下，各种不同形式的一碳单位可以互变，但生成 N^5-甲基四氢叶酸的反应是不可逆的。$N^5-CH_3-FH_4$ 能将甲基转给同型半胱氨酸生成甲硫氨酸和 FH_4，使 FH_4 获得重新利用的机会。具体过程见含硫氨基酸代谢。

$N^{10}-CHO-FH_4$
(N^{10}-甲酰四氢叶酸)
↕ H^+ / H_2O
$N^5,N^{10}=CH-FH_4$ $\underset{-NH_3}{\overset{+NH_3}{\rightleftharpoons}}$ $N^5-CH=NH-FH_4$
(N^5,N^{10}-甲炔四氢叶酸) (N^5-亚氨甲基四氢叶酸)
↕ NADPH+H$^+$ / NADP$^+$
$N^5,N^{10}-CH_2-FH_4$
(N^5,N^{10}-甲烯四氢叶酸)
↕ NADH+H$^+$ / NAD$^+$
$N^5-CH_3-FH_4$
(N^5-甲基四氢叶酸)

（五）一碳单位的生理功能

一碳单位的主要生理功能是作为合成嘌呤和嘧啶的原料，如 $N^5,N^{10}-CH_2-FH_4$ 直接提供甲基用于 dUMP 向 dTMP 的转化，N^{10}—CHO—FH_4 和 N^5, N^{10}≡CH—FH_4 分别参与嘌呤碱中 C_2、C_8 的生成。一碳单位将氨基酸代谢与核苷酸代谢密切联系起来。一碳单位代谢障碍可引起某些疾病，例如巨幼红细胞贫血。

三、含硫氨基酸的代谢

含硫氨基酸有甲硫氨酸、半胱氨酸和胱氨酸三种，甲硫氨酸可转变为半胱氨酸和胱氨酸，后两者也可以互变，但半胱氨酸和胱氨酸不能变成甲硫氨酸。

（一）甲硫氨酸代谢

甲硫氨酸在甲硫氨酸腺苷转移酶催化下接受 ATP 提供的腺苷生成 S-腺苷甲硫氨酸（S-adenosyl methionine，SAM）。SAM 中的甲基是高度活化的，称活性甲基，SAM 称为活性甲硫氨酸。SAM 可在不同甲基转移酶的催化下，将甲基转移给各种甲基接受体而形成许多甲基化合物，如肾上腺素、胆碱、肉碱、肌酸等。SAM 转出甲基后形成 S-腺苷同型半胱氨酸，后者水解释出腺苷变为同型半胱氨酸，同型半胱氨酸接受 N^5—CH_3—FH_4 提供的甲基后重新生成甲硫氨酸，形成一个循环过程，称为甲硫氨酸循环（methionine cycle）（图 8-7）。催化 N^5—CH_3—FH_4 与同型半胱氨酸重新生成甲硫氨酸的酶以维生素 B_{12} 为辅酶，因此当维生素 B_{12} 缺乏时，N^5—CH_3—FH_4 的甲基转移受阻，不仅影响甲硫氨酸的重新生成，又影响 FH_4 的再生，继而组织中游离 FH_4 减少，导致核酸合成障碍，影响细胞分裂。患者出现巨幼红细胞贫血。同时，同型半胱氨酸在血中浓度堆积可造成高同型半胱氨酸血症，它是心血管疾病和高血压的危险因子。

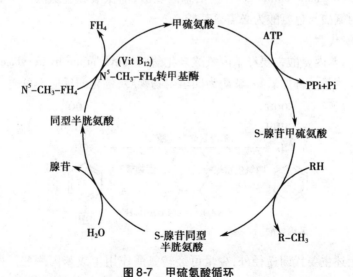

图 8-7 甲硫氨酸循环

（二）半胱氨酸和胱氨酸的代谢

半胱氨酸含有巯基（—SH），胱氨酸含有二硫键（—S—S—），两者可通过氧化还原而互变。在蛋白质分子中两个半胱氨酸残基间所形成的二硫键对维持蛋白质分子构象起重要作用。而蛋白质分子中半胱氨酸的巯基是许多蛋白质或酶的活性基团。

123

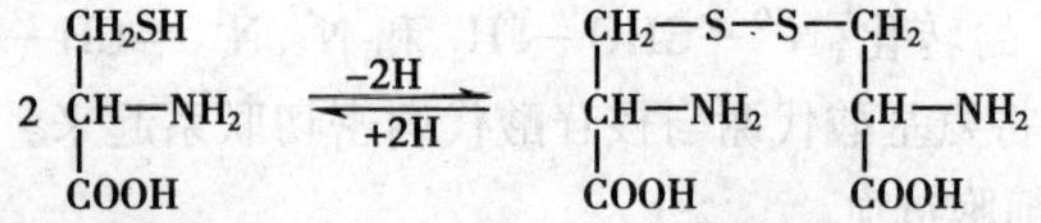

L-半胱氨酸　　　　　　　　　胱氨酸

含硫氨基酸在体内氧化分解后可生成 H_2S,再进一步氧化生成硫酸根,半胱氨酸是体内硫酸根的主要来源。硫酸一部分以硫酸盐的形式随尿排出,一部分经 ATP 活化生成活性硫酸根,即 3'-磷酸腺苷-5'-磷酸硫酸(PAPS)。PAPS 的性质活泼,是硫酸根的供体,在肝脏的生物转化中有重要作用,也参与硫酸角质素及硫酸软骨素等分子中硫酸化氨基多糖的合成。

$$ATP + SO_4^{2-} \xrightarrow{-PPi} AMP-SO_3^- \xrightarrow{+ATP} 3'-PO_3H_2-AMP-SO_3^- + ADP$$
PAPS

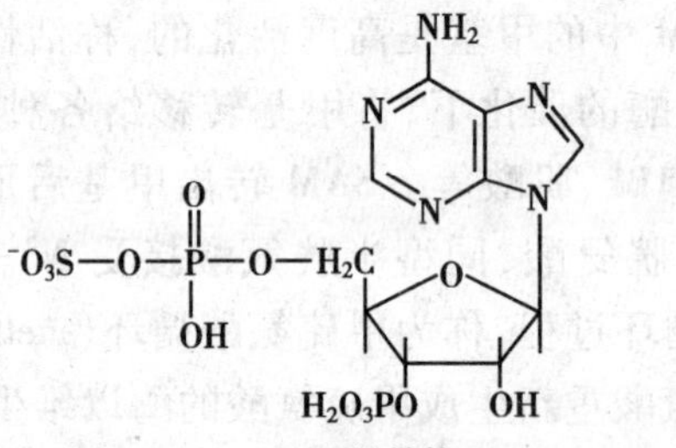

PAPS的结构

四、芳香族氨基酸的代谢

芳香族氨基酸(aromatic amino acid)包括苯丙氨酸,酪氨酸和色氨酸。酪氨酸可由苯丙氨酸羟化生成。苯丙氨酸与色氨酸为必需氨基酸。

(一)苯丙氨酸代谢

在正常情况下,苯丙氨酸主要经苯丙氨酸羟化酶(phenylalanine hydroxylase)催化生成酪氨酸。苯丙氨酸羟化酶是一种加氧酶,辅酶为四氢生物蝶呤,催化的反应不可逆。

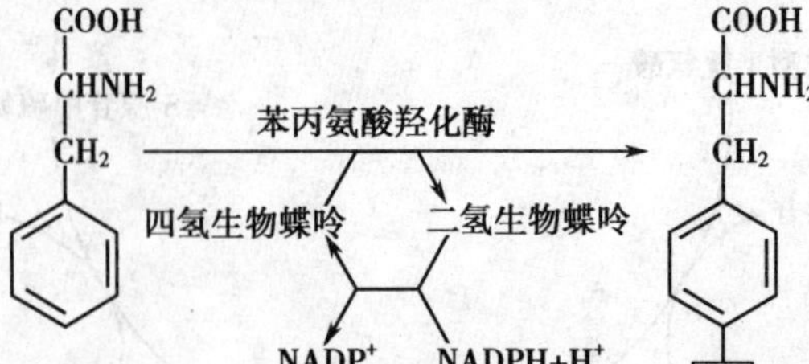

苯丙氨酸除上述主要代谢途径外,少量可经转氨酶作用生成苯丙酮酸。先天性苯丙氨酸羟化酶缺陷的患者,苯丙氨酸不能正常地转变为酪氨酸,体内苯丙氨酸蓄积,并经转氨基作用生成苯丙酮酸,再进一步生成苯乙酸等衍生物,尿中出现大量苯丙酮酸等代谢产物,称苯丙酮尿症(phenylketonuria,PKU)。该病患者神经系统发育障碍,智力低下。治疗原则是早期发现,并适当控制膳食中苯丙氨酸的摄入。

(二)酪氨酸代谢

1. 儿茶酚胺的合成　酪氨酸在肾上腺髓质和神经组织经酪氨酸羟化酶催化生成 3,4-二羟苯丙氨酸（多巴），再经多巴脱羧酶催化生成多巴胺（dopamine）。多巴胺经羟化生成去甲肾上腺素（norepinephrine），后者再接受 SAM 提供的甲基转变成肾上腺素（epinephrine）。多巴胺、去甲肾上腺素、肾上腺素统称为儿茶酚胺（catecholamine），即含邻苯二酚的胺类。酪氨酸羟化酶是儿茶酚胺合成的限速酶。

2. 黑色素的合成　在黑色素细胞中，酪氨酸在酪氨酸酶催化下羟化生成多巴，多巴再经氧化生成多巴醌，多巴醌进一步环化和脱羧生成吲哚醌。吲哚醌的聚合物即是黑色素（melanin）。人体若缺乏酪氨酸酶，黑色素合成障碍，皮肤及毛发呈白色，称为白化病（albinism）。

3. 甲状腺激素的合成　甲状腺激素是酪氨酸的碘化衍生物。它是由甲状腺球蛋白分子中的酪氨酸残基碘化后生成的。甲状腺激素包括甲状腺素即 3,5,3′,5′-四碘甲腺原氨酸（thyroxine，T_4）和 3,5,3′-三碘甲腺原氨酸（triothyrone，T_3），它们在物质代谢的调控中起重要作用。

4. 酪氨酸的分解代谢　酪氨酸在酪氨酸转氨酶的作用下，生成对羟苯丙酮酸，经氧化生成尿黑酸，再经尿黑酸氧化酶催化等一系列反应生成延胡索酸和乙酰乙酸，两者分别参与糖代谢和脂类代谢。体内尿黑酸分解代谢的酶先天性缺陷时，尿黑酸氧化受阻，则出现尿黑酸症。酪

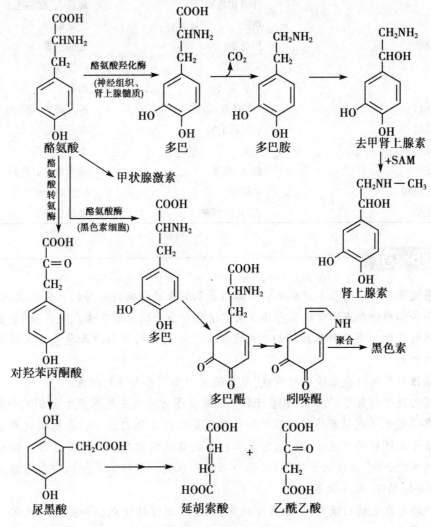

图 8-8　酪氨酸的代谢

氨酸在体内代谢过程见图8-8。

(三)色氨酸的代谢

色氨酸除参与蛋白质合成外,还可经氧化脱羧生成5-羟色胺。色氨酸分解最后可生成丙酮酸及乙酰乙酰CoA,故色氨酸为生糖兼生酮氨基酸。此过程中产生一碳单位和烟酸。在色氨酸代谢中,有多种维生素如维生素B_1、B_2、B_6的参与,这些维生素缺乏时,可引起色氨酸代谢障碍。

综上所述,各种氨基酸除主要参与蛋白质合成外,还可以转变成其他各种含氮的生理活性物质(表8-3)。

表8-3 氨基酸衍生的重要含氮化合物

氨 基 酸	衍生的化合物	生理作用
天冬氨酸、谷氨酰胺	嘌呤碱、嘧啶碱	含氮碱基、核酸成分
甘氨酸	嘌呤碱	含氮碱基、核酸成分
	卟啉化合物	血红素、细胞色素
	肌酸	能量储存
酪氨酸	黑色素	皮肤色素
	儿茶酚胺	神经递质
	甲状腺素	激素
色氨酸	5-羟色胺、烟酸	神经递质、维生素
谷氨酸	γ-氨基丁酸	神经递质
组氨酸	组胺	血管舒张剂
鸟氨酸	精脒、精胺	细胞增殖促进剂
半胱氨酸	牛磺酸	结合胆汁酸成分
丝氨酸	乙醇胺、胆碱	磷脂成分

小 结

氨基酸是蛋白质的基本组成单位。体内氨基酸来自食物蛋白质的消化吸收、组织蛋白质的分解和体内的合成。食物蛋白质在消化道各种蛋白酶水解下生成氨基酸,氨基酸主要通过载体蛋白和γ-谷氨酰基循环的方式吸收。未被消化的蛋白质和氨基酸在肠道下端可发生腐败作用。

内源性与外源性氨基酸共同构成"氨基酸代谢库",参与体内代谢。

氨基酸通过转氨基、氧化脱氨基及联合脱氨基等方式脱去氨基产生α-酮酸和氨。转氨基与L-谷氨酸氧化脱氨基作用偶联的联合脱氨基作用是体内大多数氨基酸脱氨基的主要方式。由于此过程的可逆性,因此,它是体内合成非必需氨基酸的主要途径。但有8种氨基酸体内不能合成,必须由食物供给,称为必需氨基酸。骨骼肌等组织中氨基酸主要通过"嘌呤核苷酸循环"脱去氨基。

α-酮酸是氨基酸的碳骨架,除再合成氨基酸外,还可转变成糖和脂类及氧化分解为机体提供能量。

　　氨是有毒物质。体内的氨以丙氨酸和谷氨酰胺的形式转运到肝，大部分经鸟氨酸循环合成尿素排出体外。肝功能严重损伤可导致高血氨症和肝性脑病。小部分氨在肾以铵盐形式随尿排出。

　　一些氨基酸脱羧基产生的胺类物质如 γ-氨基丁酸、组胺、5-羟色胺、牛磺酸和多胺等具有重要的生理作用。

　　某些氨基酸代谢过程中可产生含有一个碳原子的基团，如甲基、甲烯基、甲炔基、甲酰基和亚氨甲基，它们通过 FH_4 携带参与嘌呤、嘧啶核苷酸的合成等。甲硫氨酸的分解代谢是通过甲硫氨酸循环提供活性甲基。半胱氨酸参与活性硫酸、谷胱甘肽的生成。苯丙氨酸和酪氨酸代谢可产生儿茶酚胺、甲状腺素、黑色素等。苯丙酮尿症、白化病等遗传病与苯丙氨酸或酪氨酸代谢异常有关。

 复习思考题

一、名词解释

1. 氮平衡
2. 必需氨基酸
3. 一碳单位
4. 甲硫氨酸循环

二、问答题

1. 氨基酸脱氨基作用有几种方式？
2. 简述血氨的来源与去路。
3. 简述一碳单位的定义、来源和生理意义。
4. 简述叶酸、维生素 B_{12} 缺乏导致巨幼红细胞贫血的生化机制。

（徐跃飞）

第 九 章

核苷酸代谢

学习目标

1. 掌握核苷酸的功能;核苷酸从头合成途径的原料、特点;脱氧核糖核苷酸的生成特点;核苷酸分解代谢的主要产物。
2. 熟悉补救合成途径;核苷酸抗代谢物及其作用机制。
3. 了解核苷酸合成和分解过程。

核苷酸是核酸的基本结构单位。人体所需的核苷酸主要由机体细胞自身合成,只有少量来自食物中核酸消化产物的吸收,所以核苷酸不属于营养必需物质。

食物中的核酸多以核蛋白的形式存在,核蛋白在胃中受胃酸的作用分解为核酸和蛋白质;核酸进入小肠后,在胰液和肠液中各种水解酶的作用下逐步水解(图9-1)。水解产生的戊糖被吸收参加戊糖代谢;嘌呤和嘧啶碱被继续分解而排出体外。故食物来源的嘌呤和嘧啶碱很少为机体所用。

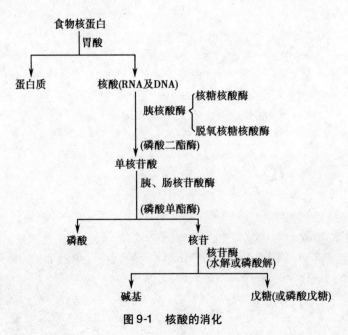

图9-1 核酸的消化

核苷酸具有多种生理功能:①核酸合成的原料,这是核苷酸最主要的功能;②作为直接供能物质(ATP、GTP 等),为机体提供能量;③作为多种活化中间代谢物的载体(如 UDPG、CDP-二酰甘油等)参与代谢;④辅酶的组成成分,如腺苷酸是 NAD+、NADP+、FAD 及辅酶 A 等多种辅酶的组成成分;⑤参与代谢和生理调节,如 ATP 可作为磷酸基供体通过化学修饰对酶活性进行快速调节,cAMP、cGMP 是细胞内信号转导的第二信使等。

嘌呤核苷酸与嘧啶核苷酸的合成和分解代谢均不相同,下面分别叙述。

第一节 嘌呤核苷酸的代谢

一、嘌呤核苷酸的合成代谢

体内嘌呤核苷酸的合成有两种途径:一是利用磷酸核糖、氨基酸、一碳单位及 CO_2 等简单物质为原料,经过一系列酶促反应合成嘌呤核苷酸,称从头合成途径(de novo synthesis);二是利用体内游离的碱基或核苷,经过简单的反应合成嘌呤核苷酸,称补救合成途径(salvage pathway)。两者的重要性因组织不同而异,前者是体内大多数组织核苷酸合成的主要途径;但脑和骨髓则进行补救合成。

(一)嘌呤核苷酸的从头合成

1. 合成原料 嘌呤核苷酸从头合成途径的基本原料包括:5-磷酸核糖、谷氨酰胺、甘氨酸、天冬氨酸、一碳单位和 CO_2。其中嘌呤环的 C、N 来源见图 9-2。

2. 合成过程 嘌呤核苷酸从头合成比较复杂,可分为两个阶段:次黄嘌呤核苷酸(inosine monophosphate,IMP)的合成及鸟嘌呤核苷酸(GMP)、腺嘌呤核苷酸(AMP)的合成。

(1) IMP 的合成:需经过十一步反应完成(图 9-3)。首先,5-磷酸核糖在磷酸核糖焦磷酸合成酶的催化下被活化生成磷酸核糖焦磷酸(phosphoribosyl pyrophosphate,PRPP),然后,在磷酸核糖酰胺转移酶的催

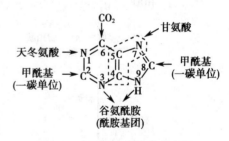

图 9-2 嘌呤碱合成的元素来源

化下,PRPP 上的焦磷酸被谷氨酰胺的酰胺基取代生成 5-磷酸核糖胺(PRA)。以上两个步骤是 IMP 合成的关键步骤。在 PRA 的基础上,再经过八步连续的酶促反应,甘氨酸分子、N^5,N^{10}-甲炔四氢叶酸、谷氨酰胺的酰胺氮、CO_2、天冬氨酸、N^{10}-甲酰四氢叶酸依次掺入,最终生成 IMP。

(2) AMP 和 GMP 的生成:IMP 是嘌呤核苷酸合成的重要中间产物,是 AMP 和 GMP 的前体(图 9-4)。AMP 和 GMP 在激酶的作用下,经过二步磷酸化分别生成 ATP 和 GTP。

$$AMP \xrightarrow{\text{激酶}} ADP \xrightarrow{\text{激酶}} ATP$$

$$GMP \xrightarrow{\text{激酶}} GDP \xrightarrow{\text{激酶}} GTP$$

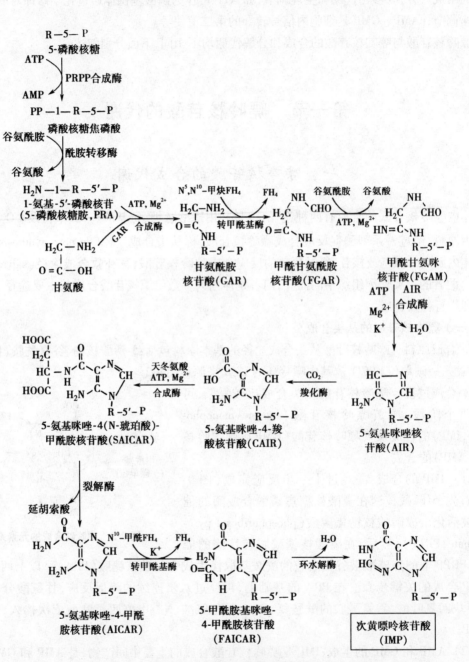

图9-3　次黄嘌呤核苷酸的合成

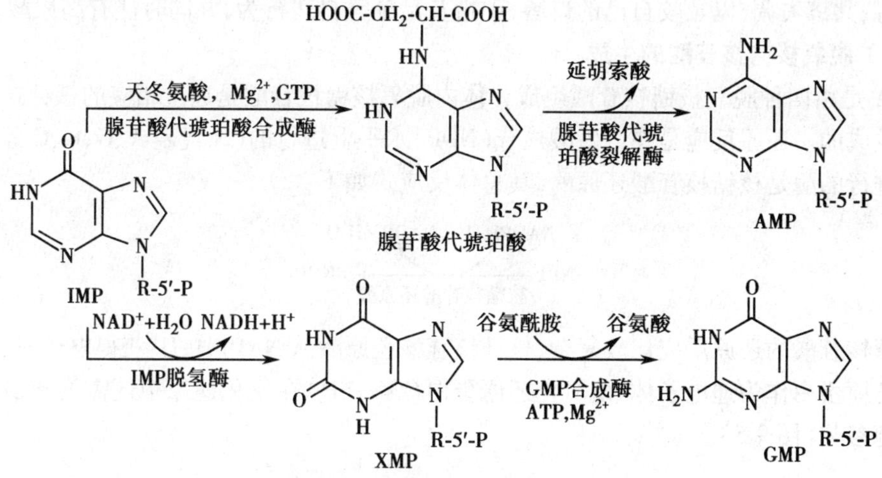

图 9-4　IMP 转化成 AMP 和 GMP

3. 合成特点　①嘌呤核苷酸从头合成的主要器官是肝,其次为小肠黏膜和胸腺,反应过程是在细胞质中进行的;②嘌呤核苷酸是在 5-磷酸核糖的基础上逐渐合成嘌呤环部分;③最先生成的核苷酸是 IMP,IMP 再转变为 AMP 和 GMP。

4. 合成调节　从头合成是体内提供核苷酸的主要来源,但此过程要消耗氨基酸等原料和大量 ATP。机体对合成速度有着精细的调节以满足合成核酸对核苷酸的需求,同时又避免"供过于求"造成的消耗。调节机制是反馈调节。嘌呤核苷酸从头合成起始步骤的 PRPP 合成酶和 PRPP 酰胺转移酶均可被合成产物 IMP、AMP 和 GMP 等反馈抑制。而 PRPP 具有正反馈效应,可以促进 PRPP 酰胺转移酶活性。因此,在嘌呤核苷酸合成的调节中,PRPP 合成酶可能比 PRPP 酰胺转移酶起更大的作用。此外,AMP 的生成需要 GTP 参与,而 GMP 的生成需要 ATP 的参与,所以 GTP 可以促进 AMP 的生成,而 ATP 也可以促进 GMP 的生成,这种交叉调节作用对于维持 AMP 和 GMP 浓度的平衡具有重要意义。

（二）嘌呤核苷酸的补救合成

嘌呤核苷酸的补救合成比从头合成简单,消耗能量也少。补救合成有两种形式:一是利用体内游离的嘌呤碱进行的补救合成,此过程需要两种酶的参与:腺嘌呤磷酸核糖转移酶(adenine phosphoribosyl transferase,APRT)和次黄嘌呤-鸟嘌呤磷酸核糖转移酶(hypoxanthine-guanine phosphoribosyl transferase,HGPRT),它们在 PRPP 提供磷酸核糖的基础上,分别催化 AMP、IMP 和 GMP 的补救合成;二是利用体内游离的嘌呤核苷通过腺苷激酶的催化被磷酸化生成腺嘌呤核苷酸。

$$腺嘌呤 + PRPP \xrightarrow{APRT} AMP + PPi$$

$$次黄嘌呤 + PRPP \xrightarrow{HGPRT} IMP + PPi$$

$$鸟嘌呤 + PRPP \xrightarrow{HGPRT} GMP + PPi$$

$$腺苷 + ATP \xrightarrow{腺苷激酶} AMP + ADP$$

嘌呤核苷酸补救合成的生理意义一方面在于可以节省从头合成的能量和一些氨基酸的消耗;另一方面,某些缺乏从头合成酶系的组织如脑和骨髓等,它们只能进行嘌呤核苷酸的补救合成。因而对这些组织器官来说此途径有着重要意义。Lesch-Nyhan 综合征(或称自毁容貌征)就是由于先天基因缺陷导致 HGPRT 缺失所引起的一种遗传代谢性疾病。患儿表现为智力发育障碍、共济失调,以及咬自己的口唇、手指及足趾等自残行为,并同时伴有高尿酸血症。

（三）脱氧核糖核苷酸的生成

DNA 是由四种脱氧核糖核苷酸组成。体内脱氧核糖核苷酸是通过相应的核糖核苷酸直接还原而生成的。还原反应是在二磷酸核苷(NDP)水平上进行的(N 代表 A、G、U、C 等碱基),催化反应进行的酶是核糖核苷酸还原酶,其总体反应式如下:

$$NDP \xrightarrow[\text{核糖核苷酸还原酶}]{NADPH+H^+ \quad NADP^++H_2O} dNDP$$

核糖核苷酸的还原反应比较复杂,核糖核苷酸还原酶从 NADPH+H$^+$ 获得电子时,需要一种硫氧化还原蛋白作为递电子体,硫氧化还原蛋白(含—SH)在氧化还原中还需要硫氧化还原蛋白还原酶参与(图 9-5)。

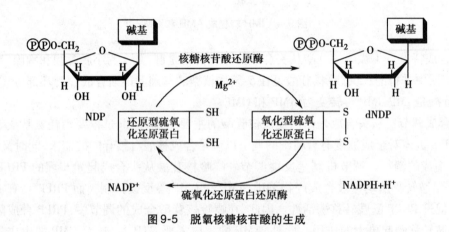

图 9-5 脱氧核糖核苷酸的生成

上述生成的 dNDP 经过激酶的作用再被磷酸化成三磷酸脱氧核苷(dNTP)。

二、嘌呤核苷酸的分解代谢

嘌呤核苷酸的分解代谢主要是在肝、小肠及肾中进行。嘌呤核苷酸在核苷酸酶的作用下水解为核苷,核苷经核苷磷酸化酶作用,磷酸解成嘌呤碱基和 1-磷酸核糖。1-磷酸核糖在磷酸核糖变位酶的催化下转变为 5-磷酸核糖,后者既可以进入磷酸戊糖途径也可作为合成 PRPP 的原料。嘌呤碱一方面参加核苷酸的补救合成,另一方面进一步水解。在人体内嘌呤碱最终分解生成尿酸,随尿排出体外。反应过程如图 9-6 所示。

尿酸是人体嘌呤分解代谢的终产物。正常人血浆中尿酸含量为 0.12 ~ 0.36mmol/L(2 ~ 6mg/dl),男性略高于女性。尿酸的水溶性较差。当血中尿酸含量超过 0.48mmol/L(8mg/dl)时,尿酸盐晶体沉积于关节、软组织、软骨和肾等处,最终导致关节炎、尿路结石及肾疾病,尤其是常常引起痛风症(gout)。临床上常用别嘌呤醇治疗痛风症。别嘌呤醇与次黄嘌呤结构类似,只是分子中的 N$_7$ 与 C$_8$ 互换了位置,故可竞争性抑制黄嘌呤氧化酶,从而抑制尿酸的生成;黄嘌呤和次黄嘌呤的水溶性比尿酸大得多,故不会沉积形成结晶。同时,别嘌呤醇与 PRPP 生成别嘌呤核苷酸,不仅消耗了核苷酸合成所必需的 PRPP,还可作为 IMP 的类似物,反馈地抑制嘌呤核苷酸从头合成的酶,减少嘌呤核苷酸的合成。另外,临床上还要给予痛风症的患者服用

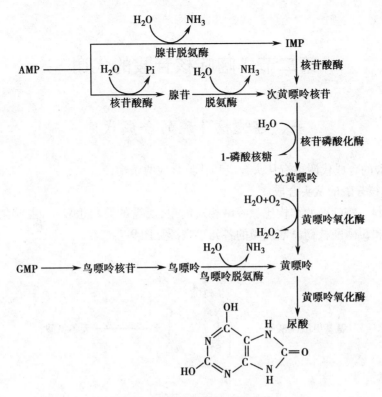

图 9-6 嘌呤核苷酸的分解代谢

促尿酸排泄的药物,如丙磺舒、苯溴马龙、磺吡酮等,以降低血尿酸水平,达到治疗痛风的目的;但要注意的是,在给予排尿酸药的同时,要考虑碱化尿液,以防止尿酸晶体沉积于肾脏内。

次黄嘌呤　　　　　别嘌呤醇

痛 风 症

痛风症是以血液尿酸含量增加为主要特征的一组嘌呤代谢障碍性疾病。痛风症分为原发性痛风和继发性痛风。原发性痛风是由于体内某些嘌呤核苷酸代谢相关酶的活性异常而引起嘌呤核苷酸合成增加,致使血中尿酸异常升高所致,是一种先天代谢缺陷性疾病。目前,已知有两种酶活性异常可导致痛风:一是 HGPRT 缺乏,导致嘌呤核苷酸补救合成障碍,致使体内游离的嘌呤碱增多;二是 PRPP 合成酶活性升高,加快了嘌呤核苷酸的从头合成。继发性痛风主要见于肾疾病、白血病、恶性肿瘤等疾病,或由药物等引起。

第二节 嘧啶核苷酸的代谢

一、嘧啶核苷酸的合成代谢

嘧啶核苷酸的合成代谢也有从头合成和补救合成两条途径。

（一）嘧啶核苷酸的从头合成

1. 合成原料 嘧啶碱的结构比嘌呤碱相对简单,所需的原料也较少,主要包括谷氨酰胺、CO_2、天冬氨酸和5-磷酸核糖。嘧啶碱的各元素来源见图9-7。

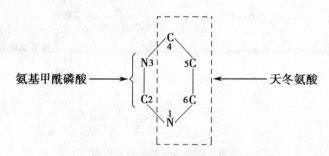

图9-7 嘧啶碱合成的元素来源

2. 合成过程 与嘌呤核苷酸从头合成不同,嘧啶核苷酸从头合成最主要的特点是先合成嘧啶碱基,再与磷酸核糖相连形成嘧啶核苷酸。合成的过程如下:

（1）UMP的合成:此过程有6步反应,首先谷氨酰胺、CO_2和ATP在氨基甲酰磷酸合成酶Ⅱ(carbamyl phosphate synthetaseⅡ,CPSⅡ)的催化下生成氨基甲酰磷酸;在天冬氨酸氨基甲酰转移酶的催化下,由氨基甲酰磷酸将氨甲酰基转移到天冬氨酸的氨基氮上,生成氨甲酰天冬氨酸;氨甲酰天冬氨酸脱水环化生成二氢乳清酸,然后再经脱氢生成乳清酸;在乳清酸磷酸核糖转移酶的催化下乳清酸从PRPP获得磷酸核糖而生成乳清酸核苷酸;后者脱羧生成UMP(图9-8)。

在真核细胞中,氨基甲酰磷酸合成酶Ⅱ、天冬氨酸氨基甲酰转移酶和二氢乳清酸酶位于同一多肽链上,是一种多功能酶;乳清酸磷酸核糖转移酶和乳清酸核苷酸脱羧酶也是位于同一多肽链上的多功能酶,这样更有利于它们以均匀的速度参与嘧啶核苷酸的合成。

（2）CTP的合成:UMP在激酶的连续作用下生成UTP,后者经CTP合成酶作用,从谷氨酰胺获得氨基,并消耗一分子ATP,生成CTP。

（3）脱氧胸腺嘧啶核苷酸(dTMP)的生成:dTMP是由dUMP经甲基化而成的。该反应由胸苷酸合酶催化,N^5,N^{10}-甲烯四氢叶酸提供甲基。dUMP可由dUDP水解生成,也可由dCMP脱氨生成,以后者为主(图9-9)。

3. 合成调节 嘧啶核苷酸的合成也受反馈调节。细菌中,天冬氨酸氨基甲酰转移酶是嘧啶核苷酸从头合成的主要调节酶。在哺乳动物细胞中,嘧啶核苷酸从头合成的主要调节酶是CPSⅡ,它受UMP的反馈抑制。由于PRPP合成酶是嘌呤和嘧啶核苷酸合成过程中共同需要的酶,可同时接受两者的反馈抑制,使两者的合成速度保持平行。

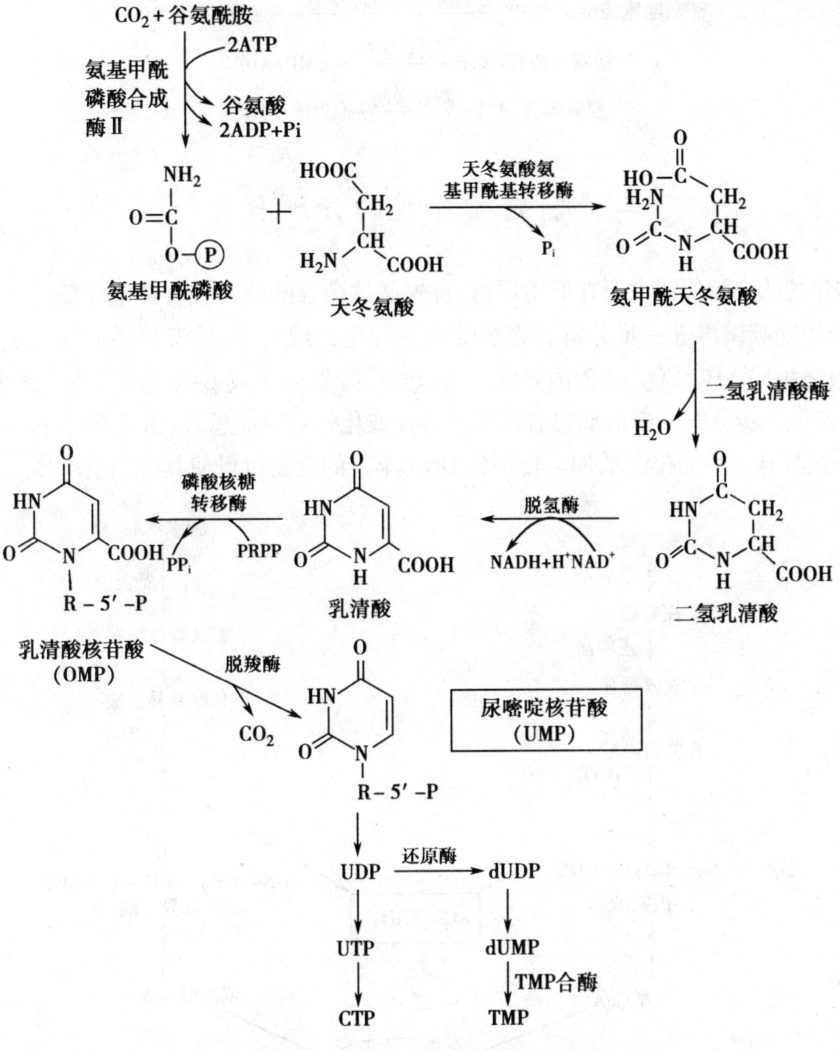

图9-8　嘧啶核苷酸的从头合成

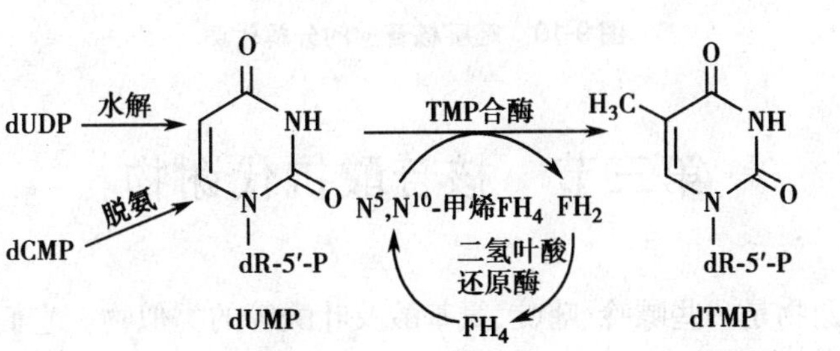

图9-9　dTMP 的生成

（二）嘧啶核苷酸的补救合成

嘧啶磷酸核糖转移酶是嘧啶核苷酸补救合成的主要酶。它能利用尿嘧啶、胸腺嘧啶及乳清酸作为底物,但对胞嘧啶不起作用。尿苷激酶可催化尿苷生成尿苷酸。脱氧胸苷可在胸苷激酶的催化下生成 dTMP,该酶在正常肝中活性很低,但在再生肝中活性升高,恶性肿瘤中明显升高,并与肿瘤的恶性程度有关。

$$\text{嘧啶(除胞嘧啶)+PRPP} \xrightarrow{\text{嘧啶磷酸核糖转移酶}} \text{嘧啶核苷酸+PPi}$$

$$\text{尿嘧啶核苷+ATP} \xrightarrow{\text{尿苷激酶}} \text{UMP+ADP}$$

$$\text{脱氧胸苷+ATP} \xrightarrow{\text{胸苷激酶}} \text{dTMP+ADP}$$

二、嘧啶核苷酸的分解代谢

嘧啶核苷酸的分解代谢主要在肝中进行,首先通过核苷酸酶及核苷磷酸化酶的作用,脱去磷酸和核糖,产生嘧啶碱再进一步分解。胞嘧啶脱氨转化为尿嘧啶,后者再还原成二氢尿嘧啶,并水解开环,最终生成 NH_3、CO_2 和 β-丙氨酸。胸腺嘧啶降解可生成 β-氨基异丁酸(图 9-10),可直接随尿排出或进一步分解。白血病患者以及经放疗或化疗的癌症患者,由于 DNA 破坏过多,往往导致尿中 β-氨基异丁酸的排泄增加。食用含 DNA 丰富的食物也可使其排出量增多。

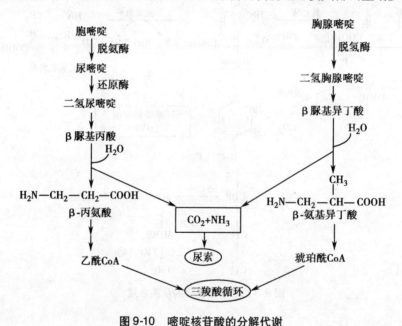

图 9-10 嘧啶核苷酸的分解代谢

第三节 核苷酸抗代谢物

核苷酸的抗代谢物是一些嘌呤、嘧啶、氨基酸及叶酸等的类似物。它们抗代谢作用的机制主要是以竞争性抑制或"以假乱真"的方式干扰或阻断核苷酸的合成代谢,从而进一步阻止核酸和蛋白质的生物合成。

嘌呤类似物主要有 6-巯基嘌呤(6-MP)、6-巯基鸟嘌呤、8-氮杂鸟嘌呤等,临床上以 6-MP 最常用。6-MP 的结构与次黄嘌呤相似,唯一不同的是嘌呤环中的 C_6 上巯基取代了羟基。6-MP 生成 6-MP 核苷酸与 IMP 结构类似,可通过竞争性抑制阻断 IMP 向 AMP 和 GMP 的转化,同时又可通过反馈抑制 PRPP 酰胺转移酶,从而使嘌呤核苷酸的从头合成受阻;此外,6-MP 还可直接竞争性抑制次黄嘌呤-鸟嘌呤磷酸核糖转移酶的活性,使 PRPP 分子中的磷酸核糖不能向鸟嘌呤和次黄嘌呤转移,阻止了嘌呤核苷酸的补救合成。

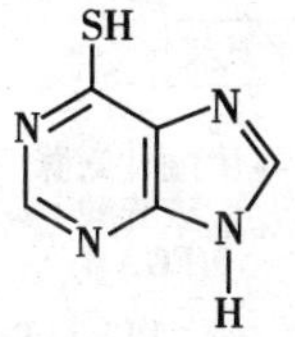

6-巯基嘌呤(6-MP) 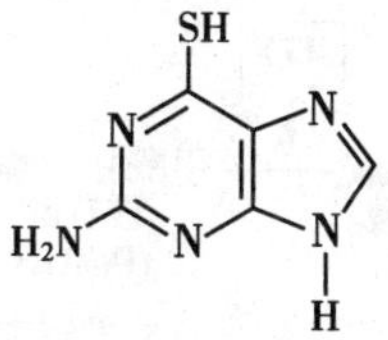　　6-巯基鸟嘌呤 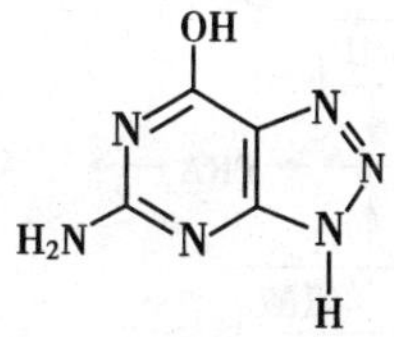　　8-氮杂鸟嘌呤

嘧啶类似物主要有5-氟尿嘧啶(5-FU),是临床上常用的抗肿瘤药物。5-FU 的结构与胸腺嘧啶相似,在体内需转变成氟尿嘧啶核苷三磷酸(FUTP)和氟尿嘧啶脱氧核苷一磷酸(FdUMP),才能发挥作用。FdUMP 与 dUMP 的结构相似,是胸苷酸合酶的抑制剂,可阻断 dTMP 的合成,进而影响 DNA 的合成;FUTP 可以以 FUMP 的形式参入 RNA 分子中,从而破坏 RNA 的结构和功能。另外,某些改变核糖结构的核苷类似物,如阿糖胞苷能抑制 CDP 还原成 dCDP,从而影响 DNA 的合成,达到抗肿瘤的目的。

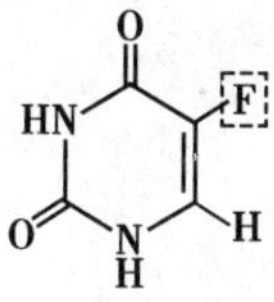

5-氟尿嘧啶 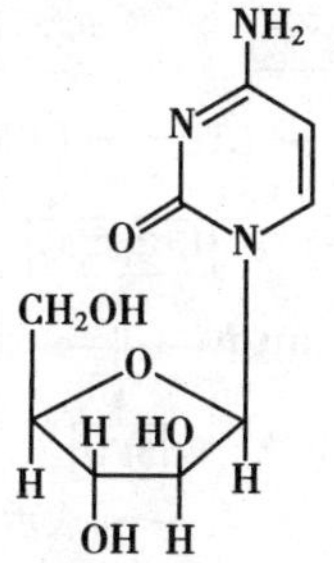　　阿糖胞苷 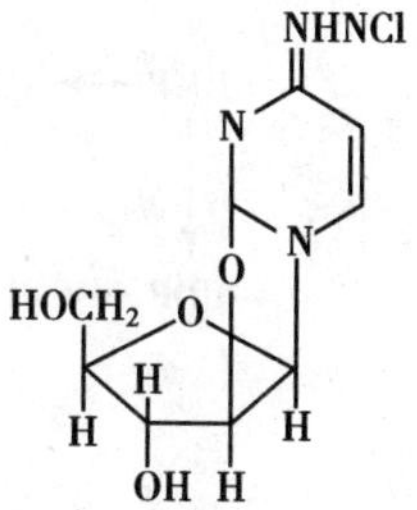　　环胞苷

氨基酸类似物有氮杂丝氨酸及6-重氮-5-氧正亮氨酸等,它们的结构与谷氨酰胺相似,可干扰谷氨酰胺在核苷酸合成中的作用,从而抑制核苷酸的合成。

叶酸类似物有氨蝶呤(aminopterin)和甲氨蝶呤(methotrexate,MTX),它们能竞争性抑制二氢叶酸还原酶,使叶酸不能还原成二氢叶酸和四氢叶酸,致使一碳单位代谢受阻,使嘌呤环上来自一碳单位的 C_8 和 C_2 均得不到供应,从而阻止嘌呤核苷酸的从头合成。甲氨蝶呤可干扰叶酸的代谢,使 dUMP 不能利用一碳单位甲基化成 dTMP,进而影响 DNA 的合成。MTX 在临床上常用于白血病的治疗。

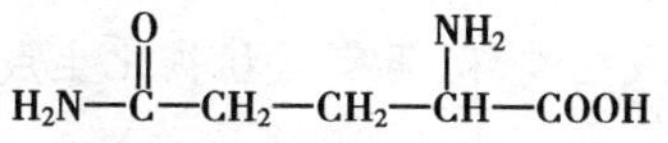

谷氨酰胺

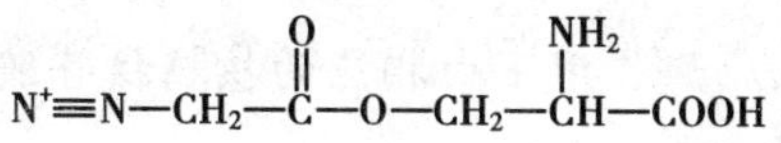

氮杂丝氨酸(重氮乙酰丝氨酸)

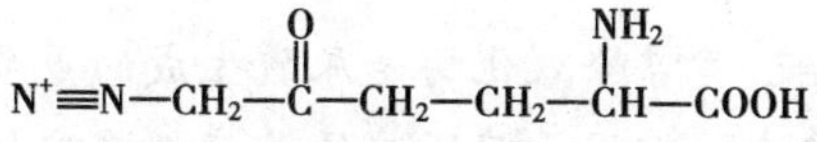

6-重氮-5-氧正亮氨酸

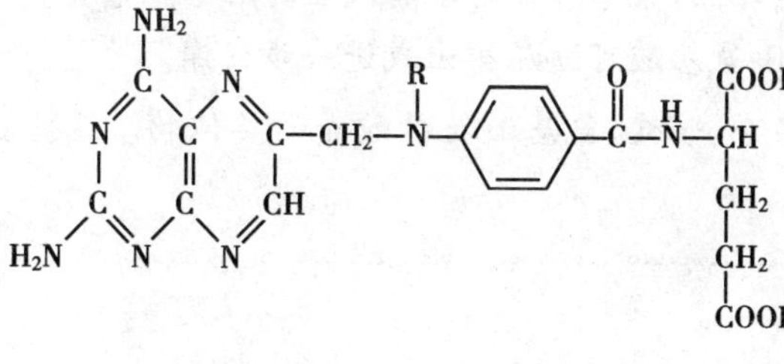

R＝H 氨蝶呤

R＝CH₃ 甲氨蝶呤

嘌呤核苷酸类似物的作用环节如下所示：

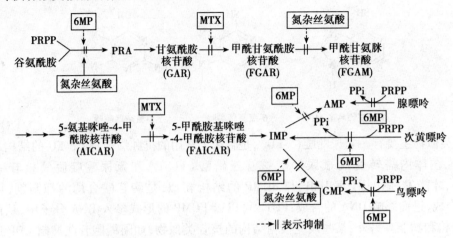

嘧啶核苷酸类似物的作用环节如下所示：

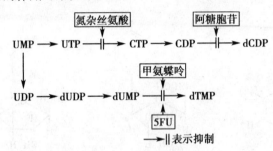

小 结

核苷酸具有多种功能,除了作为合成核酸分子的原料,还参与能量代谢、代谢调节等过程。人体所需的核苷酸主要由机体细胞自身合成。

体内嘌呤核苷酸的合成有从头合成和补救合成。从头合成是利用磷酸核糖、氨基酸、一碳单位及 CO_2 等简单物质为原料,在 PRPP 的基础上经过一系列酶促反应逐步形成嘌呤环。最先合成的是 IMP,然后再转变成 AMP 和 GMP。从头合成过程受精确的反馈调节。补救合成是在现有的嘌呤或嘌呤核苷的基础上进一步合成,合成量很少,但也有重要意义。

体内嘧啶核苷酸的从头合成是先合成嘧啶环,再磷酸核糖化生成核苷酸。嘧啶核苷酸的从头合成也受反馈调节。

体内脱氧核糖核苷酸是在核糖核苷酸还原酶作用下由相应的核糖核苷酸在核苷二磷酸的水平上直接还原而成的。

嘌呤核苷酸分解代谢的终产物是尿酸,黄嘌呤氧化酶是尿酸生成的重要酶。痛风症就是由于血中尿酸含量升高而引起的,别嘌呤醇常用于痛风症的治疗。嘧啶核苷酸的分解代谢产物是 NH_3、CO_2、β-氨基酸。β-氨基酸可随尿排出或进一步代谢。

核苷酸的抗代谢物是一些嘌呤、嘧啶、氨基酸及叶酸等的类似物。这些抗代谢物在抗肿瘤治疗中有重要作用。

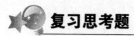 复习思考题

一、名词解释

1. 核苷酸的从头合成

2. 核苷酸的补救合成

二、问答题

1. 简述核苷酸的生物学作用。

2. 比较嘌呤核苷酸和嘧啶核苷酸从头合成途径的异同。

3. 核苷酸抗代谢物的抗肿瘤机制是什么？举例说明。

（何旭辉　文程）

第十章

物质代谢的联系与调节

学习目标

1. 掌握细胞水平的调节方式;变构调节与化学修饰调节的概念、特点。
2. 熟悉物质代谢的特点及物质代谢之间的相互联系。
3. 了解激素水平的调节;整体水平调节。

物质代谢是生命活动的物质基础。食物中的糖、脂及蛋白质经消化吸收进入体内,进行分解代谢,释出的能量用于合成 ATP 以满足生命活动的需要,生成的中间物可作为合成代谢的底物合成体内的结构成分。而构成机体组成成分的糖、脂类及蛋白质亦在不断地进行代谢更新。每种物质都有各自的代谢途径,同一物质或者不同物质的各条代谢途径之间相互联系形成体内复杂的代谢网络。机体通过复杂完整的代谢调节网络,使体内各种物质代谢能有条不紊地进行,确保机体能够适应各种内、外环境的变化,完成各种生理功能。

第一节 物质代谢的相互联系

一、物质代谢的特点

(一)物质代谢的整体性

体内的各种物质代谢不是彼此孤立的,而是彼此相互联系、相互转变、相互依存,构成统一的整体。例如食物含有的糖类、脂类、蛋白质、水、无机盐及维生素等从消化吸收到中间代谢(分解与合成)、排泄都是同时进行,并且各种物质代谢之间也相互联系、相互依存。物质氧化分解释出的能量保证了合成代谢时的能量需求,而酶蛋白的合成又为各种物质代谢提供了必备条件。

(二)物质代谢的可调节性

体内的各种物质总是通过不断的分解和合成而得到更新。机体根据生理状况的需要,通过酶、激素、神经系统调节各种物质的代谢速度和代谢方向,保证各种物质代谢适应内、外环境的变化,能有条不紊地进行。

（三）各组织、器官的物质代谢各具特色

由于各组织、器官的结构及其所含酶的种类与含量有差别，因而在物质代谢方面各具特色。如肝在糖、脂及蛋白质的代谢方面具有极其重要的作用，是人体内物质代谢的枢纽；脂肪组织的功能是储存和动员脂肪；脑组织及红细胞则主要以葡萄糖作为能源。

（四）各种代谢物均具有共同的代谢池

无论由体内组织细胞合成的，还是从体外摄入的同一代谢物，在代谢时均进入共同的代谢池中参与代谢。以血糖为例，无论是消化吸收的糖，还是肝糖原分解的葡萄糖，或是氨基酸等非糖物质经糖异生转化生成的葡萄糖，均可混为一体进入血糖代谢池，参与各种组织的代谢。

（五）ATP 是机体能量储存与利用的共同形式

在体内糖、脂及蛋白质分解释放的能量都储存在 ATP 分子的高能磷酸键中。人体生命活动如生长、发育、肌肉收缩及蛋白质的合成等均直接利用 ATP。

（六）NADPH 提供合成代谢所需的还原当量

NADPH 主要经磷酸戊糖途径生成。参与还原性生物合成的还原酶多以 NADPH 为辅酶，它可为脂肪酸、胆固醇及脱氧核糖核酸的合成提供还原当量。

二、物质代谢的相互联系

（一）在能量代谢上的相互联系

三大营养物质都可氧化分解释放能量，它们在体内分解代谢途径虽各不相同，但乙酰辅酶 A 是共同的中间代谢物，三羧酸循环和氧化磷酸化则是糖类、脂类及蛋白质在体内分解代谢的最终共同通路，释放的能量均以 ATP 的形式储存。一般情况下，供能以糖和脂肪为主，糖可提供总热量的 50% ~ 70%，脂肪为 10% ~ 40%。在糖和脂肪供应充足时，机体可节约对蛋白质的消耗。当糖供应不足时，机体可加强对脂肪的动员，脑组织也可利用酮体供能。总之，当任一种供能物质分解代谢占优势时，常能抑制和节约其他供能物质的降解。

（二）糖、脂、蛋白质及核苷酸代谢之间的相互联系

1. 糖代谢与脂类代谢的相互联系　糖在体内可转变成脂肪。葡萄糖氧化分解产生磷酸二羟丙酮及丙酮酸等中间产物。其中磷酸二羟丙酮还原成 α-磷酸甘油，而丙酮酸氧化脱羧产生乙酰辅酶 A，乙酰辅酶 A 和磷酸戊糖途径中生成的 NADPH 等为原料合成脂肪酸。α-磷酸甘油和脂肪酸用来进一步合成脂肪。此外，乙酰辅酶 A 也是胆固醇合成的原料。当机体摄入的糖量超过体内能量消耗时，除在肝和肌肉合成糖原储存外，进而合成脂肪酸和脂肪在脂肪组织中储存。然而脂肪绝大部分不能在体内转变成糖。这是因为脂肪分解产生脂肪酸和甘油，脂肪酸氧化产生的乙酰辅酶 A 在动物体内不能转变成糖，甘油可以沿糖异生途径转变成糖，但由于其量与脂肪中大量脂肪酸相比是极少的。脂肪分解代谢的强度及顺利进行，有赖于糖代谢的正常进行。当糖供给不足和糖代谢障碍时，脂肪动员增强，引起血中酮体升高，产生高酮血症。

2. 糖代谢与氨基酸代谢的相互联系　糖分解代谢的中间产物如丙酮酸、α-酮戊二酸、草酰乙酸等可通过转氨基或氨基化作用生成相应的非必需氨基酸。但体内 8 种必需氨基酸不能由糖代谢的中间产物转变生成，必须由食物供给。当机体缺乏糖时，组织蛋白分解就要增强。组成蛋白质的 20 种氨基酸除亮氨酸和赖氨酸这两种生酮氨基酸不能生糖之外，其他的氨基酸都可通过转氨基或脱氨基作用生成相应的 α-酮酸，再沿糖异生途径转变成糖。

3. 脂类代谢与氨基酸代谢的相互联系　脂类不能转变为氨基酸,仅脂肪中的甘油可循糖异生途径生成糖,再转变成非必需氨基酸。无论生糖、生酮或生糖兼生酮氨基酸分解生成的乙酰辅酶 A 可缩合成脂肪酸,进而合成脂肪。因此蛋白质可转变成脂肪。乙酰辅酶 A 也可合成胆固醇以满足机体的需要。氨基酸也可作为合成磷脂的原料。

4. 核酸与氨基酸代谢的相互联系　氨基酸是合成嘌呤和嘧啶核苷酸的原料,核苷酸再进一步合成核酸。如嘌呤的合成需天冬氨酸、谷氨酰胺、甘氨酸及一碳单位。嘧啶的合成需天冬氨酸、谷氨酰胺及一碳单位。核苷酸合成所需的磷酸核糖由磷酸戊糖途径提供。

糖、脂、氨基酸代谢途径间的相互联系见图 10-1。

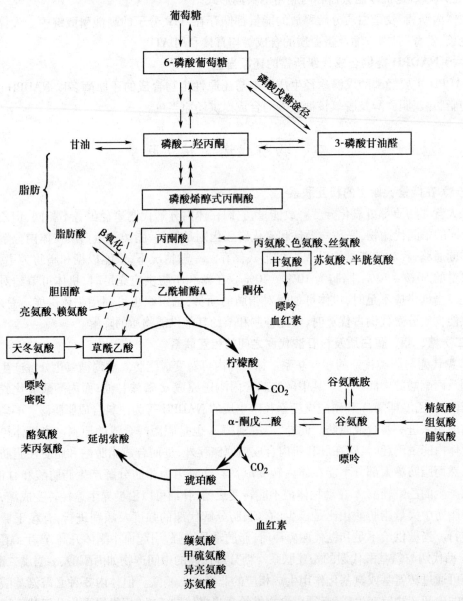

图 10-1　糖、脂、氨基酸代谢途径间的相互联系
□中为枢纽性中间代谢物

第二节 物质代谢的调节

代谢调节在生物界中普遍存在,是生物进化过程中逐步形成的一种适应能力,进化程度愈高的生物,其代谢调节方式愈复杂、精细。单细胞生物主要通过细胞内代谢物浓度的变化来影响酶的活性和含量来调节各代谢途径的速度,以维持细胞的代谢及生长、繁殖等活动的正常进行,这种调节称为细胞水平的调节。高等生物还发展了完整的内分泌系统和复杂的神经系统,通过激素和神经递质作用于靶细胞,使各组织的代谢互相协调。生物体内的代谢调节在三个不同水平上进行,即细胞水平调节、激素水平调节和整体水平调节。

一、细胞水平的调节

细胞水平的调节是生物体最原始和最基本的调节方式。细胞水平的调节主要包括酶的区域化分布、酶的活性和含量的调节。

(一)细胞内酶的区域化分布

细胞内不同的代谢途径各有其相对集中的定位分布,这是各代谢途径能够互不干扰地进行的基本前提,也是利于代谢调节的基础。代谢途径的定位分布是由于酶的定位分布造成的,而酶在细胞内的区域化分布是由细胞内各种膜系结构决定的。各种酶系在不同亚细胞结构中的区域化分布不仅可避免各种代谢途径酶促反应的相互干扰,而且能使调节因素较专一地作用于某一亚细胞区域的酶系中的关键酶,从而准确地调控特定的代谢过程。酶的区域化分布见表10-1。

表 10-1 真核细胞内某些酶系的区域化分布

酶系或酶	亚细胞区域	酶系或酶	亚细胞区域
糖酵解	胞质	脂肪酸 β-氧化	线粒体
磷酸戊糖途径	胞质	酮体合成	线粒体
糖原合成与分解	胞质	胆固醇合成	胞质及内质网
糖异生	胞质	磷脂合成	内质网
三羧酸循环	线粒体	尿素合成	线粒体及胞质
糖的有氧氧化	胞质及线粒体	DNA 和 RNA 合成	胞核
氧化磷酸化	线粒体	蛋白质合成	粗面内质网
脂肪酸合成	胞质	血红素合成	胞质及线粒体

代谢途径实质上是一系列酶催化的化学反应,其速度和方向不是由这条途径中全部酶的活性决定,而是某一个或几个具有调节作用的关键酶的活性所决定的。这些调节整条代谢途径的速度和方向的酶称为调节酶或关键酶(key enzymes)。关键酶所催化的反应具有以下特点:它催化该代谢途径中的关键步骤,其催化的反应速度最慢,故又称限速酶(rate-limiting enzyme)。关键酶又常是催化单向反应的酶,故其活性决定整个代谢途径的速度和方向,其活性

143

受多种因素的调控。表 10-2 列出一些重要代谢途径中的关键酶。

表 10-2 某些重要代谢途径的关键酶

代谢途径	关 键 酶
糖原合成	糖原合酶
糖原分解	磷酸化酶
糖酵解	己糖激酶、6-磷酸果糖激酶-1、丙酮酸激酶
三羧酸循环	柠檬酸合酶、异柠檬酸脱氢酶、α-酮戊二酸脱氢酶系
糖异生	丙酮酸羧化酶、磷酸烯醇式丙酮酸羧激酶、果糖双磷酸酶-1、葡萄糖-6-磷酸酶
脂肪动员	甘油三酯脂肪酶
脂肪酸合成	乙酰 CoA 羧化酶
胆固醇合成	HMG-CoA 还原酶
酮体合成	HMG-CoA 合酶

代谢调节是通过对关键酶的活性或含量的调节而实现的。改变酶的结构使酶的活性发生变化从而调节酶促反应速度,这类调节在数秒或数分钟内即可发生作用,属于快速调节,包括变构调节和化学修饰调节。通过调节酶蛋白的合成或降解以改变细胞内酶的含量,一般需数小时或几天才能实现,属于迟缓调节,包括酶蛋白的合成和降解。

（二）变构调节

1. 变构调节的概念 小分子物质与某些酶分子活性中心以外的某一部位特异地结合,引起酶蛋白分子构象变化,从而改变酶的活性。这种调节称酶的变构调节(allosteric regulation)。能使酶发生变构效应的物质称为变构剂,其中能引起酶活性增高的称为变构激活剂;引起酶活性降低的则称为变构抑制剂。具有变构调节作用的酶称为变构酶,各代谢途径中的关键酶多属于变构酶。现将某些代谢途径中的变构酶及其变构效应剂列于表 10-3。

表 10-3 一些代谢途径中的变构酶及其效应剂

代谢途径	变构酶	变构激活剂	变构抑制剂
糖酵解	己糖激酶		G-6-P
	磷酸果糖激酶-1	AMP、ADP、FBP	ATP、柠檬酸
	丙酮酸激酶	FBP	ATP、乙酰 CoA
三羧酸循环	柠檬酸合酶	AMP	ATP、长链脂酰 CoA
	异柠檬酸脱氢酶	AMP、ADP	ATP
糖异生	丙酮酸羧化酶	乙酰 CoA、ATP	AMP
	果糖双磷酸酶-1	ATP	AMP、F-6-P
糖原合成	糖原合酶	G-6-P	
糖原分解	磷酸化酶	AMP、G-1-P、Pi	ATP、G-6-P
脂肪酸合成	乙酰 CoA 羧化酶	柠檬酸、异柠檬酸	长链脂酰 CoA

2. 变构调节的机制　变构酶常常是由两个以上亚基组成的聚合体。在变构酶分子中有的亚基能与底物结合起催化作用,称为催化亚基;有的亚基能与变构剂结合而起调节作用,称为调节亚基;有的变构效应剂与底物都结合在同一个亚基上,只是结合部位不同。与变构效应剂结合的部位称调节部位,而与底物结合的部位称催化部位。变构效应剂可以是酶的底物、产物或其他小分子化合物。它们通过自身浓度的变化灵敏地反映代谢途径的强度和能量的供求情况,并使酶的构象发生变化以影响酶的活性,从而调节代谢的强度和反应的方向以及能量的产生与消耗的平衡。变构效应剂引起酶分子构象的改变,有的表现为亚基聚合或解聚;有的是由原聚体变为多聚体,进而引起酶活性改变。

3. 变构调节的生理意义　变构调节是体内快速调节酶活性的一种重要方式。在一个代谢反应体系中,其终产物常可使该途径中催化起始反应的酶受到反馈抑制,其机制多是变构抑制。例如长链脂酰辅酶 A 反馈抑制乙酰辅酶 A 羧化酶,从而抑制脂肪酸的合成。这样防止产物堆积和可能对机体的损害。变构调节还可使能量得以有效利用避免浪费。饱食后,G-6-P 变构抑制糖原磷酸化酶以阻断糖的氧化使 ATP 不致产生过多,同时 G-6-P 又激活糖原合酶,使多余的磷酸葡萄糖合成糖原,使能量得以有效储存。变构调节还可使不同代谢途径相互协调。例如当糖氧化增加而柠檬酸含量增加时,柠檬酸既可变构抑制磷酸果糖激酶减少糖的氧化,又可变构激活乙酰辅酶 A 羧化酶促进多余的乙酰辅酶 A 合成脂肪酸。

（三）化学修饰调节

1. 化学修饰的概念　酶蛋白肽链上的某些氨基酸残基在其他酶的催化下发生可逆的共价修饰,从而引起酶活性变化的一种调节称为酶的化学修饰(chemical modification)又称共价修饰。酶的化学修饰包括磷酸化与脱磷酸化、乙酰化与脱乙酰化、甲基化与脱甲基化、腺苷化与脱腺苷化及-SH 与-S-S-互变等,其中,磷酸化与脱磷酸在代谢调节中最为多见(表 10-4)。

表 10-4　酶促化学修饰对酶活性的调节

酶	化学修饰类型	酶活性改变	酶	化学修饰类型	酶活性改变
糖原合酶	磷酸化/脱磷酸	抑制/激活	果糖双磷酸酶	磷酸化/脱磷酸	激活/抑制
糖原磷酸化酶	磷酸化/脱磷酸	激活/抑制	HMG-CoA 还原酶	磷酸化/脱磷酸	抑制/激活
磷酸化酶 b 激酶	磷酸化/脱磷酸	激活/抑制	乙酰 CoA 羧化酶	磷酸化/脱磷酸	抑制/激活
磷酸果糖激酶	磷酸化/脱磷酸	抑制/激活	甘油三酯脂肪酶	磷酸化/脱磷酸	激活/抑制
丙酮酸脱氢酶	磷酸化/脱磷酸	抑制/激活			

酶的化学修饰是体内快速调节的另一种重要方式。酶蛋白磷酸化的部位是在酶蛋白分子的丝氨酸、苏氨酸或酪氨酸残基的羟基上,磷酸化反应是在蛋白激酶(protein kinase)的催化下,由 ATP 提供磷酸基,而脱磷酸反应则是由磷酸酶催化的水解反应(图 10-2)。

2. 酶促化学修饰的特点　①绝大多数受化学修饰调节的酶都具有无活性(或低活性)和有活性(或高活性)两种形式且在不同酶的催化下可以互变,催化互变反应的酶受激素等因素的调节;②化学修饰是酶促反应,故有放大效应;③由于磷酸化是最常见的酶促化学修饰反应,而每个亚基发生磷酸化通常只消耗 1 分子 ATP,这比合成酶蛋白所消耗的 ATP 要少得多,再加上放大效应,因此是体内非常经济有效的调节方式。

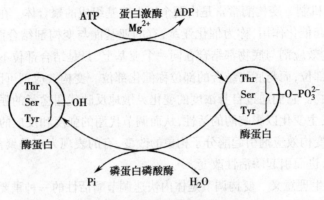

图 10-2 酶的磷酸化与脱磷酸

变构调节和化学修饰调节是酶活性调节的两种不同方式,均属于快速调节,有的酶可同时受这两种方式的双重调节,两者相辅相成,对于调节代谢的顺利进行和内环境的稳定具有重要意义。

(四)酶含量的调节

除了通过改变酶分子结构以调节细胞内的酶活性外,机体还可通过改变细胞内酶的合成或降解速度以控制细胞内酶的含量,从而影响代谢的速度和强度。这种调节是迟缓而长效的调节,其调节效应通常要数小时甚至数日才能实现。酶蛋白合成的调节包括诱导和阻遏两个方面。某些底物、产物、激素或药物可影响一些酶的合成。一般将能诱导酶蛋白合成的化合物称为诱导剂,能减少酶合成的化合物称为酶的阻遏剂。例如,底物、很多药物和毒物可促进肝细胞微粒体中加单氧酶或其他一些药物代谢酶的诱导合成,从而加速药物失活,具有解毒作用。当然,这也是引起耐药性的原因。细胞内酶含量还受酶蛋白降解速度的影响。溶酶体中的蛋白水解酶可非特异降解酶蛋白,蛋白酶体能特异水解泛素化的待降解酶蛋白。

二、激素水平的调节

通过激素来调控物质代谢是高等动物体内代谢调节的重要方式。不同的激素作用于不同组织产生不同的生物效应。激素能对特异的组织或细胞(即靶组织或靶细胞)发挥作用,是由于该组织或细胞上有能特异识别和结合相应激素的受体(receptor)。当激素与靶细胞受体结合后,能将激素的信号跨膜传递入细胞内,转化为细胞内的一系列化学反应,最终表现为激素的生物学效应。按激素受体在细胞的部位不同,可将激素分为两大类:

1. 膜受体激素 膜受体是一类存在于细胞表面质膜上的跨膜糖蛋白。膜受体激素包括胰岛素、促性腺激素、生长激素、促甲状腺激素、甲状旁腺素等蛋白质类激素,生长因子等肽类激素,此外还包括肾上腺素等儿茶酚胺类激素。这类激素一般都是亲水的,难以跨过脂质双层结构的细胞膜。这类激素作为第一信使与相应的靶细胞膜受体结合,通过跨膜传递将所携带的信息传递到细胞内。然后通过细胞内第二信使将信号逐级放大,产生显著的代谢效应。各跨膜信号传递见第十三章细胞信号转导。

2. 胞内受体激素 包括类固醇激素、前列腺素、甲状腺素及视黄酸等疏水性激素,这类激素可通过细胞膜脂质双层结构进入细胞,与相应的胞内受体结合。细胞内受体大多位于细胞核内,也有的位于胞质中,胞质中的受体与激素结合后再进入核内与其特异性受体结合成复合物,该复合物形成二聚体与 DNA 的特定序列即激素反应元件(hormone response element)结合,促进或抑制相关基因的转录,影响细胞内蛋白或酶的合成,从而对物质代谢进行调节。

三、整体水平的调节

人类生活的环境是不断变化的,机体可在神经系统的主导下,通过神经、体液途径直接调控细胞水平和激素水平的调节,使各个组织、器官中物质代谢相互协调、相互联系,又相互制约,以适应环境的变化,维持内环境的相对恒定。现以饥饿及应激为例说明物质代谢的整体调节。

(一)饥饿

在病理状态(如昏迷等)或特殊情况下不能进食时,若不能及时治疗和补充食物,则机体物质代谢在整体调节下将发生一系列的变化。

1. 短期饥饿　禁食 1~3 天,肝糖原接近耗竭,血糖浓度趋于降低,这引起胰岛素分泌减少和胰高血糖素分泌增加,产生下列代谢改变。

(1) 肌肉蛋白质的分解增强:肌肉蛋白质分解释放大量的氨基酸转变为丙氨酸和谷氨酰胺,通过血循环进入肝作为糖异生原料。饥饿第 3 天,肌肉释放的丙氨酸占输出总氨基酸的 30%~40%。

(2) 糖异生作用增强:饥饿 2 天后,肝糖异生速度约为每天 150g 葡萄糖,其中 10% 来自甘油,30% 来自乳酸,40% 来自氨基酸;肝是饥饿初期糖异生的主要场所(约 80%),另有 20% 的糖异生在肾皮质中进行。

(3) 脂肪动员加强,酮体生成增多:脂肪动员产生的脂肪酸约 25% 在肝合成酮体,此时,脂肪酸和酮体成为心肌、骨骼肌和肾的重要能源,一部分酮体可被脑利用。由于心肌、骨骼肌和肾皮质氧化脂肪酸和酮体增加,因而减轻了这些组织对糖的利用,保障脑的葡萄糖供应。

总之,饥饿时能量来源主要是储存的蛋白质和脂肪,脂肪占能量来源的 85% 以上。短期饥饿时及时补充葡萄糖不仅可减少酮体的生成,降低酮症酸中毒的发生,而且可防止蛋白质的消耗。每输入 100g 葡萄糖可节省蛋白质 50g,这对不能进食的消耗性疾病患者尤其重要。

2. 长期饥饿　饥饿一周以上为长期饥饿,长期饥饿时的代谢改变是:

(1) 脂肪动员进一步加强,肝内大量酮体产生,脑组织利用酮体增加,超过葡萄糖的利用。肌肉则以脂肪酸为主要能源,以保证酮体优先供应给脑组织。

(2) 肾脏糖异生明显增强,几乎和肝脏相等。肝糖异生的原料主要是乳酸和丙酮酸。

(3) 肌肉蛋白质分解下降,释出氨基酸减少,负氮平衡有所改善。

(二)应激

应激(stress)是机体受到创伤、剧痛、出血、烧伤、冷冻、中毒、急性感染、情绪紧张等强烈刺激时所作出的适应反应。是以交感神经兴奋和肾上腺髓质、皮质激素分泌增多为主要表现的一系列神经和内分泌变化。肾上腺素、胰高血糖素和生长激素的分泌增加,胰岛素分泌减少,引起一系列代谢改变。

1. 血糖水平升高　应激时,由于肾上腺素和胰高血糖素分泌增加,激活磷酸化酶促进肝糖原分解而抑制糖原合成,同时肾上腺皮质激素和胰高血糖素使糖异生作用增强,加上肾上腺皮质激素和生长激素使周围组织对糖的利用降低,均可致血糖升高。这对于保证脑的能量供应具有重要意义。

2. 脂肪动员加强 应激时,由于肾上腺素和胰高血糖素分泌增多,激活甘油三酯脂肪酶使脂肪动员增强,血中游离脂肪酸升高,成为心肌、骨骼肌及肾等组织能量的主要来源。

3. 蛋白质分解增强 应激时,蛋白质代谢的主要表现是分解增强,丙氨酸等氨基酸释出增加,尿素合成和排泄增加,出现负氮平衡。

从上述代谢变化可知,应激时糖、脂肪和蛋白质代谢特点是分解代谢增强,合成代谢减弱,血中分解代谢的产物葡萄糖、氨基酸、游离脂肪酸、甘油、乳酸、酮体和尿素等含量增加,使代谢适应环境的变化,维持机体代谢平衡。

小 结

体内各种物质代谢是相互联系、相互制约的。体内物质代谢的特点是:①整体性;②可调节性;③各组织器官各具代谢特点;④代谢物具有共同的代谢池;⑤ATP是体内能量储存和利用的共同形式;⑥NADPH提供合成代谢所需的还原当量。

糖、脂肪和蛋白质是人体内的主要供能物质。它们的分解代谢有共同的代谢通路——三羧酸循环。三羧酸循环是联系糖、脂肪和氨基酸代谢的纽带,通过一些枢纽性中间产物,可以相互联系及沟通。糖、脂和蛋白质等作为能源物质在能量供应上可相互代替并相互制约。三大营养物质及核苷酸代谢之间也相互关联,但不能完全互相转变。

物质代谢调节分为三级水平,即细胞水平调节、激素水平调节和整体水平调节。细胞水平的调节是生物最基本的调节方式,主要是通过调节关键酶的结构或含量以影响酶活性。酶结构的调节是通过其结构改变来调节酶的活性,因此可快速适应机体的需要,包括变构调节和化学修饰调节。酶含量的调节是通过调节酶的合成与降解来改变其含量,从而影响酶的活性,调节缓慢但持续时间长,属于迟缓调节。在激素水平的调节中,激素与靶细胞受体特异地结合,受体对信号进行转换并启动靶细胞内信息系统,使靶细胞产生生物学效应。激素分为膜受体激素和细胞内受体激素。前者具有亲水性,不能透过细胞膜,需结合膜受体才能将信号跨膜传递入细胞内。后者为疏水性激素,可透过细胞膜与胞内受体(大多在核内)结合,形成二聚体与DNA上特定激素反应元件结合来调控特定基因的表达。整体水平的调节是机体通过内分泌腺间接调节代谢和直接影响组织器官的代谢,以适应环境的变化,维持内环境的相对稳定。饥饿和应激状态下物质代谢的改变是整体调节的结果。

 复习思考题

一、名词解释

1. 变构调节
2. 酶的化学修饰调节
3. 限速酶

二、问答题

1. 简述体内物质代谢的特点。

2. 简述糖、脂、蛋白质及核苷酸代谢之间相互转变的特点。

3. 调节细胞内的酶活性共有哪些方式？

4. 比较酶的变构调节和化学修饰调节的异同？

（徐跃飞）

第十一章

基因信息的传递及其调控

学习目标

1. 掌握复制、转录和翻译的概念、特点及基本过程;反转录的概念及基本过程;基因表达的概念及调控特点。
2. 熟悉 DNA 损伤与修复;大肠杆菌乳糖操纵子调控模式;真核生物转录水平调控的顺式作用元件和反式作用因子。
3. 了解 RNA 复制;蛋白质生物合成与医学的关系。

　　自然界中生物体最基本的特点是能将自身的性状和特性延续给后代,这种现象称为遗传。DNA 是遗传的物质基础,遗传信息就储存在 DNA 分子的碱基序列中。基因(gene)是 DNA 分子中编码 RNA 或多肽链的功能区段。1926 年,摩尔根创立了著名的基因学说,提出:①基因是携带遗传信息的基本单位;②又是控制特定性状的功能单位;③也是突变和交换的单位。在子代的个体发育过程中,遗传信息从 DNA 流向 RNA,再通过 RNA 流向蛋白质,以执行各种生命功能。1958 年,Francis Crick 将遗传信息传递的基本规律归纳为中心法则(central dogma)。1970 年,H. M. Temin 和 D. Baltimore 分别发现了反转录酶,为此对中心法则做了有益的补充。RNA 病毒的 RNA 分子也含有遗传信息,通过 RNA 复制酶催化 RNA 复制。遗传信息传递的中心法则概述在图 11-1。

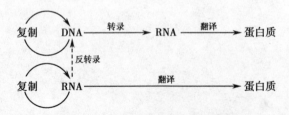

图 11-1　遗传信息传递的中心法则

　　本章以中心法则为基本线索,依次讨论 DNA 复制(replication)、转录(transcription)和翻译(translation),以及反转录(reverse transcription)和 RNA 复制过程。随着内外环境的变化,生物体内的基因表达过程受到精细调控,因此阐述基因表达调控的机制也是本章的重要内容。

第一节 DNA 的生物合成

DNA 复制是以亲代 DNA 为模板合成子代 DNA 的过程。在复制过程中必须准确拷贝亲代 DNA 的核苷酸序列,以确保遗传信息的完整性和正确性。无论是原核生物还是真核生物,DNA 的复制都是在一系列酶的催化下进行的十分复杂的过程。

一、DNA 复制的基本特征

(一)复制的固定起始点

实验证明,DNA 复制总是从序列特异的复制起始点(origin)开始。大肠杆菌(*E. Coli*)、酵母以及病毒 SV40 的 DNA 复制起始点序列有很大的不同,但它们有着共同的特征:①有多个短的重复序列,这些序列是多种参与复制起始的蛋白质的结合部位;②复制起始点有 AT 丰富的序列,使 DNA 双链易于解链。例如,大肠杆菌有 1 个复制起始点,起始点含 3 个串联重复序列和 4 个反向重复序列(图 11-2)。真核生物有多个复制起始点,起始点是一段 $100 \sim 200bp$ 的 DNA,含有保守序列 A(T)TTTATA(G)TTTA(T)。

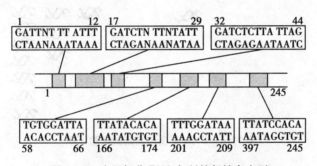

图 11-2 大肠杆菌 DNA 复制的起始点序列

(二)复制的双向性

DNA 复制从起始点开始同时向两个方向延伸,此为双向复制(bidirectional replication)。当双链 DNA 从复制起始点 AT 丰富的序列解链,并且完成复制起始后,形成一个小的泡状结构,称为复制泡。在复制起始部位的两侧形成向两个相反方向推进的叉形结构,称为复制叉(replication fork)。复制叉是 DNA 双链解开,两条子链沿各自的模板单链延伸所形成的 Y 字形结构(图 11-3)。从一个 DNA 复制起始点开始的 DNA 复制区域称为复制子。大肠杆菌有一个复制起始点,故只有一个复制子。真核生物有多个复制起始点,因此有多个复制子。人的基因组可能有 $10^4 \sim 10^5$ 个复制子。

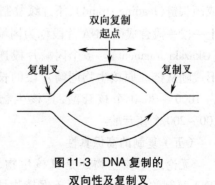

图 11-3 DNA 复制的双向性及复制叉

(三)复制的半保留性

通过 DNA 复制产生的子代 DNA 分子中,一条链来自于亲代,另一条链是新合成的,DNA 的这种复制方式叫做 DNA 的半保留复制(semi-conservative replication)。1953 年,James Watson 和 Francis Crick 提出了 DNA 双螺旋结构模型,根据这个模型他们进一步推测 DNA 的复制是半保留复制。1957 年,Matthew Meselson 和 Franklin Stahl 用实验证明了 DNA 的半保留复制。他们将大肠杆菌放在含有$^{15}NH_4Cl$ 的培养液中培养 14 代,再转移到$^{14}NH_4Cl$ 的培养液中培养。由于^{15}N-DNA 的密度较^{14}N-DNA 大一些,提取 DNA 后,采用氯化铯(CsCl)密度梯度离心分析。结果第一代出现一条 DNA 区带,其密度介于^{15}N-DNA 和^{14}N-DNA 之间,既没有出现单纯的^{15}N-DNA 区带,也没有出现单纯的^{14}N-DNA 区带,说明复制过程中子代 DNA 分子的两条链是新旧各半(图 11-4)。

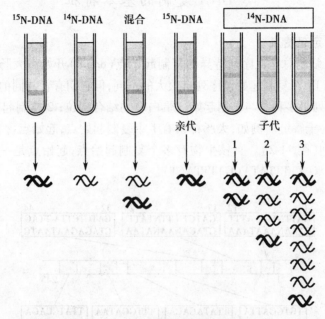

图 11-4　DNA 半保留复制的实验证明

(四)复制的半不连续性

DNA 聚合酶只能催化 DNA 新链沿 $5' \rightarrow 3'$ 方向合成,以保持子代 DNA 双螺旋的两条链反向平行。所以,对于每个复制叉而言,DNA 复制时一条 DNA 新链合成的方向总是与复制叉前进的方向相同而连续复制,另一条 DNA 新链合成的方向总是与复制叉前进的方向相反而不连续复制。DNA 的这种复制方式称为半不连续复制(图 11-5)。连续复制的那条链称为前导链或领头链(leading strand),不连续复制的那条链称为滞后链或随从链(lagging strand)。随从链上一段一段合成的 DNA 片段称为冈崎片段(Okazaki fragment)。多个冈崎片段连接后形成随从链。原核生物冈崎片段的长度约为 1000～2000 个核苷酸,真核生物约为 100～200 个核苷酸。

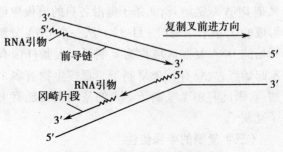

(五)复制的高保真性

无论是原核生物还是真核生物,确保 DNA 复制的高度准确性对于保持物种遗传

图 11-5　DNA 的半不连续复制

的稳定性具有十分重要的意义。保证 DNA 复制的高度保真性至少有 3 种机制:①严格遵守碱基配对原则;②DNA 聚合酶对底物(dNTP)的选择功能;③DNA 聚合酶的即时校读功能,即偶尔出现碱基错配时可通过 DNA 聚合酶 3′→5′外切核酸酶的活性切除错配的核苷酸,重新掺入正确的核苷酸。

二、DNA 复制的酶学

(一) DNA 聚合酶

DNA 聚合酶(DNA polymerase,DNA-pol)又称为 DNA 依赖的 DNA 聚合酶。DNA-pol 以 4 种 dNTP 为底物,以亲代 DNA 为模板,在 RNA 引物的 3′-OH 上不断催化底物间形成 3′,5′-磷酸二酯键,使 DNA 新链不断从 5′→3′方向延伸(图 11-6)。聚合反应需二价阳离子(Mg^{2+} , Zn^{2+})参与。

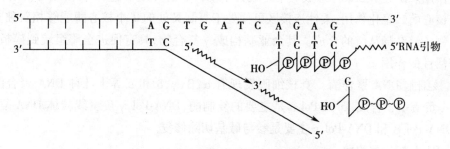

图 11-6　DNA 聚合酶催化 dNTP 的聚合

1. 原核生物 DNA 聚合酶　现已发现大肠杆菌有 5 种 DNA 聚合酶。DNA-pol Ⅰ 的主要功能是切除 RNA 引物并填补缺口以及参与 DNA 损伤修复,DNA-pol Ⅲ 是主要的复制酶,DNA-pol Ⅱ、Ⅳ 和 Ⅴ 是参与 DNA 损伤修复的聚合。

DNA-pol Ⅰ、Ⅱ 和 Ⅲ 都具有 5′→3′聚合酶活性及 3′→5′外切核酸酶活性。DNA-pol Ⅰ 还具有 5′→3′外切核酸酶活性,而 DNA-pol Ⅱ 和 Ⅲ 则没有。

(1) DNA-pol Ⅰ:由一条肽链构成,相对分子质量为 109kD。DNA-pol Ⅰ 的二级结构主要是 α-螺旋,含有 A~R 共 18 个 α-螺旋(图 11-7)。用特异的蛋白酶处理 DNA-pol Ⅰ,可在螺旋 F 和 G 之间切开产生大小两个片段。A~F 螺旋区的小片段共有 323 个氨基酸残基,此片段具有 5′→3′外切核酸酶活性。大片段又称 Klenow 片段,包括 G~R 螺旋区及 C 末端,共有 604 个氨基酸残基,此片段具有 5′→3′聚合酶活性及 3′→5′外切核酸酶活性。Klenow 片段是基因工程中常用的工具酶之一。

(2) DNA-pol Ⅲ:该酶的相对分子质量为 250kD,是由 10 种亚基组成的不对称的异源二聚体(图 11-8)。核心酶由 α、ε 和 θ 三个亚基构成,其中 α 亚基具有 5′→3′聚合酶活性,ε 亚基具有 3′→5′外切核酸酶活性(即时校读功能)和对底物的选择功能,θ 亚

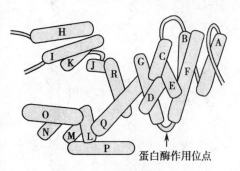

图 11-7　大肠杆菌 DNA
聚合酶 Ⅰ 结构示意图

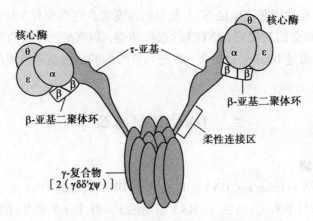

图 11-8 大肠杆菌 DNA 聚合酶Ⅲ全酶结构示意图

基起组装作用。β 亚基二聚体形成一个环或夹子使核心酶夹住单链 DNA 模板并滑动。τ 亚基具有促使核心酶二聚化作用,柔性连接区可使处于复制叉处的 2 个核心酶能够相对独立运动,分别负责领头链和随从链的合成。其余亚基构成 γ 复合物,具有促进全酶组装到模板上及增强核心酶活性的作用。

2. 真核细胞 DNA 聚合酶 真核细胞发现有 α、β、γ、δ 和 ε 等十几种 DNA 聚合酶,其中 DNA-Pol α 负责引物合成,DNA-Pol δ 是主要的复制酶,DNA-Pol γ 负责线粒体 DNA 复制和损伤修复,DNA-Pol β 和 DNA-Pol ε 主要是参与碱基切除修复。

（二）DNA 拓扑异构酶

DNA 复制过程中,染色体 DNA 的超螺旋结构须松弛。拓扑异构酶(topoisomerase,Topo)具有内切核酸酶及 DNA 连接酶的性质,能消除超螺旋和解连环。拓扑异构酶切割 DNA 双链或双链中的一股链,并适时连接封闭切口,使 DNA 超螺旋结构得到松弛,理顺 DNA 链,以利于 DNA 复制。拓扑异构酶分为Ⅰ型(Topo Ⅰ)和Ⅱ型(Topo Ⅱ)。Topo Ⅰ能切割 DNA 单链,不需要 ATP;Topo Ⅱ能切割 DNA 双链,需要 ATP 提供能量(图 11-9)。

（三）解螺旋酶

DNA 复制时,局部双链须解开形成两条单链。解螺旋酶(helicase)能利用 ATP 水解产生的能量将 DNA 双链间的氢键断裂,产生两条单链。大肠杆菌的解螺旋酶又称为 DnaB 蛋白。

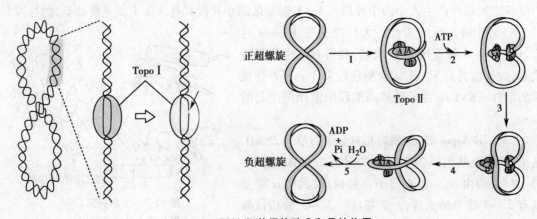

图 11-9 DNA 拓扑异构酶Ⅰ和Ⅱ的作用

（四）单链 DNA 结合蛋白

单链 DNA 结合蛋白（single stranded DNA binding protein，SSB）对单链 DNA 具有高度亲和力，能特异地与解开的单链 DNA 结合，使它们不能再重新缔合成双链，而且能保护单链 DNA 不被核酸酶降解。大肠杆菌的 SSB 是同源四聚体，可以和单链 DNA 上相邻的 32 个核苷酸结合。一个 SSB 四聚体结合于单链 DNA 上可以促进其他 SSB 四聚体与相邻的单链 DNA 结合，这个过程称为协同结合。当 DNA 聚合酶向前推进时，SSB 就与 DNA 单链脱离，使复制得以进行。脱落的 SSB 可重新再利用。

（五）引物酶

DNA 聚合酶不能催化游离的 dNTP 之间形成 3′,5′-磷酸二酯键，它需要一小段 RNA 引物为其提供自由的 3′-OH 末端，这样它才能使底物逐个聚合而延长 DNA 新链。引物酶（primase）负责催化 RNA 引物的生成。该酶的底物是 NTP，合成的 RNA 引物长度约为 10 个核苷酸。大肠杆菌的引物酶又称为 DnaG 蛋白。真核生物引物酶是 DNA 聚合酶 α 的一个亚单位。

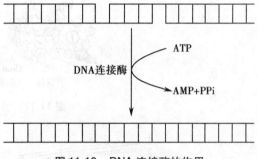

图 11-10　DNA 连接酶的作用

（六）DNA 连接酶

DNA 连接酶（DNA ligase）通过催化两个 DNA 片段之间形成 3′,5′-磷酸二酯键而将它们连接起来，形成更长的 DNA 片段（图 11-10）。这一反应需 ATP 提供能量。

三、DNA 的复制过程

DNA 的复制过程分为复制的起始、DNA 新链的延伸和复制的终止三个阶段。

（一）原核生物的 DNA 复制过程

1. 复制的起始　起始是复制中较复杂的环节，包括复制起始点的辨认、解链、形成引发体及引物的合成。

大肠杆菌 DNA 上有一个固定的复制起始点，位于 82 等分点处，称做 oriC。oriC 的跨度为 245bp，由 3 个 13bp 的串联正向重复序列和 4 个 9bp 的反向重复序列组成。复制起始时，①DnaA蛋白是同四聚体，它首先辨认并结合在 oriC 的反向重复序列上，约有 20～40 个 DnaA 蛋白结合在此位点；②HU 蛋白与 DNA 结合，促使双链 DNA 弯曲，DnaA 蛋白作用于 3 个正向重复序列并解链，形成开放复合物；③在 DnaC 蛋白的协同下，DnaB 蛋白（解螺旋酶）与 DNA 结合，逐步置换出 DnaA 蛋白并扩大解链范围，形成 2 个复制叉；④约 60 个单链 DNA 结合蛋白（SSB）与解开的 DNA 单链结合；⑤DnaG 蛋白（引物酶）进入形成引发体（即 DnaG、DnaB 和 DnaC 及 DNA 复制起始区域组成的复合体）（图 11-11）；⑥引发体的蛋白组分在 DNA 链上移动，在适当位置，引物酶催化合成 RNA 引物。拓扑异构酶可松弛超螺旋，解链过程势必发生打结现象，拓扑异构酶可以在将要打结或已打结处做切口，把结打开，然后旋转复位连接。

2. DNA 新链的延伸　DNA-pol Ⅲ催化 dNTP 在引物的 3′-OH 上不断聚合，DNA 新链也就不断延长，延长方向是 5′→3′（图 11-12）。DNA-pol Ⅰ不断切除引物和填补空隙，DNA 连接酶

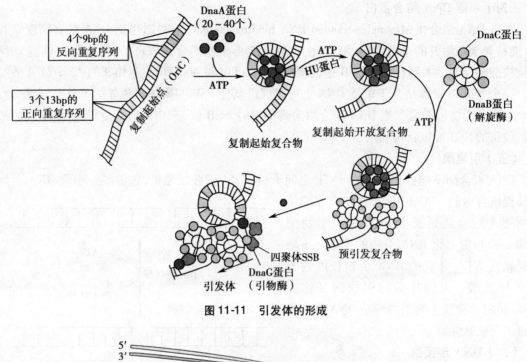

图 11-11　引发体的形成

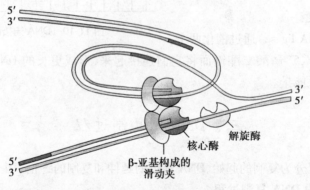

图 11-12　DNA 新链的延伸

也不断地进行 DNA 片段的连接。

3. 复制的终止　大肠杆菌 DNA 有一个复制的终止点,位于 32 等分位点。当两个复制叉到达终止点时,DNA-pol Ⅰ切除随从链最后冈崎片段上的 RNA 引物,并聚合底物填补留下的空隙,再由 DNA 连接酶将缺口连接起来,形成 2 个套在一起的子代环状 DNA 的双连环,拓扑异构酶Ⅱ将它们解开,产生 2 个独立的子代环状 DNA。Tus 蛋白参与复制的终止。

(二)真核生物的 DNA 复制过程

真核生物 DNA 的复制过程与原核生物基本相同,但较原核生物更加复杂。

1. 复制的起始　真核生物染色体 DNA 复制的起始也是解旋解链、产生复制叉、形成引发体、合成 RNA 引物等。真核 DNA 也是采取双向复制,但有多个复制起始点。复制起始时,起始识别复合物(ORC)组装在保守序列上,还需另一种称为小染色体维系蛋白(MCM)复合物的参与。ORC/MCM 复合体催化双链 DNA 模板解链形成小的复制泡,复制蛋白 A(一种单链 DNA 结合蛋白)结合到 DNA 单链上,随之解旋酶也组装到复制泡上。DNA 聚合酶 α 上具有引物酶活性的一个亚基催化 RNA 引物合成,具有聚合酶活性的最大亚基在 RNA 引物 3'-OH 端聚合 15～30 个脱氧核苷酸。

2. 复制的延长和终止 当 DNA 聚合酶 α 产生的 RNA-DNA 长度达约 40 个核苷酸后,它便不具备持续合成的能力,此时复制因子 C(RFC)结合到引物-模板结合处,DNA 聚合酶 α 与模板 DNA 脱离。RFC 负责把增殖细胞核抗原(PCNA)滑动夹子组装到 DNA 上,然后 DNA 聚合酶 δ 结合到 PCNA 上,DNA 聚合酶 δ-PCNA 复合物沿模板 DNA 滑动,催化冈崎片段延伸,当延伸到已产生的冈崎片段 5′端时,DNA 聚合酶 δ-PCNA 复合物从 DNA 上释放下来。前导链引物合成后由 DNA 聚合酶 δ 连续延伸。

一定长度的 DNA 片段形成后,核酸酶 H 和内切核酸酶共同参与切除 RNA 引物,DNA 连接酶也不断连接 DNA 片段,形成大的 DNA 片段。

3. 端粒 DNA 的合成 真核染色体 DNA 是线性分子,复制中的新链 DNA 片段的连接都易于理解。但两条 DNA 新链最后 5′末端的 RNA 引物被切除后留下的空隙如何填补? 这成为 DNA 的 5′末端复制问题(图 11-13)。

20 世纪 80 年代中期人们发现了端粒酶(telomerase),解决了上述引物切除后留下的空隙填补问题。端粒酶由蛋白质和 RNA 组成,具有反转录酶的活性。端粒酶借助于其 RNA 与亲代链 3′末端单链 DNA 碱基互补,采取"爬行"的方式,以其 RNA 为模板,催化亲代链 3′末端延伸。一种方式是当亲代

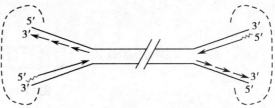

图 11-13 DNA 的 5′末端复制问题

DNA 链 3′末端延伸足够长时,引物酶催化引物合成,DNA 聚合酶利用此 RNA 引物催化延伸 DNA 链,DNA 连接酶再连接封闭缺口、最后去除引物;另一种方式是延伸足够长的亲代 DNA 链作 180°回折,3′-OH 作为 DNA 聚合酶的引物,再经延伸连接,最后在新产生的 DNA 链的 5′端切去 12～16 核苷酸,形成完整的 DNA 末端结构。

四、反 转 录

反转录是指以 RNA 为模板,通过反转录酶催化合成 DNA 的过程。这一过程与遗传信息流从 DNA→RNA 的转录方向相反,故称为反转录,是 DNA 生物合成的一种特殊方式。

(一)反转录酶

反转录酶,又称依赖 RNA 的 DNA 聚合酶(RNA dependent DNA polymerase,RDDP)。1970 年 Temin 在 Rous 肉瘤病毒中发现了反转录酶,以后发现在所有 RNA 肿瘤病毒中都含有反转录酶。反转录酶是多功能酶,具有三种酶的活性:①RNA 依赖性 DNA 聚合酶活性,以 RNA 为模板合成 DNA 单链;②核糖核酸酶 H 活性,水解 RNA 模板;③DNA 依赖性 DNA 聚合酶活性,以合成的 DNA 单链为模板合成另一条 DNA 链。以 RNA 为模板生成的双链 DNA 称为互补 DNA(complementary DNA,cDNA)。因反转录酶缺乏校读功能,故合成的错误率相对较高,这可能是 RNA 肿瘤病毒较易变异的一个原因。

(二)反转录过程

在反转录酶作用下,以病毒 RNA 为模板,利用宿主细胞中 4 种 dNTP 为原料,以宿主 tRNA 为引物(一些鸟类反转录病毒以宿主 tRNA^{Trp} 为引物,鼠类反转录病毒以宿主 tRNA^{Pro} 为引物),

在引物的 3′-OH 端以 5′→3′方向合成与 RNA 互补的一条 DNA 链,形成 RNA-DNA 杂交分子,随后杂交分子中的 RNA 被反转录酶降解,然后以此 DNA 单链为模板合成与之互补的另一条 DNA 链,形成双链 DNA 分子(图 11-14)。

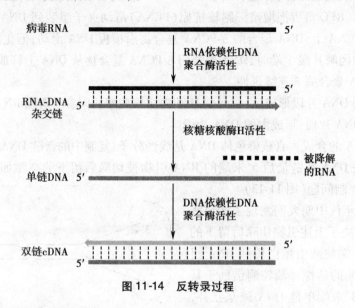

图 11-14　反转录过程

(三)反转录的生物学意义

反转录酶和反转录现象的发现对遗传中心法则进行了修正和补充。反转录酶存在于所有致癌的 RNA 病毒中,并在致癌病毒的研究中发现了癌基因,为研究肿瘤发病机制提供了重要线索。反转录酶也存在于正常细胞,如蛙卵、正在分裂的淋巴细胞、胚胎细胞等,推测这类酶在细胞分化和胚胎发生过程中可能起某种作用。

五、DNA 的损伤与修复

(一)DNA 损伤

DNA 作为遗传物质保持其完整性极其重要。自然界的许多因素都能引起 DNA 分子的改变,称为 DNA 损伤,又称突变(mutation)。这些损伤因素包括紫外线、电离辐射、烷化剂、碱基类似物、化学修饰剂、诱变剂、致癌病毒等。例如,具有扁平分子结构的嵌入剂(如溴化乙锭和吖啶)可以造成 DNA 片段减少或增加,博来霉素和自由基可使磷酸二酯键断裂,丝裂霉素可使两条 DNA 链发生交联。

根据 DNA 分子的变化,突变常可分为几种类型:

1. 点突变　DNA 分子中的一个碱基被其他碱基所取代称为点突变(point mutation)。

2. 缺失突变　DNA 分子中发生一个核苷酸或一段核苷酸链缺失(deletion)。

3. 插入突变　DNA 分子中发生一个或一段核苷酸插入(insertion)。

4. 片段重排　DNA 片段的重复、断裂后重排。

5. 短串联重复序列突变　又称三联体扩增,是指 DNA 三核苷酸重复的拷贝数增加。

基因突变在生物界普遍存在,它既可以自发发生,也可以因环境因素诱发发生。从生物进化的角度来看,基因突变使物种得以改变,生物界变得多姿多彩。从医学角度讲,基因突变导致衰老和疾病的发生,甚至死亡,这样的突变是有害突变。一切致病基因都因突变而产生。

β地中海贫血

β地中海贫血是指由于基因点突变,少数为基因缺失,导致Hbβ链的合成受部分抑制(β⁺地贫)或完全抑制(β⁰地贫)的一组血红蛋白病。轻型表现为轻度贫血或无任何症状,发育正常;中间型表现为轻度至中度贫血,患者大多可存活至成年;重型于出生数日即可发病,出现贫血、肝脾大进行性加重,黄疸,并有发育不良等症状。

β地中海贫血基因突变较多,迄今已发现的突变点达100多种,国内已发现28种。其中常见的突变有6种:①β41~42(-TCTT),约占45%;②IVS-Ⅱ654(C→T),约占24%;③β17(A→T),约占14%;④TATA盒-28(A→T),约占9%;⑤β71~72(+A),约占2%;⑥β26(G→A),约占2%。

(二)DNA损伤的修复

DNA损伤导致复制、转录障碍,甚或导致疾病,因此细胞必须有一个机制来识别和修复这些损伤。一定条件下,生物体能使损伤的DNA分子恢复正常的过程称为DNA修复(DNA repairing)。DNA修复是生物在长期进化过程中获得的一种保护功能。

DNA修复有光修复、切除修复、重组修复和SOS修复等多种方式。

1. 光修复 波长260nm的紫外线可以引起DNA链上相邻的两个嘧啶通过共价连接生成嘧啶二聚体,从而影响DNA的复制。光修复可修复此种损伤。在 *E. coli* 中,300~600nm的可见光能激活细胞内的光裂合酶,使嘧啶二聚体间的共价键断裂而修复(图11-15)。光裂合酶普遍存在于各种生物,人类细胞也有发现。

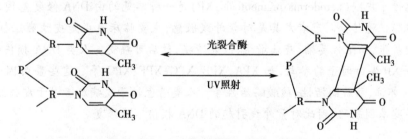

图11-15 紫外线造成的嘧啶二聚体与光修复

2. 切除修复 切除修复(excision repairing)可以修复几乎所有类型的DNA损伤,包括修复单个变化的碱基及无碱基位点和一段核苷酸的损伤。是细胞修复DNA损伤的主要方式。

(1)单个碱基切除修复:糖苷酶(又称糖苷水解酶)切开戊糖与损伤碱基间的β-N-糖苷键,去除损伤的碱基,然后由无碱基内切核酸酶切断磷酸二酯键,产生的缺口由DNA聚合酶催化聚合上一个正确的核苷酸,最后由DNA连接酶完成连接。

(2)核苷酸片段切除修复:*E. coli* 的核苷酸切除修复时,2分子UvrA和1分子UvrB结合

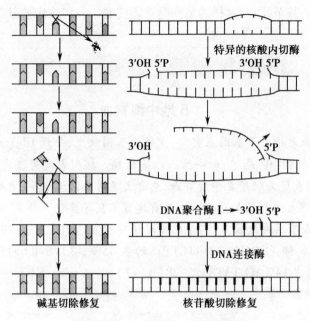

图 11-16 DNA 损伤的切除修复

于 DNA 上，UvrA 识别损伤部位，UvrB 使 DNA 解链并募集核酸内切酶 UvrC。UvrC 在损伤片段的两侧切开酯键，再由 UvrD 协助去除损伤片段。DNA 聚合酶 I 以另一条完整的 DNA 链为模版，催化填补切除部分的空隙，再由 DNA 连接酶封口（图 11-16）。

着色性干皮病

着色性干皮病(xeroderma pigmentosis, XP)是一种罕见的由 DNA 修复基因缺陷所致的常染色体隐性遗传病。患者尤其是对紫外线敏感，主要临床表现是皮肤雀斑样色素沉着，毛细血管扩张，局限性萎缩，疣状增生，浅表溃疡，最后可癌变。人类 DNA 损伤的切除修复需要多种 XP 蛋白因子的参与，如 XPA、XPB、XPC、XPF、XPG 等。这些蛋白因子具有识别 DNA 损伤部位、解旋酶活性、核酸酶活性等。人类着色性干皮病患者由于皮肤细胞编码 XP 蛋白的某些基因缺陷，因此对紫外线引起的 DNA 损伤不能修复。

3. 重组修复 当 DNA 分子的损伤面积较大，还来不及修复就进行复制时，损伤部位因没有模板指引，复制出来的子代 DNA 链中与损伤部位相对应的部位出现空隙，此时可利用重组过程进行修复，称重组修复(recombination repairing)。其机制是 RecA 蛋白（具有链交换功能和内切酶活性）结合在子链的空缺处，引发对侧正常模板链与子链重组，将子链修复成完整的子链。对侧正常模板链上留下的空缺由 DNA 聚合酶 I 合成 DNA 片段填补，最后由连接酶连接，使模板链重新成为一条完整的 DNA 链（图 11-17）。

4. 跨损伤 DNA 合成 当 DNA 链在复制过程中遇到损伤而使复制停顿下来，机体启动跨

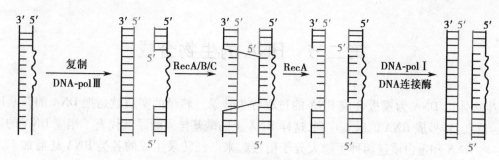

图 11-17　DNA 损伤的重组修复

损伤合成系统绕过损伤继续进行 DNA 复制(图 11-18)。这种修复方式称作跨损伤合成。参与跨损伤修复的 DNA 聚合酶的保真性不高,准确性下降而使得核苷酸的错误掺入率增加,但这种后果要比复制阻断小得多。

5. SOS 修复　SOS 修复也称紧急呼救修复,它是在 DNA 分子受到严重损伤,细胞处于危险状态,正常修复机制均已被抑制时进行的急救措施。SOS 反应是由 RecA 蛋白和 LexA 阻遏物蛋白相互作用引起的,其机制是:在 ATP 存在时,RecA 被损伤的 DNA 激活而表现出蛋白水解酶活性,水解 LexA 阻遏物蛋白,使与修复有关的基因开放,表达产物即可对损伤的 DNA 进行修复(图 11-19)。SOS 修复只能维持 DNA 完整性以使细胞得以生存,但突变率很高。

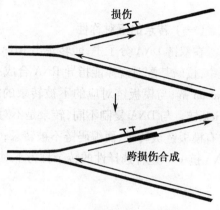

图 11-18　跨损伤 DNA 合成

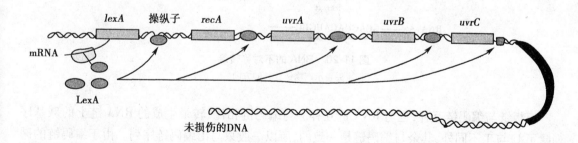

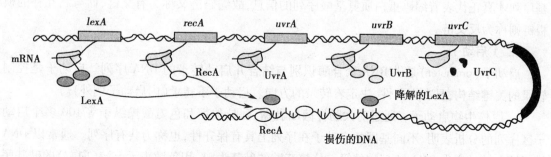

图 11-19　SOS 修复

第二节　RNA 的生物合成

生物体以 DNA 为模板合成 RNA 的过程称为转录。转录的实质就是把 DNA 的碱基序列（遗传信息）转抄成 RNA 的碱基序列，这样 RNA 上的碱基排列顺序就代表了相应 DNA 的遗传信息，将 DNA 和蛋白质这两种生物大分子衔接起来。经转录生成的各类 RNA 还需加工才能成为具有生物学功能的 RNA 分子。

一、转录的模板

（一）转录的不对称性

在双链 DNA 分子中，能转录出 RNA 的 DNA 区段称为结构基因（structural gene）。转录过程中，按碱基配对规律能指导 RNA 合成的那股 DNA 单链称为模板链（template strand），也称作 Watson 链；与模板链对应的不被转录的那股 DNA 单链则称为编码链（coding strand），也称作 Crick 链。与 DNA 复制不同，转录是不对称的，它有两方面的含义：①在一个 DNA 转录区段中，只有模板链被转录，而编码链不被转录；②在不同的 DNA 转录区段中，模板链并非总在同一股 DNA 链上。这种选择性的转录称为不对称转录（asymmetric transcription）（图 11-20）。

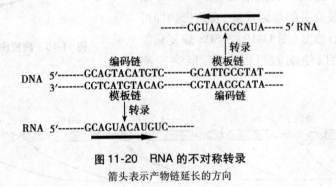

图 11-20　RNA 的不对称转录
箭头表示产物链延长的方向

模板链与编码链互补，也与 RNA 链互补。与编码链相比，转录生成的 RNA 链上的碱基序列除了 U 与 T 不同外，其余与编码链是一致的，所以一般只写出编码链序列。由于编码链的碱基序列才真正代表着编码蛋白质氨基酸序列的信息，故编码链又称为有义链，而与之互补的模板链则称为反义链。

（二）启动子

启动子（promoter）是供 RNA 聚合酶识别与结合并启动转录的 DNA 序列。启动子是控制转录的关键结构，具有方向性，决定着转录的方向。启动子不转录（内启动子例外）。

1. 原核生物启动子　通过对大肠杆菌的乳糖、阿拉伯糖和色氨酸操纵子等 100 多个启动子区序列的分析表明，不同基因的启动子在序列上具有保守性，也称为共有序列。通常以 DNA 模板链上转录产生 RNA 链 5′端的第一位核苷酸的碱基为+1，用负数表示上游（向左）的碱基序数。1975 年，Pribnow 首先发现 -10 区的共有序列为 $T_{80} A_{95} T_{45} A_{60} A_{50} T_{96}$，称为 TATA 盒或

Pribnow盒。TATA盒序列易于解链,有利于转录。-35区的共有序列为$T_{82}T_{84}G_{78}A_{65}C_{54}A_{45}$,主要供σ亚基识别。一个基因启动子的序列与共有序列一致程度越高,启动转录的能力越强。

2. 真核生物启动子　根据真核生物RNA聚合酶的类别,启动子分为I、II和III类启动子。RNA聚合酶II识别的启动子属于II类启动子,通常位于转录起始点上游,本身并不被转录,它包括启动子和启动子上游元件等近端调控序列。真核生物启动子的TATA盒位于-30区域,又称为Hogness盒,通常认为这是启动子的核心序列,是转录因子IID和RNA聚合酶II结合的区域,控制转录起始的精确性与频率。在靠近TATA盒的上游有一个转录因子IIB识别元件。启动子上游元件多在$-40 \sim -110$处,比较常见的是CAAT盒和GC盒。在起始点周围($-3 \sim +5$)通常还有一个起始元件。有的基因缺少TATA盒,此时起始元件可代替其作用。一个典型的启动子由TATA盒、CAAT盒和GC盒组成(图11-21),通常有一个转录起始点和高的转录活性。

```
          -110            -75           -30          +1
——————GTGGGCGGGGCAAT——GGCTCAATCT——TATAAAA———┐
——————CACCCGCCCCGTTA——CCGAGTTAGA——ATATTTT———│
          GC盒            CAAT盒         TATA盒
```

图11-21　真核生物典型启动子的序列

二、RNA聚合酶

RNA聚合酶(RNA polymerase,RNA-pol)是依赖DNA的RNA聚合酶(DNA dependent RNA polymerase,DDRP)。

1. 原核生物RNA聚合酶　原核生物细胞中只有一种RNA聚合酶,兼有合成各种RNA的功能。大肠杆菌(E. coli)RNA聚合酶是由α、β、β'、σ和ω亚基组成。$\alpha_2\beta\beta'\omega\sigma$称为全酶,$\alpha_2\beta\beta'\omega$称为核心酶。α亚基与核心酶亚基的正确聚合有关,能与启动子结合,控制转录的速率;β亚基具有催化作用;β'亚基有解链功能;σ能辨认起始位点,促进全酶与启动子结合;ω亚基的功能目前仍不清楚。

2. 真核生物RNA聚合酶　目前已发现真核生物中有5种RNA聚合酶,分别负责不同基因的转录,产生不同的转录产物(表11-1)。

表11-1　真核生物RNA聚合酶的种类与转录产物

种类	细胞内定位	转录产物	种类	细胞内定位	转录产物
RNA-pol I	核仁	45S rRNA	RNA-pol IV	核质	siRNA
RNA-pol II	核质	hnRNA、某些snRNA	RNA-pol mt	线粒体	线粒体RNAs
RNA-pol III	核质	5S rRNA、tRNA、snRNA			

三、转录过程

RNA的转录过程可分为起始、RNA链的延长及终止三个阶段。

（一）原核生物的转录过程

原核生物 RNA 聚合酶能直接与模板 DNA 结合。活细胞转录的起始需全酶，使得转录在特异的起始位点上进行。转录启动后，σ 亚基（又称 σ 因子）便与核心酶相脱离。转录延长阶段仅需核心酶来催化。终止过程包括依赖 ρ 因子的转录终止和非依赖 ρ 因子的转录终止两种机制。

1. **转录的起始** 转录的起始是指 RNA 聚合酶的 σ 因子辨认 DNA 的启动子部位，并带动 RNA 聚合酶的全酶与启动子结合，形成转录复合物，并形成第一个 3',5'-磷酸二酯键的过程（图 11-22）。

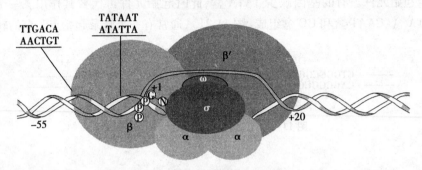

图 11-22　原核生物转录的起始

RNA-pol 全酶的 σ 因子识别-35 区序列，并使核心酶与启动子结合。RNA 聚合酶解旋解链，使双链 DNA 的局部解开约 17bp±1bp 长的 DNA 单链，形成转录泡（transcription bubble），暴露出 DNA 模板链。RNA 聚合酶直接催化与模板链碱基配对的相邻核苷酸形成磷酸二酯键，形成 RNA-pol 全酶-DNA-pppGpN-OH-3'复合物，称为转录起始复合物。RNA 链的第 1 个核苷酸通常为嘌呤核苷酸（最常见为鸟嘌呤核苷酸），并仍保留其 5'端的 3 个磷酸基。转录一旦启动，σ 因子便从复合物上脱落，核心酶进一步合成 RNA 链。σ 因子可以反复使用，它可与新的核心酶结合成 RNA 聚合酶的全酶，起始另一次转录过程。

2. **RNA 链的延长** 核心酶沿模板 DNA 链向下游方向滑动，每滑动一个核苷酸的距离，则有一个 NTP 按 DNA 模板链的碱基互补关系进入模板，形成又一个磷酸二酯键，如此不断延长下去。RNA 链的合成是从 5'→3'端进行。延伸过程中，产物 RNA 链与模板 DNA 链形成长约 8~9bp 的杂交双链。DNA 链在核心酶经过后，即恢复双螺旋结构，新生成的 RNA 单链伸出 DNA 双链之外（图 11-23）。

3. **转录的终止** 当核心酶（$\alpha_2\beta\beta'\omega$）滑行到终止部位时，就在 DNA 模板上停顿下来不再前行，转录生成的 RNA 产物链从转录复合物上脱落下来，这就是转录终止。依据是否需要蛋白质因子的参与，原核生物转录终止分为依赖 ρ 因子与非依赖 ρ 因子两大类。

（1）依赖 ρ 因子的转录终止：ρ 因子是由 6 个相同亚基（相对分子质量为 46kD）组成的六聚体蛋白，并具有解螺旋酶和 ATP 酶活性。ρ 因子终止转录的机制是它能与转录产物 RNA 结合，使得 ρ 因子和核心酶都发生构象变化，从而使核心酶停顿。ρ 因子的解螺旋酶活性使 RNA/DNA 杂交双链相分离，利用 ATP 释能使产物 RNA 从转录复合物中释放出来（图 11-24）。

（2）非依赖 ρ 因子的转录终止：在非依赖 ρ 因子的转录终止时，转录终止区的序列有两个重要特征，即 DNA 模板上靠近终止区有富含 GC 的反向重复序列（AAGCGCCG），以及其后出

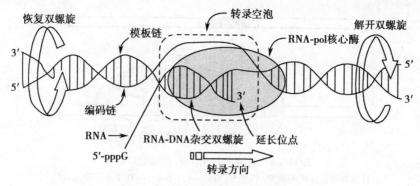

图 11-23 原核生物 RNA 链的延长

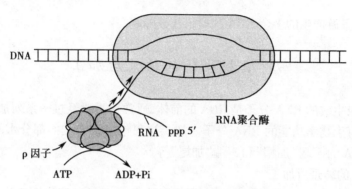

图 11-24 ρ 因子终止转录的作用原理

现的 6~8 个连续的 A。转录生成的 RNA 形成茎-环或称发夹形式的二级结构。位于核心酶覆盖区域内的 RNA 的茎-环结构与酶的相互作用,可导致核心酶构象的变化,阻止转录继续向下游推进。同时,在 RNA 链的茎-环结构之后出现多个连续的 U,由于在所有的碱基配对中,以 rU/dA 的配对最不稳定,因此 RNA 链上一串寡聚 U 也是使 RNA 链从模板上脱落的促进因素,有利于 RNA 链从 DNA 上脱落。

(二)真核生物的转录过程

真核生物的转录与原核生物有许多相似之处,但真核生物的转录过程要比原核生物复杂得多,尤其是转录的起始阶段更复杂。

1. 转录的起始 与原核生物 RNA 聚合酶不同,真核生物 RNA 聚合酶不能直接与启动子区结合。在转录起始阶段,需依靠众多转录因子(transcriptional factor,TF)直接或间接地结合到 DNA 模板上,并与 RNA 聚合酶相互作用形成转录复合体,转录才能启动(图 11-25)。

2. RNA 链的延长 真核生物的转录延长过程与原核生物大致相似。RNA 聚合酶沿着 DNA 模板链的 3'→5'方向移动,并按照模板 DNA 链上的碱基序列催化 RNA 链的延长,RNA 链延伸的方向也是 5'→3'端。

3. 转录终止 真核生物的转录终止与转录产物的加工密切相关。例如,真核生物 RNA 聚合酶 II 转录产生 hnRNA 的过程中,直至出现多聚腺苷酸信号为止。这个信号序列常为 AATAAA 及其下游的富含 GT 的序列,这些序列称为转录终止的修饰点序列。转录越过修饰点序列后,在 hnRNA 的 3'端产生 AAUAAA-------GUGUGUG 剪切信号序列。内切核酸酶识别此信号序列并进行剪切,剪切点位于 AAUAAA 下游 10~30 个核苷酸处,距 GU 序列约 20~40 个核

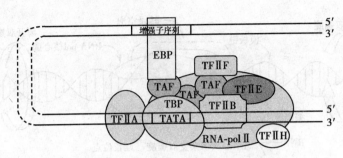

图 11-25 真核生物 mRNA 合成的启动
TF Ⅱ各成员作用的顺序:TF Ⅱ D(TBP)→TF Ⅱ A/J→TF Ⅱ B→RNA-pol
Ⅱ-TF Ⅱ F→TF Ⅱ E→TF Ⅱ H

苷酸,修饰点序列下游产生的多余 RNA 片段很快被降解。

四、真核生物的转录后加工

真核生物转录生成的 RNA 分子是 RNA 的前体,通常还需要经过一系列加工和修饰过程,才能最终成为具有生物学功能的 RNA 分子。加工过程包括核苷酸的部分水解、剪接反应、核苷酸的修饰、mRNA 的 5′端"加帽"和 3′端"加尾"等。

(一)mRNA 的转录后加工

mRNA 由 hnRNA 加工而成。加工过程包括 5′-端和 3′-端的首尾修饰及剪接等。

1. 5′端加帽 mRNA 的 5′-端帽子结构是在 hnRNA 转录后加工过程中形成的。转录产物第 1 个核苷酸常是 5′-三磷酸鸟苷(5′-pppG),在细胞核内的磷酸酶作用下水解释放出无机焦磷酸。然后,5′-端与另一 GTP 反应生成三磷酸双鸟苷,在甲基化酶作用下,第 1 或第 2 个鸟嘌呤碱基发生甲基化反应,形成帽子结构(5′-m⁷GpppGp,或 5′-GpppmG)。该结构的功能可能是在翻译过程中起识别作用,并能稳定 mRNA,延长 mRNA 的半衰期。

2. 3′-端加多聚腺苷酸尾 mRNA 分子的 3′-末端的多聚腺苷酸尾(poly A tail)也是在加工过程中加进的。在细胞核内,首先由特异核酸外切酶切去 3′-端多余的核苷酸,再由多聚腺苷酸聚合酶催化,以 ATP 为底物,进行聚合反应形成多聚腺苷酸尾。poly A 长度为 20 ~ 200 个核苷酸,其长短与 mRNA 的寿命有关,随寿命延长而缩短。poly A 尾与维持 mRNA 稳定性、保持翻译模板活性有关。

3. 剪接 hnRNA 在加工成为成熟 mRNA 的过程中,约有 50% ~ 70% 的核苷酸链片段被剪切。真核细胞的基因通常是一种断裂基因,即由几个编码区被非编码区序列相间隔并连续镶嵌组成。在结构基因中,具有表达活性的编码序列称为外显子(exon);无表达活性、不能编码相应氨基酸的序列称为内含子(intron)。在转录过程中,外显子和内含子均被转录到 hnRNA 中。hnRNA 的剪接过程是切掉内含子部分,然后将各个外显子部分再拼接起来(图 11-26)。hnRNA 的剪接是在细胞核中的剪接体上进行的。剪接体是由小核核蛋白(snRNP)和 hnRNA 组成的超大分子的复合体。剪接机制是两次转酯反应。

4. RNA 编辑 有些蛋白质产物的氨基酸序列并不完全与基因的编码序列相对应。研究发现,某些 mRNA 前体的核苷酸序列经过编辑过程发生了改变。所谓 RNA 编辑是指基因转录产生的 mRNA 分子中,由于核苷酸的缺失,插入或替换,使 mRNA 的序列与基因编码序列不完

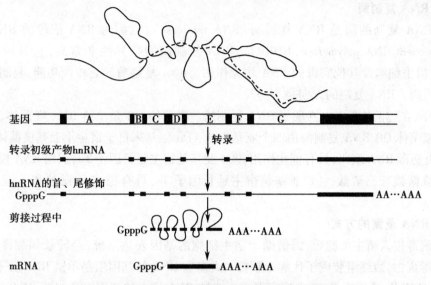

基因　　　　　　　A　　B C D　E　F　　G

转录初级产物hnRNA

hnRNA的首、尾修饰
GpppG　　　　　　　　　　　　　　　　　　　AA…AAA

剪接过程中
　　　　　GpppG　　　　　　AAA…AAA

mRNA　　　GpppG　　　　AAA…AAA

图 11-26　卵清蛋白断裂基因及其 hnRNA 的剪接

全对应,导致一个基因可以产生多种氨基酸序列不同、功能不同的蛋白质分子。例如,人肝细胞中载脂蛋白 B_{100} mRNA 的第 2153 位密码子(CAA)编码谷氨酰胺,但在小肠黏膜细胞中却转变成终止密码子(UAA),这是由于在胞苷脱氨酶的作用下将 C 改变为 U 的缘故,因此该基因在小肠黏膜细胞表达载脂蛋白 B_{48}。

5. 选择性剪接　自一个 mRNA 前体中选择不同的剪接位点和拼接方式,可产生由不同外显子组合而成的 mRNA 剪接异构体,并翻译得到功能类似或各异的蛋白质,这种剪接方式叫做选择性剪接,也叫可变性剪接。选择性剪接是真核细胞中一种重要的基因功能调控机制,也被认为是哺乳动物表型多样性的一个重要原因,可能在物种的进化和分化中起到重要作用。选择性剪接在人类基因组中广泛存在,不仅调控着细胞、组织的发育和分化,还与许多人类疾病密切相关。

（二）tRNA 的转录后加工

tRNA 的转录后加工包括:①切除 tRNA 前体的 5'-端的前导序列;②切除反密码环部分的插入序列(相当于 hnRNA 的内含子)并连接余下部分;③切除 3'-端的两个核苷酸,并添加-CCA-OH 结构;④碱基的甲基化修饰产生甲基嘌呤;还原反应使尿嘧啶转变成二氢尿嘧啶(DHU);脱氨基反应使腺嘌呤转变为次黄嘌呤(I);碱基转位反应产生假尿苷(ψ)等稀有碱基。

（三）rRNA 的转录后加工

细胞内首先生成的是 45S rRNA 前体,然后通过核酸酶作用,断裂成 28S、5.8S 及 18S 的 rRNA。rRNA 成熟过程还包括以甲基化为主的碱基修饰。

五、RNA 复制

有些病毒进入宿主细胞后通过 RNA 复制而传代。除反转录病毒外,其他 RNA 病毒和 RNA 噬菌体在宿主细胞内是以病毒的单链 RNA 为模板合成其子代 RNA,这种 RNA 依赖的 RNA 合成称为 RNA 复制(RNA replication)。

（一）RNA 复制酶

催化 RNA 复制的酶是 RNA 复制酶（RNA replicase），也称为 RNA 依赖的 RNA 聚合酶（RNA-dependent RNA polymerase，RDRP）。RNA 复制酶的特异性非常高，它只识别自身的 RNA，而对宿主细胞及其他病毒的 RNA 均无作用。RNA 复制酶缺乏校读功能，复制时核苷酸错误掺入率高。RNA 复制的方向是 $5'→3'$。

1963 年，在噬菌体 Qβ 中发现了 RNA 复制酶。噬菌体 Qβ 是单链 RNA 噬菌体，宿主是大肠杆菌。噬菌体 Qβ RNA 复制酶由四个亚基组成：①α 亚基来自于宿主小亚基核糖体蛋白 S1；②β 亚基由病毒 RNA 编码，具有催化作用；③γ 亚基是宿主延长因子 Tu，识别 RNA 模板并选择结合底物核糖核苷三磷酸；④δ 亚基是宿主延长因子 Ts，具有稳定 α 亚基和 γ 亚基结构的作用。

（二）RNA 复制的方式

RNA 病毒侵入宿主细胞后，需借助于宿主细胞的基因表达系统，经转录和翻译产生病毒 RNA 和病毒蛋白，最终组装成子代病毒颗粒。大多数 RNA 的基因组是单链 RNA 分子（脊髓灰质炎病毒、鼻病毒、流感病毒、狂犬病病毒等），少数 RNA 病毒的基因组是双链 RNA 分子（呼肠孤病毒和疱疹性口炎病毒等）。有些病毒的 RNA 链具有 mRNA 的功能，在宿主细胞内，能直接作为翻译的模板，称为正链 RNA，记做（+）链；而有些病毒的 RNA 链不能作为翻译的模板，此即为负链 RNA，记做（-）链。由于 RNA 病毒的种类很多，因此它们的复制方式是多种多样的，包括：①单链正链 RNA 的复制；②单链负链 RNA 的复制；③双链 RNA 的复制。

第三节　蛋白质的生物合成

以 mRNA 为模板合成蛋白质的过程称为翻译。严格地说，是以 mRNA 为模板指导多肽链的合成过程。虽然遗传信息储存在 DNA 分子中，但 DNA 并不直接指导蛋白质的合成，需靠转录生成的 mRNA 分子中的碱基序列来指导多肽链中的氨基酸序列，这样就将 mRNA 中的"碱基语言"转换为多肽链中的"氨基酸语言"。肽链合成后还需加工修饰才能成为具有生物功能的蛋白质。此外，许多蛋白质合成后还需要定向输送到最终发挥功能的场所。

一、蛋白质生物合成体系

蛋白质生物合成的体系复杂，除氨基酸原料外，还包括蛋白质合成的模板 mRNA、运载氨基酸的工具 tRNA、多肽链合成的场所核糖体、酶及各种蛋白因子，供能物质 ATP 和 GTP 以及 K^+、Mg^{2+} 等。

（一）mRNA 是蛋白质合成的模板

原核生物是以操纵子（operon）为一个基本转录单位，常由数个结构基因串联而成，转录出来的 mRNA 可编码几种功能相关的蛋白质，称为多顺反子 mRNA，转录后一般不需特别加工。而在真核生物中，每种 mRNA 只含有一种肽链的编码信息，指导一条多肽链的合成，称为单顺反子 mRNA，且转录后需要加工、成熟才能成为翻译模板。

虽然不同 mRNA 分子的大小及碱基序列不同，但都有 5'-非翻译区（5'-UTR）、开放阅读框

（ORF）区和 3′-非翻译区（3′-UTR）。在 mRNA 的开放阅读框区，从 5′→3′方向计数，每 3 个相邻的核苷酸组成一个三联密码即遗传密码（genetic codon）或称为密码子（codon），它们代表着某种氨基酸或其他信息。mRNA 中三联体遗传密码的排列顺序，决定了多肽链一级结构中氨基酸的排列顺序和基本结构。64 个遗传密码中，有 61 个分别代表 20 种不同的编码氨基酸，UAA、UAG、UGA 则代表多肽链合成的终止信号，称为终止密码子。当 AUG 位于 ORF 的第一位时，它既编码甲硫氨酸，又作为多肽链合成的起始信号，称为起始密码子（表 11-2）。

表 11-2　遗传密码表

第一核苷酸 (5′)	第二核苷酸				第三核苷酸 (3′)
	U	C	A	G	
U	UUU 苯丙氨酸	UCU 丝氨酸	UAU 酪氨酸	UGU 半胱氨酸	U
	UUC 苯丙氨酸	UCC 丝氨酸	UAC 酪氨酸	UGC 半胱氨酸	C
	UUA 亮氨酸	UCA 丝氨酸	UAA 终止密码	UGA 终止密码	A
	UUG 亮氨酸	UCG 丝氨酸	UAG 终止密码	UGG 色氨酸	G
C	CUU 亮氨酸	CCU 脯氨酸	CAU 组氨酸	CGU 精氨酸	U
	CUC 亮氨酸	CCC 脯氨酸	CAC 组氨酸	CGC 精氨酸	C
	CUA 亮氨酸	CCA 脯氨酸	CAA 谷氨酰胺	CGA 精氨酸	A
	CUG 亮氨酸	CCG 脯氨酸	CAG 谷氨酰胺	CGG 精氨酸	G
A	AUU 异亮氨酸	ACU 苏氨酸	AAU 天冬酰胺	AGU 丝氨酸	U
	AUC 异亮氨酸	ACC 苏氨酸	AAC 天冬酰胺	AGC 丝氨酸	C
	AUA 异亮氨酸	ACA 苏氨酸	AAA 赖氨酸	AGA 精氨酸	A
	AUG 甲硫氨酸	ACG 苏氨酸	AAG 赖氨酸	AGG 精氨酸	G
G	GUU 缬氨酸	GCU 丙氨酸	GAU 天氨酸	GGU 甘氨酸	U
	GUC 缬氨酸	GCC 丙氨酸	GAC 天氨酸	GGC 甘氨酸	C
	GUA 缬氨酸	GCA 丙氨酸	GAA 谷氨酸	GGA 甘氨酸	A
	GUG 缬氨酸	GCG 丙氨酸	GAG 谷氨酸	GGG 甘氨酸	G

遗传密码具有以下重要特点：

1. 方向性　翻译时从 mRNA 的 ORF 区的 5′-端起始密码子开始，沿 5′→3′方向"阅读"，直到 3′-端终止密码子为止。密码子的读取方向决定了肽链的合成方向是从 N 端向 C 端。

2. 连续性　密码子之间没有任何特殊的符号加以间隔，翻译时从起始密码子连续"阅读"下去，直到终止密码子为止。mRNA 上碱基的缺失或插入都会造成密码子的阅读框架改变，使翻译出的氨基酸序列发生变异，产生"框移突变"。

3. 简并性　20 种编码氨基酸中，除色氨酸和甲硫氨酸各有一个密码子外，其余氨基酸都有两个或两个以上密码子，最多有 6 个。一种氨基酸具有 2 个或 2 个以上密码子的现象，称为遗传密码的简并性。同一种氨基酸的不同密码子互称为同义密码子或简并密码子。遗传密码的简并性主要是指密码子的头两位碱基相同，而第三位碱基不同，所以密码子的专一性主要由头两位碱基决定,第三位碱基突变时,仍可能翻译出正确的氨基酸,保证所合成的多肽链的一级结构不变。遗传密码的简并性对于减少有害突变,保证遗传的稳定性具有一定的意义。

4. 摆动性　密码子与反密码子的配对有时会出现不严格遵守碱基配对原则的现象,称为遗传密码的摆动现象。该现象常见于密码子的第 3 位碱基与反密码子的第 1 位碱基不严格互补,但也能相互辨认(表 11-3)。此特性使一种 tRNA 能识别 mRNA 的多个简并密码子。

表 11-3　密码子与反密码子的摆动配对

tRNA 反密码子的第 1 位碱基	I	U	G
mRNA 密码子的第 3 位碱基	U、C、A	A、G	U、C

5. 通用性　目前这套遗传密码几乎适用于所有生物。但近些年研究表明,在动物细胞的线粒体及植物细胞的叶绿体中,遗传密码的通用性也存在某些例外,如人、牛、酵母线粒体基因组中的 UGA 编码色氨酸,而非终止密码子。

（二）tRNA 运载氨基酸并作为蛋白质合成的适配器

tRNA 在多肽链的生物合成中具有双重作用。一方面是搬运氨基酸的工具,即以氨基酰-tRNA 的形式携带活化的氨基酸;另一方面起"适配器"的作用,可识别 mRNA 上的遗传密码,通过其反密码子与 mRNA 的密码子配对结合,使它所携带的活化氨基酸在核糖体上按一定顺序"对号入座"合成多肽链。

（三）核糖体是蛋白质合成的工厂

rRNA 与多种蛋白质共同构成核糖体,是蛋白质生物合成的场所,在蛋白质生物合成中起到"装配机"的作用。核糖体由大小两个亚基组成,在蛋白质的生物合成中具有以下的功能:①小亚基有供 mRNA 附着的位点,当大、小亚基聚合时,两者间形成的裂隙容纳 mRNA;②具有结合氨基酰-tRNA 和肽酰-tRNA 的部位,即氨基酰位(aminoacyl site,A site)和肽酰位(peptidyl site,P site);③具有转肽酶活性,催化肽键形成;④原核生物核糖体大亚基上还有排除卸载 tRNA 的排除位(exit site,E site),真核生物核糖体没有 E 位;⑤核糖体还具有结合起始因子、延长因子及终止因子等蛋白质因子的结合位点(图 11-27)。

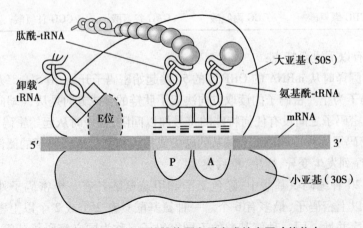

图 11-27　原核生物核糖体蛋白质合成的主要功能位点

（四）参与蛋白质合成的酶类和蛋白因子

1. 氨基酰-tRNA 合成酶 又称氨基酸活化酶,其功能是催化氨基酸的羧基以酯键结合在 tRNA 的 3′末端腺嘌呤核苷酸(A)戊糖的 3′-OH 上。

$$\text{氨基酸} + \text{ATP-E} \xrightarrow[\text{Mg}^{2+}]{\text{PPi}} \text{氨基酰-AMP-E} \xrightarrow[\text{Mg}^{2+}]{\text{tRNA} \quad \text{AMP+E}} \text{氨基酰-tRNA}$$

氨基酸活化后才能参与肽链合成,活化的部位是羧基。胞质中至少有 20 种以上的氨基酰-tRNA合成酶,它们对底物氨基酸和 tRNA 具有高度特异性,即每种氨基酰-tRNA 合成酶只催化一种特定的氨基酸与相应的 tRNA 结合。此外,氨基酰-tRNA 合成酶还具有校读功能。原核生物肽链合成的起始 tRNA(tRNAi,i 表示起始)所携带的甲硫氨酸需要甲酰化,形成甲酰甲硫氨酰-tRNA,表示为"fMet-tRNAi^{fMet}"(f 表示甲酰基);真核生物中 tRNAi 所携带的甲硫氨酸不需甲酰化,表示"Met-tRNAi^{Met}"。因此,原核生物肽链合成的第 1 个氨基酸是甲酰甲硫氨酸,真核生物是甲硫氨酸。

2. 转肽酶 又称肽酰转移酶,其作用是催化核糖体 P 位的肽酰基转移到核糖体 A 位的氨基酰-tRNA 的氨基上形成肽键。原核生物转肽酶是核糖体大亚基 23S rRNA,真核生物是核糖体大亚基 28S rRNA。

3. 转位酶 转位酶催化核糖体沿 mRNA 的 5′端向 3′端移位,每次移动 1 个密码子的距离。原核生物起转位酶作用的是延长因子 G,真核生物是延长因子 2。

4. 蛋白质因子 蛋白质合成过程需多种蛋白因子参加。

（1）起始因子:起始因子(initiation factor,IF;真核细胞为 eIF)的作用主要是促进核糖体小亚基、起始 tRNA 与模板 mRNA 的结合及大、小亚基的分离。原核生物中有 IF-1,IF-2,IF-3 三种。真核生物中有 10 种。

（2）延长因子:延长因子(elongation factor,EF)的主要作用是促使氨基酰-tRNA 进入核糖体的"A 位",并促进转位过程。原核生物中有 3 种延长因子(EF-Tu、EF-Ts、EF-G),真核生物有 2 种(EF-1、EF-2),

（3）释放因子:释放因子(releasing factor,RF;真核细胞写为 eRF)能识别 mRNA 上的终止密码子,并具有诱导转肽酶转变为酯酶的活性,使肽链从核糖体上释放。原核生物中有 RF-1,RF-2,RF-3 三种释放因子,真核生物只有一种。

二、蛋白质的生物合成过程

原核生物和真核生物肽链的合成过程基本相似,整个合成过程可分为起始(initiation)、延长(elongation)、终止(termination)三个阶段。

（一）原核生物的肽链合成过程

1. 肽链合成的起始 肽链合成的起始阶段是指起始氨基酰-tRNA 和模板 mRNA 分别与核糖体大小亚基结合组装形成翻译起始复合物的过程,这一过程还需要 Mg^{2+}、3 种起始因子、ATP 和 GTP 的参与。

（1）核糖体大、小亚基分离:肽链的合成过程是在一个核糖体上连续进行的过程,上一轮合成的终止就是下一轮合成的起始。这时核糖体的大、小亚基须先分开,以便使 mRNA 和起始氨基酰-tRNA 结合在小亚基上。IF-3 促进大、小亚基分离,同时还能防止大、小亚基重新聚合;IF-1 促进 IF-3 和小亚基的结合。

(2) mRNA 与小亚基结合:原核生物 mRNA 5′端起始密码子的上游约 8~13 个核苷酸部位有一段富含嘌呤碱基(如-AGGAGG-)的特殊保守序列,称为 S-D 序列(Shine-Dalgarno sequence),此序列可被核糖体小亚基 16S rRNA 3′端的富含嘧啶碱基的短序列(如-UCCUCC-)辨认并配对结合(图 11-28)。紧接 S-D 序列后的一段核苷酸序列可被核糖体小亚基蛋白 rpS-1 识别与结合。

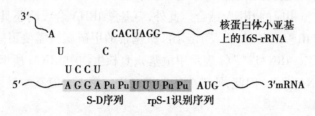

图 11-28 原核生物 mRNA 与核糖体小亚基的结合

(3) 起始 fMet-tRNAi^fMet 与 mRNA 的结合:fMet-tRNAi^fMet 与结合 GTP 的 IF-2 形成复合体后与核糖体小亚基结合,促使 fMet-tRNAi^fMet 定位于 mRNA 序列上的起始密码子 AUG,保证了 mRNA 准确就位。而起始时 A 位被 IF-1 占据,不与任何氨基酰-tRNA 结合。

(4) 核糖体大亚基的结合:fMet-tRNAi^fMet、小亚基和 mRNA 复合物形成后,IF-3 从小亚基上脱落,同时 GTP 水解释能使 IF-1 和 IF-2 释放,大亚基结合到小亚基上,形成 70S 翻译起始复合物。此时,P 位被结合起始密码子 AUG 的 fMet-tRNAi^fMet 占据,而 A 位空缺,且对应 mRNA 上 AUG 后的密码子,准备相应氨基酰-tRNA 的进入。

2. 肽链合成的延长 肽链合成的延长阶段是指在翻译起始复合物的基础上,各种氨基酰-tRNA 按照 mRNA 上密码子的顺序在核糖体上一一对号入座,由氨基酰-tRNA 携带到核糖体上的氨基酸依次以肽键相连接,直到新生肽链达到应有的长度为止。这一阶段是在核糖体上连续循环进行的,故又称核糖体循环,此为狭义的核糖体循环。每个循环包括三个步骤,即进位(registration)、成肽(peptide bond formation)和转位(translocation)。每次循环使新生肽链延长一个氨基酸。延长过程需要延长因子参与。

(1) 进位:又称注册,按照 mRNA 上位于核糖体 A 位的密码子,指导相应的氨基酰-tRNA 对号入座进入 A 位,并通过反密码子结合在 mRNA 位于 A 位的密码子上。这一过程需要延长因子 EF-T、GTP 和 Mg^{2+} 的参与。EF-T 是由 Tu 和 Ts 组成的二聚体,Tu 结合 GTP 后与 Ts 分离。氨基酰-tRNA 进位前须先与 Tu-GTP 结合形成氨基酰-tRNA-Tu-GTP 活性复合物而进入 A 位。Tu 有 GTP 酶活性,水解 GTP 释能来驱动 Tu 释放,重新形成 Tu-Ts 二聚体,并继续催化下一个氨基酰-tRNA 进位(图 11-29)。

(2) 成肽:在转肽酶(又称肽酰转移酶)的催化下,P 位上肽酰基-tRNA 所携带的肽酰基(第 1 次成肽反应时 P 位被甲酰甲硫氨酰-tRNA 占据)转移到 A 位上的氨基酰-tRNA 的氨基酸的氨基上形成肽键,使新生肽链延长一个氨基酸单位(图 11-30)。该步反应需 Mg^{2+} 及 K^+ 的存在。

(3) 转位:又称移位,是在转位酶的催化下,核糖体沿 mRNA 向 3′-端移动一个密码子的距离。此时,原位于 P 位上的密码子离开了 P 位,原位于 A 位上的密码子连同结合于其上的肽酰

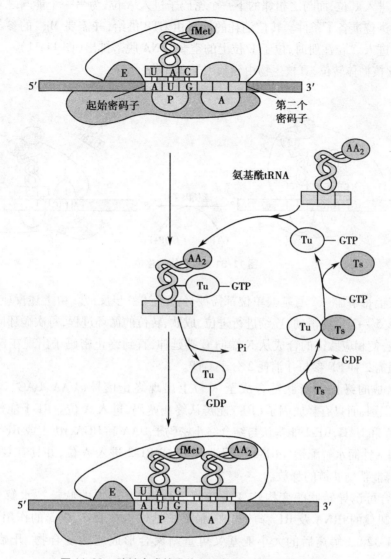

图 11-29 肽链合成的进位和延长因子 EF-T 的再循环

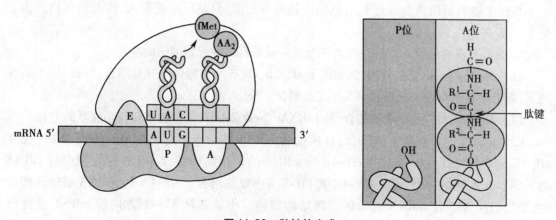

图 11-30 肽键的生成

基-tRNA 一起进入 P 位,而与之相邻的下一个密码子进入 A 位,为另一个能与之对号入座的氨基酰-tRNA 的进位准备了条件。转位消耗的能量由 GTP 供给,并需要 Mg^{2+} 的参与。当下一个氨基酰-tRNA 进入 A 位注册时,位于 E 位上的空载 tRNA 脱落排出(图 11-31)。原核生物由延长因子 G 催化核糖体转位,真核生物由延长因子 2 催化。

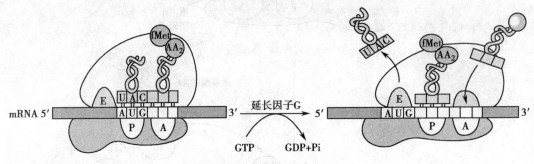

GTP   GDP+Pi

图 11-31 核糖体的移位

新生肽链上每增加一个氨基酸单位都需要经过上述三步反应。由上述反应可见,核糖体沿 mRNA 链从 5′→3′方向滑动,连续进行进位、成肽、转位的循环过程,每次循环向肽链 C 端添加一个氨基酸,使相应肽链的合成从 N 端向 C 端延伸,直到终止密码子出现在核糖体的 A 位为止。此过程需 2 种 EF 参与并消耗 2 分子 GTP。

3. 肽链合成的终止 当肽链合成至 A 位上出现终止信号(UAA、UAG、UGA)时,氨基酰-tRNA 无法识别,而只有释放因子(RF)能辨认终止密码,进入 A 位。RF-1 能辨认与结合终止密码子 UAA 和 UAG,RF-2 能辨认与结合终止密码子 UAA 和 UGA,RF-1 或 RF-2 都具有激活转肽酶的酯酶活性而水解酯键。RF-3 能促进 RF-1 或 RF-2 进入 A 位,并具有 GTP 酶活性,通过水解 GTP 释能帮助肽链的释放。

RF 的结合可诱导转肽酶变构转变为酯酶活性,使 P 位上的肽链被水解释放出来,并促使 mRNA、卸载的 tRNA 及 RF 释放出来,最终核糖体也在 IF-1、IF-3 的作用下解离成大、小亚基(图 11-32)。解离后的大小亚基又可重新聚合形成起始复合物,开始另一条肽链的合成。

(二)真核生物的蛋白质合成过程

真核生物的蛋白质合成过程与原核生物基本相似,只是反应更复杂,涉及的蛋白质因子更多。

1. 肽链合成的起始 真核生物肽链合成的起始有多种起始因子的参与。

(1)核糖体大、小亚基分离:起始因子 eIF-2B、eIF-3 与核糖体小亚基结合,并在 eIF-6 的参与下,促进核糖体 60S 大亚基和 40S 小亚基解聚。

(2)Met-tRNAi^{Met} 与小亚基结合:Met-tRNAi^{Met}-eIF-2-GTP 复合物结合在小亚基的 P 位。

(3)mRNA 与小亚基定位结合:真核生物 mRNA 不含 S-D 序列。eIF-4F 复合物(包含 eIF-4E、eIF-4G、eIF-4A)通过其 eIF-4E 与 mRNA 的 5′帽结构结合,polyA 结合蛋白与 mRNA 的 3′端 poly A 尾结合,再通过 eIF-4G 和 eIF-3 与小亚基结合。eIF-4A 具有 RNA 解螺旋酶活性,通过消耗 ATP 使 mRNA 引导区二级结构解链。小亚基从 5′→3′方向沿 mRNA 进行扫描,直至 Met-tRNAi^{Met} 的反密码子与起始密码子 AUG 配对结合,完成 mRNA 与小亚基的定位

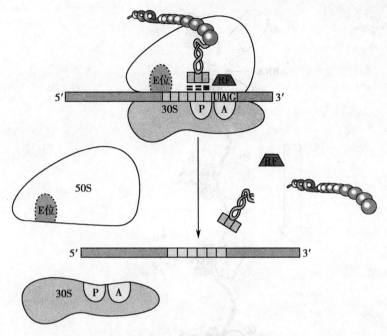

图 11-32 肽链合成的终止

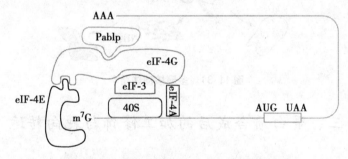

图 11-33 真核生物 mRNA 与小亚基的结合

结合(图 11-33)。

(4) 核糖体大亚基结合:在 eIF-5 的作用下,已经结合 mRNA 和 Met-tRNAi^{Met} 的小亚基迅速与大亚基结合,同时各种 eIF 从核糖体上脱落,形成 80S 起始复合物。

2. 肽链的延长 真核生物肽链的延长过程与原核生物相似,只是反应体系和延长因子不同,而且由于真核细胞核糖体没有 E 位,卸载的 tRNA 直接从 P 位脱落。

3. 肽链合成的终止 真核生物只有 1 种 eRF,完成原核生物 3 种 RF 的功能。

实际上蛋白质合成时,无论是原核生物还是真核生物,在一条 mRNA 链上常常附着 10 ~ 100 个核糖体,呈串珠状排列,每个核糖体之间相隔约 80 个核苷酸,这些核糖体在一条 mRNA 上同时进行翻译,可以大大加快蛋白质合成的速率,使 mRNA 得到充分的利用。多个核糖体在一条 mRNA 上同时进行翻译合成相同肽链的过程称为多聚核糖体循环(图 11-34)。

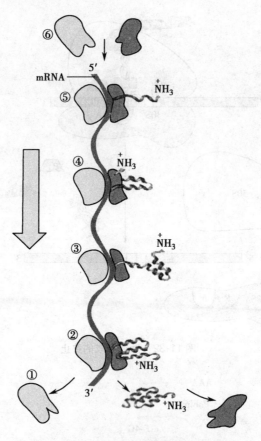

图 11-34　多聚核糖体循环

三、蛋白质合成后的加工修饰与靶向转运

（一）蛋白质合成后的加工修饰

新生多肽链不具有生物学活性，还需要经过一定的加工和修饰才能成为具有天然构象的活性蛋白质，这种肽链合成后的加工过程称翻译后加工。

1. 一级结构的加工修饰　包括肽链的水解剪裁、氨基酸残基的共价修饰等。

（1）N 端甲酰甲硫氨酸或甲硫氨酸的切除：绝大多数肽链的第 1 个氨基酸由脱甲酰基酶或氨基肽酶催化水解去除。

（2）蛋白质前体中部分肽段的水解切除：一些多肽链合成后，在特异蛋白水解酶的作用下，去除某些肽段或氨基酸残基，生成有活性的多肽。例如，由 256 个氨基酸残基构成的鸦片促黑皮质素原（POMC）经水解可产生多种小分子活性肽（图 11-35）。

（3）氨基酸残基的化学修饰：如胶原蛋白前体中的赖氨酸、脯氨酸残基的羟基化；丝氨酸、苏氨酸或酪氨酸残基的磷酸化；组氨酸残基的甲基化等。

（4）亲脂性修饰：某些蛋白质在翻译后需要在肽链的特定位点共价连接一个或多个疏水性的脂链，以增强它们与膜系统的结合能力，或增进蛋白之间的相互作用。

2. 空间结构的修饰　新生肽链需要经过折叠形成特定的空间结构才具有生物学活性。

（1）多肽链的折叠：新生肽链的折叠需在折叠酶（包括蛋白质二硫键异构酶和肽-脯氨酸

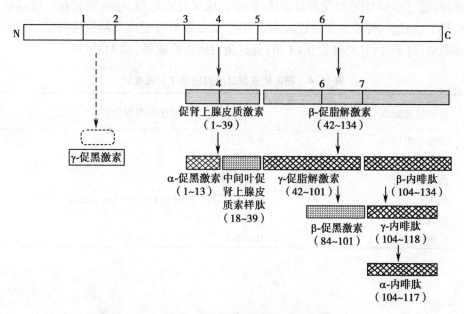

图 11-35 鸦片促黑皮质素原(POMC)的水解加工

顺反异构酶)和分子伴侣的参与下才能完成。

（2）二硫键的形成：在空间位置相近的两个半胱氨酸残基之间形成二硫键，对维持蛋白质的空间结构起重要作用。如胰岛素由 A、B 两条肽链组成，两链之间就是靠二硫键联系在一起。蛋白质二硫键异构酶催化二硫键形成，且有分子伴侣活性。

（3）亚基的聚合：具有两个或两个以上亚基的蛋白质，如血红蛋白，在各条肽链合成后，还需通过非共价键将亚基聚合成多聚体，形成蛋白质的四级结构。

（4）辅基的连接：各种结合蛋白质如脂蛋白、糖蛋白、色蛋白及各种带辅基的酶，合成后还需进一步与辅基连接，才能成为具有功能活性的天然蛋白质。

（二）蛋白质的靶向转运

蛋白质在核糖体上合成后，必须被分选出来，定向地输送到其发挥功能的部位。蛋白质合成后的去向有：①保留在胞质；②进入细胞器；③分泌到细胞外。靶向转运的蛋白质在其一级结构上存在分选信号（主要是 N 末端的特异序列），可引导蛋白质转运到靶部位，这类序列称为信号序列。靶向不同的蛋白质各有特异的信号序列或成分，如保留在细胞质的蛋白质通常缺乏特殊信号序列，分泌型蛋白质有 N 端信号肽(signal peptide)，定位在细胞核内的蛋白质有核定位序列（表 11-4）。

分泌型蛋白质的靶向输送过程为：核糖体上合成的肽链先由信号肽引导进入内质网腔并被折叠成具有一定功能构象的蛋白质，然后在高尔基复合体中被包装进分泌小泡，移行至细胞膜，再被分泌到细胞外。信号肽是未成熟蛋白质中有一段可被细胞转运系统识别、并把后续肽链引向膜性结构的特征性的氨基酸序列。

分泌型蛋白质进入到内质网腔需要多种蛋白成分的协同作用：①当肽链合成至大约 70 个氨基酸残基时（信号肽已产生），细胞质中的信号肽识别颗粒(SRP)与信号肽、GTP 及核糖体结合，形成 SRP-肽链-核糖体复合物，使肽链合成暂时停止；②SRP 引导此复合体移向内质网膜，SRP 与内质网膜上的 SRP 受体结合，核糖体大亚基与内质网膜上的核糖体受体结合，SRP 具有

GTP 酶活性,通过水解 GTP 而脱离复合体,肽链合成又开始进行;③后续正在合成的肽链在信号肽的引导下,通过肽转位复合物进入内质网腔,信号肽被位于内质网腔面的信号肽酶切除并被蛋白酶降解,分子伴侣(热休克蛋白70)促进蛋白质折叠成熟(图 11-36)。

表 11-4　靶向输送蛋白质的信号序列或成分

靶向输送蛋白	信号序列或成分
分泌型蛋白	N 端信号肽
内质网腔蛋白	N 端信号肽
线粒体蛋白	N 端信号序列
核蛋白	核定位序列(-Pro-Pro-Lys-Lys-Lys-Arg-Lys-Val-)
过氧化物酶体	C 端-Ser-Lys-Leu-
溶酶体蛋白	Man-6-P

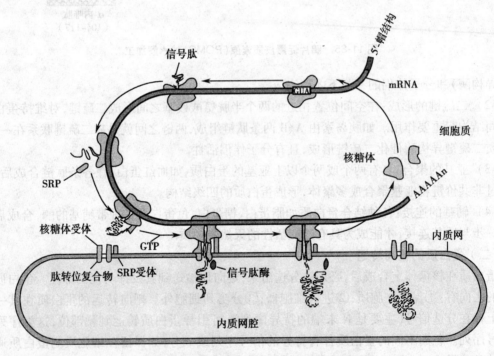

图 11-36　信号肽引导分泌型蛋白质进入内质网

第四节　基因表达调控

基因表达调控是生物体通过特定的蛋白质与 DNA 的相互作用来控制基因是否表达或表达多少的过程。基因表达调控的目的是使生物体满足自身发育的需求和适应环境的变化。基因表达调控是一个十分复杂和精细的过程,可发生在遗传信息传递的各个环节,包括基因组水平、转录水平(包括转录及转录后)和翻译水平(包括翻译及翻译后),但转录水平的调控,特别是转录起始的调控是最重要的调控点。

一、基因表达的基本特性

（一）基因表达的时空特异性

基因表达在不同生物中虽然各不相同,但都表现严格的规律性,即时间和空间特异性。

1. 时间特异性　特定生物在不同时期或不同的发育阶段,相应的基因严格地按一定的时间顺序开启或关闭,这就是基因表达的时间特异性。对于多细胞生物而言,这种时间特异性与分化、发育阶段相一致,又称阶段特异性。例如,甲胎蛋白（AFP）在胎儿期肝细胞中活跃表达,妊娠 6 个月胎儿血中 AFP 可达 $500\mu g/L$。出生后 1 个月,AFP 开始下降,18 个月降至健康成人水平（$<10\mu g/L$）。

2. 空间特异性　在个体生长全过程中,某种基因产物在个体中按不同组织器官空间顺序出现,这就是基因表达的空间特异性。基因表达伴随时间或阶段顺序所表现出的这种空间分布差异,实际上是由细胞在器官的分布决定的,因此基因表达的空间特异性又称细胞特异性或组织特异性。

（二）基因表达的方式

不同的基因对内、外环境信号刺激的反应性不同,由此将基因表达的方式分为组成性表达、诱导表达和阻遏表达。

1. 组成性表达　某些基因几乎在所有的细胞中都以适当恒定的速率持续表达,这些基因的产物对生命的全过程都是必不可少的。这样的基因通常称为持家基因或管家基因（housekeeping gene）。持家基因的表达较少受环境因素的影响,一般只受启动子与 RNA 聚合酶相互作用的影响。这类基因的表达称为组成性表达或基本表达。

2. 诱导与阻遏表达　与持家基因不同,另有一些基因的表达极易受环境变化的影响。在特定环境信号刺激下,使某些基因的表达增强,称为诱导表达,这样的基因称为可诱导基因。如 DNA 损伤时:*uvrA*、*uvrB*、*uvrC*、*recA*、*recB*、*recC* 等表达增强。在特定环境信号刺激下,使某些基因的表达减弱,称为阻遏表达,这样的基因称为可阻遏基因。例如,色氨酸存在时,大肠杆菌中与色氨酸合成有关的酶基因表达被阻遏。

在一定机制控制下,功能相关的一组基因,无论其为何种表达方式,均需协调表达。

二、原核生物基因表达的调控

（一）原核生物基因表达调控特点

1. σ 因子决定 RNA 聚合酶对基因的识别特异性　原核生物只有一种 RNA 聚合酶,但有多种 σ 因子,不同的 σ 因子识别不同基因的启动子,激活不同的基因转录。例如,大肠杆菌的 σ^{70} 可识别大多数基因的启动子,σ^{54} 识别与氮代谢相关基因的启动子,σ^{32} 识别热休克蛋白基因的启动子,σ^{28} 识别与细胞移动和化学趋化相关基因的启动子。

2. 操纵子模型的普遍性　操纵子（operon）是原核生物基因转录的基本单位,通常由 2 个或 2 个以上的结构基因、操纵序列和启动序列,以及其他调节序列构成。例如,乳糖操纵子、色氨酸操纵子等。

179

3. 负性调节占主导 当阻遏蛋白与操纵子的操纵序列结合或解离时,就会发生特异基因的阻遏与去阻遏。这种阻遏机制在原核生物具有普遍性。

（二）原核生物基因转录起始的调控

下面以大肠杆菌乳糖操纵子(*lac* operon)为例来阐述原核生物基因转录起始的调控机制。

1. 乳糖操纵子的结构 大肠杆菌乳糖操纵子含有 *lacZ*、*lacY* 和 *lacA* 三个结构基因,分别编码 β-半乳糖苷酶(催化乳糖分解成葡萄糖和半乳糖)、通透酶(催化乳糖进入细胞)和乙酰基转移酶(催化半乳糖生成乙酰半乳糖),此外还含有一个操纵序列(O)、一个启动子(P)、一个分解代谢物基因激活蛋白(CAP)结合位点和一个调节基因(I)。I基因编码一种阻遏蛋白与O序列结合,使乳糖操纵子处于关闭状态。

2. 乳糖操纵子的调节机制 主要包括阻遏蛋白的负性调节、CAP 的正性调节和两者间的协调调节。

（1）阻遏蛋白的负性调节:在葡萄糖存在而乳糖不存在时,*lac* 操纵子处于阻遏状态。此时,I基因表达的阻遏蛋白以四聚体的形式与O序列结合,阻碍RNA聚合酶与启动子结合或阻碍已经结合在启动子上的RNA聚合酶向下游移动,故转录不能启动。但阻遏蛋白的这种阻遏作用并非绝对,偶有阻遏蛋白与O序列解聚(发生概率是每个细胞周期1~2次),因此每个细胞中会有极少量的β-半乳糖苷酶、通透酶和乙酰基转移酶,称为本底水平的组成性表达。当乳糖成为主要的碳源时,*lac* 操纵子即可被诱导开放,但真正的诱导剂并非乳糖本身。乳糖经通透酶催化转入细胞,再经β-半乳糖苷酶催化转变为别乳糖。别乳糖作为真正的诱导剂,与阻遏蛋白结合,使阻遏蛋白的构象发生变化,导致阻遏蛋白与O序列解离,转录启动,使β-半乳糖苷酶分子增加千倍。别乳糖的类似物异丙基硫代半乳糖苷(IPTG)是一种作用极强的诱导剂,在实验室中被广泛采用。

（2）CAP 的正性调节:*lac* 操纵子的启动子是弱启动子,RNA 聚合酶与之结合的能力很弱,只有 CAP-cAMP 复合物与启动子上游的 CAP 结合位点结合后,促进 RNA 聚合酶与启动子结合,才能有效转录。CAP 是同二聚体,它须与 cAMP 结合后,才能与 CAP 结合位点结合。cAMP 的浓度受葡萄糖代谢的影响,葡萄糖代谢产物能抑制腺苷酸环化酶和激活磷酸二酯酶活性。当有葡萄糖存在时,cAMP 浓度降低,CAP 与 cAMP 结合受阻,因此 *lac* 操纵子表达下降。当葡萄糖缺乏时,cAMP 浓度增高,CAP-cAMP 复合物形成并与 CAP 结合位点结合,使转录效率增加约 50 倍。

（3）阻遏蛋白与 CAP 的协调调节:上述两种机制通过存在的碳源性质和水平协调调节 *lac* 操纵子的表达。葡萄糖和乳糖都存在时,一方面阻遏蛋白与O序列结合而阻碍转录;另一方面,虽然存在诱导作用,但由于葡萄糖代谢可降低 cAMP 的浓度,减少 CAP-cAMP 复合物的形成,不足以激活 RNA 聚合酶,从而不能有效启动 *lac* 操纵子的转录,因此细菌优先选择利用葡萄糖供能。当葡萄糖完全被消耗而仅有乳糖时,一方面由于别乳糖的诱导使阻遏蛋白与O序列解离;另一方面,cAMP 浓度增高,增加 CAP-cAMP 复合物的形成,激活转录,因此细菌得以利用乳糖作为能源(图 11-37)。

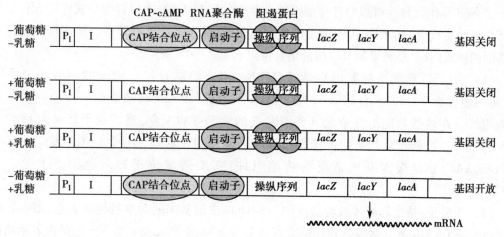

图 11-37　阻遏蛋白与 CAP 对 *lac* 操纵子的协调调节

三、真核生物基因表达的调控

（一）真核生物核基因组的结构特点

与原核生物基因组相比,真核生物细胞核基因组有如下特点:

1. 基因组庞大、结构复杂　人类基因组有 $3×10^9$bp,而大肠杆菌基因组只有 $4.6×10^6$bp。

2. 非编码序列多于编码序列　人类基因组中编码序列占基因组 DNA 的 3% 左右,非编码序列占 95% 以上。原核生物基因组编码区占基因组的 99.7%。

3. 大量的重复序列　真核生物基因组的重复序列可高达 50%。这些重复序列的功能主要与基因组的稳定性、组织形式及基因的表达调控有关。

4. 单顺反子 mRNA　真核生物的基因转录产物是单顺反子 mRNA,而原核生物的基因转录产物是多顺反子 mRNA。

5. 基因编码序列的不连续性　真核生物的结构基因由若干个编码区(外显子)和非编码区(内含子)互相间隔,称为断裂基因。原核生物编码基因是连续的。

（二）真核生物基因表达调控特点

1. RNA 聚合酶　真核生物 RNA 聚合酶有三种,分别负责三种 RNA 转录。TATA 盒结合蛋白(TBP)为三种 RNA 聚合酶所共用。

2. 活化基因区染色质结构发生变化　①活化基因区对 DNase Ⅰ 超敏感;②染色质重塑,即核小体结构发生变化;③活化基因区 DNA 呈现低甲基化状态。

3. 正性调节占主导　正性调节可提高蛋白质与 DNA 相互作用的有效性。

4. 转录与翻译分隔　真核生物的转录与翻译在不同的亚细胞结构中进行,具有多种原核生物所没有的调控机制。

5. 转录后加工修饰　鉴于真核生物基因结构特点,转录后加工修饰等过程比原核生物复杂。

（三）真核生物基因的转录激活

与原核生物基因一样,真核生物基因的转录起始也是基因表达调控的关键环节。基因转录激活需要顺式作用元件与转录因子的相互作用。

1. 顺式作用元件 可影响自身基因转录活性的特异 DNA 序列称为顺式作用元件。按功能特性可将真核生物基因顺式作用元件分为启动子、增强子及沉默子等。顺式作用元件可位于基因两侧或内部,是转录调节蛋白的结合位点。

(1) 启动子:真核生物基因启动子是 RNA 聚合酶结合位点周围的一组转录控制组件,每一组件含 7～20bp 的 DNA 序列。启动子包括至少一个转录起始点以及一个以上的功能组件。在这些功能组件中最具典型意义的就是 TATA 盒,通常位于转录起始点上游 -25～-30bp,控制转录起始的准确性及频率。除 TATA 盒外,GC 盒(GGGCGG)和 CAAT 盒(GCCAAT)也是很多基因常见的功能组件,它们通常位于转录起始点上游 -75～-110bp 区域。

(2) 增强子:是指远离转录起始点(1～30kb),决定基因的时空特异性表达,增强启动子转录活性的 DNA 序列。其发挥作用的方式通常与方向、距离无关。增强子也是由若干功能组件组成,有些功能组件既可在增强子、也可在启动子中出现。这些功能组件是特异转录因子结合 DNA 的核心序列。从功能上讲,没有增强子存在,启动子通常不能表现活性;没有启动子时,增强子也无法发挥作用。

(3) 沉默子:是指与特异调节蛋白结合时,阻遏基因转录的 DNA 序列,属于负性调节元件。

2. 转录因子 又称转录调节蛋白或转录调节因子,是一类具有特殊结构、能与顺式作用元件结合、行使调控基因表达功能的蛋白质分子。根据作用方式,可将转录因子(TF)分为顺式作用蛋白和反式作用因子两大类。一个基因表达的蛋白质辨认与结合自身基因的顺式作用元件,从而调节自身基因表达活性的转录因子称为顺式作用蛋白。一个基因表达的蛋白质能直接或间接辨认与结合非己基因的顺式作用元件,从而调节非己基因表达活性的转录因子称为反式作用因子。大多数的转录因子是反式作用因子。

转录因子分为基本转录因子和特异转录因子。基本转录因子为 RNA 聚合酶结合启动子所必需,如 RNA-pol Ⅱ 所需的基本转录因子有 TF Ⅱ A、B、D、E、F 和 H。特异转录因子又分为转录激活因子(如增强子结合蛋白)和转录抑制因子(如沉默子结合蛋白)。

转录因子在结构上通常包含 DNA 结合域和转录激活域。此外,许多转录因子还有介导蛋白质与蛋白质相互作用的结构域,常见的是二聚化结构域。DNA 结合域通常由 60～100 氨基酸残基组成,有多种模体形式。常见的模体形式有锌指结构、碱性亮氨酸拉链结构、螺旋-环-螺旋结构、螺旋-回折-螺旋结构等(图 11-38)。转录激活域一般由 30～100 氨基酸残基组成,其形

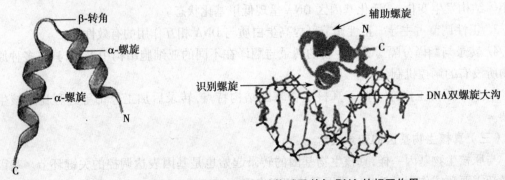

图 11-38　螺旋-回折-螺旋(HTH)结构域及其与 DNA 的相互作用

式有带负电荷的 α-螺旋结构域、富含谷氨酰胺的结构域、富含脯氨酸的结构域、不规则的双性 α-螺旋和酸性氨基酸结构域。

小结

　　DNA 复制是以亲代 DNA 为模板合成子代 DNA 的过程。DNA 复制体系包括 DNA 模板、底物、RNA 引物、多种酶和蛋白质因子等物质,通过复制将亲代 DNA 的遗传信息准确传递给子代 DNA。对已发生的 DNA 缺陷进行修复称为 DNA 修复,修复方式有光修复、切除修复、重组修复和 SOS 修复等多种。某些 RNA 病毒以 RNA 为模板合成 DNA,此过程称为反转录。反转录过程需要反转录酶。

　　转录是以 DNA 为模板合成 RNA 的过程。RNA 合成的体系包括 DNA 模板、底物、RNA 聚合酶和蛋白质因子等。转录生成的 RNA 需要经过加工修饰过程才具有生物学功能。真核生物的 RNA 加工修饰包括链的剪切、拼接、末端添加核苷酸、碱基修饰等。

　　翻译是以 mRNA 作为蛋白质合成的模板合成蛋白质的过程。mRNA 上的遗传密码决定了肽链中氨基酸的排列顺序。密码子具有简并性、连续性、摆动性、通用性和方向性的特点。tRNA 在蛋白质合成中具有运载氨基酸和作为蛋白质合成适配器的作用。核糖体是蛋白质合成的场所。新合成的肽链需要经过多种形式的加工和修饰才具有生物学活性。

　　基因表达是指转录和翻译的过程。基因表达是受调控的,这种调控发生在基因组水平、转录水平和翻译水平的多个调控环节,其中转录水平调控,特别是对转录起始的调控最关键。原核生物的乳糖操纵子模型能说明基因表达调控的基本方式。真核生物的调控主要依靠顺式作用元件和反式作用因子来调控,前者如启动子、增强子、沉默子,后者包括一些转录结合蛋白类。

 复习思考题

一、名词解释

1. 半保留复制
2. 冈崎片段
3. 反转录
4. 不对称转录
5. 核糖体循环
6. 持家基因
7. 操纵子
8. 顺式作用元件
9. 反式作用因子

二、问答题

1. 复制与转录的异同。
2. 遗传密码子的特点是什么?

3. 试述乳糖操纵子工作原理。
4. 简述基因突变类型及 DNA 损伤修复方式。
5. 参与原核生物 DNA 复制的酶及蛋白因子以及它们在复制中的作用。
6. 真核生物基因组的结构特点。

（田余祥）

第十二章

基因工程与分子生物学常用技术

学习目标 ▶

1. 掌握基因工程、限制性核酸内切酶、基因诊断和基因治疗的概念。
2. 熟悉基因工程的重要工具酶、常用载体和基本过程；核酸分子杂交和 PCR 的原理；基因诊断的特点及应用。
3. 了解核酸序列分析、基因文库、基因芯片等分子生物学常用技术。

第一节 基 因 工 程

基因工程（genetic engineering）是 20 世纪 70 年代发展起来的一门分子生物学技术，它的重要特点是在分子水平上对基因进行操作。基因工程的诞生和发展使得人们改造和创造生物物种成为可能，这不但为生命科学的研究提供了新的技术手段，而且为医学的理论研究和重大遗传性疾病的治疗开辟了广阔的前景。

一、基因工程的基本概念

基因工程是指将外源基因与载体分子在体外进行拼接重组，转入受体细胞内，使之扩增并且表达的技术。基因工程的关键是重组 DNA 技术（recombinant DNA technology），即在体外将不同来源的 DNA 分子通过磷酸二酯键连接成一个新的 DNA 分子。基因工程就是以外源基因在受体细胞中表达为目的的重组 DNA 技术。如果仅以获得基因或 DNA 片段的大量拷贝为目的，则这种重组 DNA 技术也称为基因克隆（gene cloning）或分子克隆（molecular cloning）。

二、基因工程常用的工具酶和载体

（一）工具酶

在 DNA 重组技术中，常用于切割、合成、连接和修饰 DNA 或 RNA 的一类酶称为工具酶。常用的工具酶主要包括限制性核酸内切酶（restriction endonuclease）、DNA 聚合酶、DNA 连接酶、核酸酶 S1 等,在重组 DNA 技术的各个环节中发挥重要作用。

1. 限制性核酸内切酶　简称限制酶,是一类能够识别双链 DNA 分子内部的特异序列,并在识别位点或其周围进行切割作用的核酸水解酶。限制酶主要从原核生物中分离纯化而来,多达 1800 余种。限制酶的命名由其来源的属、种名而定,取属名的第一个字母(大写)与种名的头两个字母(小写)组成的三个斜体字母作略语表示;如有株名,再加上一个斜体字母,其后再按发现的先后写上罗马数字。例如,从流感嗜血杆菌 d 株(*Haemophilus influenzae* d)中先后分离到的 3 种限制酶分别命名为 *Hind*Ⅰ、*Hind*Ⅱ和 *Hind*Ⅲ。

限制性核酸内切酶的识别序列一般为 4 ~ 8 个(6 个居多)碱基对、具有回文结构的特异双链 DNA 片段。回文结构(palindrome structure)是指双链 DNA 分子上按对称轴排列的反向互补序列(表 12-1)。限制酶水解 DNA 分子的磷酸二酯键,产生含 5′磷酸基团和 3′羟基基团的末端。有错位切割和垂直切割两种切割方式,分别产生黏性末端(cohesive end)和平末端(blunt end)(表 12-1)。

表 12-1　部分常用限制酶的识别序列及切割特点

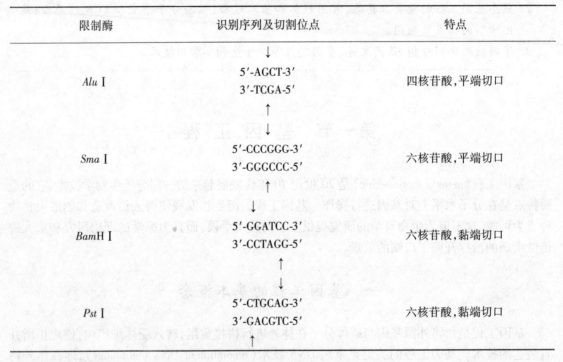

限制酶	识别序列及切割位点	特点
*Alu*Ⅰ	5′-AGCT-3′ 3′-TCGA-5′	四核苷酸,平端切口
*Sma*Ⅰ	5′-CCCGGG-3′ 3′-GGGCCC-5′	六核苷酸,平端切口
*Bam*HⅠ	5′-GGATCC-3′ 3′-CCTAGG-5′	六核苷酸,黏端切口
*Pst*Ⅰ	5′-CTGCAG-3′ 3′-GACGTC-5′	六核苷酸,黏端切口

限制性核酸内切酶是分子生物学中极其重要的一种工具酶。其主要应用于:①改造和构建新载体;②基因定位和基因分离;③DNA 重组;④限制性片段长度多态性分析(RFLP);⑤基因组物理图谱的建立;⑥DNA 序列分析。

2. DNA 聚合酶　在基因工程中,常用的 DNA 聚合酶有 DNA 聚合酶Ⅰ、Klenow 片段、*Taq* DNA 聚合酶、反转录酶和末端脱氧核苷酸转移酶等几种。

(1) DNA 聚合酶Ⅰ和 Klenow 片段:大肠杆菌 DNA 聚合酶Ⅰ具有 3 种酶活性:5′→3′聚合酶活性、3′→5′核酸外切酶活性和 5′→3′核酸外切酶活性。在基因工程中,常用的是由 DNA 聚合酶Ⅰ经枯草杆菌蛋白酶裂解后产生的大片段,即 Klenow 片段,它保留了 5′→3′聚合酶活性和 3′→5′核酸外切酶活性。其主要功能有:①合成双链 cDNA 的第二条链;②修复 DNA 片段中的缺口;③标记探针的 3′末端;④DNA 序列分析。

（2）*Taq* DNA 聚合酶:简称 *Taq* 酶,是从嗜热水生菌中分离得到的一种耐热的 DNA 聚合酶,最佳作用温度为 $70 \sim 75℃$。*Taq* 酶具有 $5′→3′$ 聚合酶活性和 $5′→3′$ 外切酶活性,主要应用于聚合酶链反应(PCR)和 DNA 序列测定。

（3）反转录酶:能以 RNA 为模板,4 种 dNTP 为底物,催化合成 DNA。反转录酶最主要的用途是以 mRNA 为模板合成 cDNA。

（4）末端脱氧核苷酸转移酶:简称末端转移酶,是一种不需要模板的 DNA 聚合酶,其作用是催化脱氧核糖核苷酸逐个转移到单链或双链 DNA 分子的 3′-OH 末端。该酶的主要作用是在外源 DNA 片段及载体分子的 3′-OH 末端加上互补的同聚物尾巴,形成人工黏性末端,便于DNA 重组;也可用于 DNA 片段 3′末端标记。

3. DNA 连接酶　能催化 DNA 中相邻的 3′-OH 末端和 5′-P 末端之间形成磷酸二酯键,使DNA 单链切口连接起来,形成完整 DNA 分子。基因工程中,DNA 连接酶主要用于目的基因和载体的连接。常用的 DNA 连接酶主要有大肠杆菌 DNA 连接酶和 T_4 DNA 连接酶两种,前者只能用于黏性末端的连接,后者对黏性末端和平末端都能连接。

4. 核酸酶 S1　可水解双链 DNA、RNA 或 DNA-RNA 杂化分子中的单链部分。在基因工程中其主要作用是除去双链 DNA 的黏性末端以产生平末端。

（二）载体

载体(vector)是指能携带外源 DNA 分子进入受体细胞进行扩增和表达的运载工具,其实质是 DNA 分子。常用的基因工程载体通常是在天然的质粒、噬菌体、病毒等 DNA 的基础上,经过人工改造而成。

理想的载体应具备以下几个条件:①能够稳定自主复制,并具有较高的拷贝数;②具有遗传筛选标记(如抗生素的抗性基因、β-半乳糖苷酶基因等),以便于重组体的筛选;③具有多个限制性核酸内切酶的单一位点(即在载体的其他部位无这些酶的相同切点),即多克隆位点(multiple cloning sites,MCS),便于外源基因的插入;④分子量小,以容纳较大的外源 DNA 分子;⑤具有较高的遗传稳定性。

载体按其用途不同可分为克隆载体和表达载体两类。

1. 克隆载体　能将 DNA 片段在受体细胞中复制扩增并产生足够数量目的基因的载体称为克隆载体(cloning vector)。克隆载体按来源可分为质粒载体、噬菌体载体、黏粒载体和病毒载体等。

（1）质粒载体:质粒(plasmid)是一类存在于细菌细胞中,独立于宿主染色体外,能进行自主复制的双链环状的 DNA 分子,其大小范围从几 kb 到数百 kb。质粒载体大多是在天然松弛型质粒的基础上经人工改造构建而成,一般只能接受 2kb 以下的外源 DNA 分子插入。常用的质粒载体有 pBR322(图 12-1)、pUC 系列及 T-A 克隆载体等。

（2）噬菌体载体:噬菌体(phage)是感染细菌的病毒。用作克隆载体的噬菌体有 λ 噬菌体和 M13 噬菌体。野生型 λ 噬菌体为双链线性 DNA 分子,其两端带有 12 个碱基的互补单链黏性末端(cos 位点)。λ 噬菌体载体最大可插入 22kb 的外源 DNA。M13 噬菌体是单链闭环状DNA 分子,其复制方式为滚环复制,可产生大量的单链 DNA。M13 噬菌体载体可插入的外源基因一般小于 1kb。

（3）黏性质粒:又称黏粒(cosmid),是由 λDNA 的 cos 位点与质粒重新构建而成的双链环状 DNA 载体。黏性质粒能插入的外源基因可达 40 ~ 50kb,是构建基因文库的有效载体。

(4)病毒载体:由于病毒能够感染真核细胞并在其中复制,所以病毒载体在真核生物基因工程中非常重要。目前常用的病毒载体有猿猴空泡病毒 40(SV40)、反转录病毒、昆虫杆状病毒、腺病毒(AD)和腺相关病毒(AAV)等。病毒载体构建时一般都把质粒复制起始点放置其中,使载体及其携带的外源 DNA 片段能方便地在细菌中繁殖和克隆,然后再转入真核细胞。经过质粒化改建后的病毒载体通常由病毒启动子、包装元件、遗传标记和质粒复制起始点四部分组成。

(5)酵母人工染色体:酵母人工染色体载体(YAC)是第一个成功构建的人工染

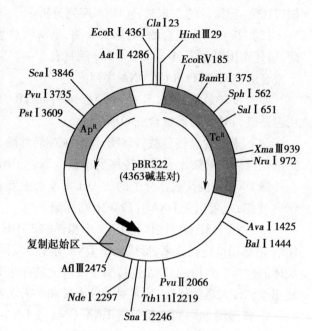

图 12-1　载体 pBR322 结构图

色体载体,用于在酵母细胞中克隆大片段外源 DNA。YAC 是目前能容纳最大量外源 DNA 片段的载体,可插入 1000kb 的 DNA 片段,是人类基因组计划中物理图谱绘制采用的主要载体。

2. 表达载体　表达载体(expression vector)是用来在受体细胞中表达(转录和翻译)外源基因的载体。这类载体除了具有克隆载体所具备的性质外,还带有转录和翻译所必需的 DNA 序列。

三、基因工程的基本过程

完整的基因工程过程应包括:①目的基因的获取;②载体的选择与制备;③重组 DNA 分子的构建;④重组 DNA 分子导入受体细胞;⑤DNA 重组体的筛选与鉴定。基因工程的基本过程如图 12-2。

(一)目的基因的获取

目前获取目的基因的途径或方法主要有以下几种:

1. 从基因文库中筛选获得　基因文库(gene library)是指含有某种生物体全部基因片段的重组 DNA 克隆群体。基因文库构建成功后,可利用适当的筛选方法如特异性探针杂交筛选法、PCR 法等,从中筛选出含有目的基因的克隆,再进行扩增、分离、回收,最后获取目的基因。

2. 反转录法　以 mRNA 为模板,利用反转录酶合成双链 cDNA 作为目的基因,再通过聚合酶链反应(PCR)技术大量扩增。目前发现的许多蛋白质的编码基因都是这样获得的。

3. 人工合成　如果已知某个基因的核苷酸序列或依据某简单多肽的氨基酸序列推导出相应的核苷酸序列,就可以用 DNA 合成仪人工合成。采用人工合成方法已得到百余种基因,如胰岛素、生长激素、生长抑素和干扰素基因等。

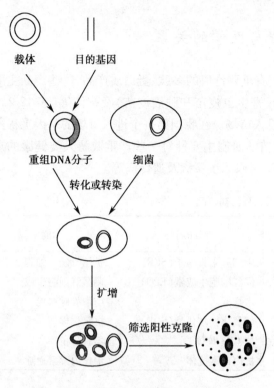

载体　　　目的基因

重组DNA分子　　　细菌

转化或转染

扩增

筛选阳性克隆

图12-2　基因工程的基本过程

4. 直接从基因组 DNA 中分离　采用限制酶将染色体 DNA 切割成许多小片段,其中即含有目的基因片段。此法在原核生物中可以做到,对真核生物而言就较难直接获取目的基因。

（二）载体的选择与制备

已获得的目的基因必须与合适的载体连接,才能进入受体细胞进行复制和表达。选择载体主要依据克隆目的、目的基因和载体的限制性核酸内切酶位点以及受体细胞的特性。目前,已有众多商品化的载体产品,基本上能够满足各种需要,如 pUC 系列质粒适用于克隆小片段 DNA 分子,λ 噬菌体和黏性质粒适用于克隆较大片段 DNA 分子,M13 噬菌体则适用于单链探针的制备。当然也可以根据自己的克隆要求,制备特殊的载体。

（三）重组 DNA 分子的构建

在 DNA 连接酶的催化下,将外源 DNA 分子(目的基因)与载体 DNA 分子连接成一个重组 DNA 分子。不同性质、不同来源的外源 DNA 片段与载体连接的方式各不相同。目的基因与载体的连接方式主要有黏端连接法、平端连接法、人工接头法和同聚尾连接法等,其中最常用的是黏端连接法。

（四）重组 DNA 分子导入受体细胞

体外构建的重组 DNA 分子需要导入合适的受体细胞才能进行复制、扩增和表达。这种含有重组 DNA 分子的受体细胞称为转化子。通常将重组 DNA 分子导入原核细胞的过程称转化(transformation),将重组 DNA 分子导入真核细胞的过程则称转染(transfection)。细胞(细菌)只有处于某一状态时才能接受外源 DNA,这一状态称为感受态(competence)。不同的重组 DNA 分子在不同的受体细胞中扩增、表达,需要选择不同的导入方法。重组 DNA 分子导入原核细胞一般采用氯化钙处理法、电击法。重组 DNA 分子导入真核细胞主要有氯化钙处理法、电击法、磷酸钙共沉淀法、脂质体法、DEAE(二乙氨乙基)-葡聚糖介导转染法、电穿孔法和显微注射法等。

（五）筛选与鉴定

将重组体引入受体菌(细胞)并经初步扩增后,应从大量转化菌落或噬菌斑中选择和鉴定出含有目的基因的菌株(细胞),这一过程就称为筛选(screening)或选择(selection)。一般根据载体的遗传表型特征进行筛选,抗药性标志筛选、双抗生素对照筛选和蓝白斑筛选等是常用的重组体筛选方法。筛选出的阳性克隆还需要进行目的基因的鉴定。重组子大小鉴别、限制性酶切图谱分析、PCR、核酸分子杂交是常用的鉴定方法。DNA 序列分析是鉴定重组 DNA 分子中是否有目的基因的"金标准"。

四、基因工程与医学的关系

基因工程在医学方面最突出的贡献是生产有重要价值的多肽、蛋白质产品，这些产品主要包括基因工程药物、疫苗（病毒疫苗、细菌疫苗、寄生虫疫苗和肿瘤疫苗）及抗体等（表 12-2）。第一个基因工程药物是人胰岛素，于 1982 年投入市场。在我国第一个进入市场的基因工程药物是重组人干扰素。目前，基因工程药物与疫苗的研制主要针对一些严重威胁人类健康的重大疾病，如肿瘤、艾滋病、糖尿病、心脑血管疾病、呼吸系统疾病及遗传病等。

表 12-2　基因工程医药产品

产品名称	功能	产品名称	功能
胰岛素	治疗糖尿病	干细胞生长因子（SCF）	扩增骨髓干细胞
干扰素	抗病毒感染及某些肿瘤	促红细胞生成素（EPO）	刺激红细胞生成
组织纤溶蛋白激活物	治疗急性心肌梗死	水蛭素	防治静脉血栓
乙肝疫苗	预防乙型肝炎	超氧化物歧化酶（SOD）	抗氧化损伤
白细胞介素 2（IL-2）	肿瘤免疫治疗	抗 CD3 抗体	器官移植
白细胞介素 4（IL-4）	肿瘤免疫治疗、免疫缺陷治疗	抗内毒素抗体	治疗内毒素血症

基因工程还能提供多种发现和认识疾病的新途径，建立新的基因诊断和基因治疗方法以及发展新的法医学鉴定方法等。例如，建立重大疾病的转基因动物模型，可以为探索这些疾病的发病机制和治疗方法提供重要的研究平台。

第二节　分子生物学常用技术原理及应用

一、核酸分子杂交

核酸分子杂交技术是分子生物学领域最为常用的基本技术之一。其基本原理是利用核酸变性和复性的性质，使具有一定同源性的两条核酸单链在一定条件下按照碱基互补配对原则形成异质双链（详见第三章）。杂交的本质就是在一定条件下使互补核酸链实现复性。利用已知序列的探针（probe）与样本中的核酸进行杂交，可以检测样本中是否存在与其互补的目的基因片段。

（一）核酸探针

核酸探针（nucleic acid probe）是指能与特定靶基因序列发生特异性互补结合，并可用特殊方法检测的被标记的已知核酸序列。根据核酸探针的来源和性质可将其分为基因组 DNA 探针、cDNA 探针、RNA 探针和寡核苷酸探针。并非任意一段核苷酸片段均可作为探针，理想的探针应具有高度特异性、易于标记和检测、灵敏度高、稳定且制备方便等特点。

为了检测杂交结果，必须用一定的标记物对探针分子进行标记。标记物可分为放射性核素和非放射性核素两大类。放射性核素标记物灵敏度和特异性极高,但存在半衰期短、检测时间长和污染环境等不足。非放射性核素标记物稳定、安全、经济、检测时间短,但灵敏度相对较低。理想的探针标记物应具有以下特征:①高灵敏度;②标记物与探针结合后,不影响碱基配对的特异性、杂交体的稳定性及其 T_m 值;③检测方法应高度灵敏、特异、假阳性率低;④标记物与探针结合后稳定、保存时间长;⑤标记物对环境无污染、对人体无损伤、价格低廉。

（二）核酸分子杂交技术

核酸分子杂交按其反应介质的不同可分为固相杂交和液相杂交两类。

1. 液相杂交　是将待测核酸样品和核酸探针同时放入杂交液中进行反应,然后分离杂交分子和过量的未杂交探针,再对杂交结果进行检测。

2. 固相杂交　是预先将待测的靶核酸链固定在固相支持物上,然后与溶解于杂交液中的核酸探针进行杂交反应,洗去支持物上未参加反应的游离核酸探针,再检测杂交信号,分析杂交结果。由于固相杂交后未杂交的游离探针容易通过漂洗除去,膜上的杂交分子方便检测,还能避免靶 DNA 的自我复性,所以该法发展迅速、应用广泛。常用的固相杂交类型有 Southern 印迹杂交、Northern 印迹杂交、菌落杂交、斑点杂交、狭缝杂交、原位杂交等。可根据检测目的不同,选择适用的杂交方法（表 12-3）。虽然这些方法各具特点,但操作流程基本一致,可概括为:靶核酸的制备和探针分子的制备及标记—靶核酸固定于固相载体—预杂交和杂交—漂洗—检测杂交信号—分析杂交结果。

表 12-3　常用的固相核酸杂交技术

杂交类型	检测内容
Southern 印迹杂交	检测经凝胶电泳分离后转印至膜上的待测 DNA 分子
Northern 印迹杂交	检测经凝胶电泳分离后转印至膜上的待测 RNA 分子
菌落杂交	检测固定在膜上,经裂解由菌落释放出的 DNA 分子
斑点杂交或狭缝杂交	检测固定在膜上的 DNA 分子或 RNA 分子
原位杂交	检测细胞或组织中的 DNA 或 RNA 分子并进行定位研究

（三）核酸分子杂交在医学方面的应用

核酸分子杂交是一种灵敏度高、特异性强的分子生物学技术,在医学方面可用于:①病原微生物的检测;②遗传性疾病的诊断;③疾病发病机制的研究,如探讨病毒基因与肿瘤发生的关系,肿瘤发病机制的研究等。

二、聚合酶链反应

聚合酶链反应（polymerase chain reaction,PCR）是 20 世纪 80 年代 Mullis 发明的一种核酸体外扩增技术。PCR 技术能在试管内将所要研究的目的 DNA 片段于数小时内扩增至数十万乃至百万倍,具有特异、敏感、高效、简便、重复性好、易自动化等突出优点。

（一）PCR 技术基本原理

PCR 技术实质上是模拟体内 DNA 复制过程,双链的靶 DNA 通过变性解链为单链,特异的引物通过退火与单链 DNA 模板结合,在耐热的 DNA 聚合酶（一般为 *Taq* 酶）的作用下,引物的

3′末端延伸靶DNA的互补链完成一次复制，通过变性、退火、延伸三步反应的不断循环，理论上靶DNA数目以2^n几何级数放大（图12-3）。

（二）PCR衍生技术

自从PCR技术发明以来，发展极为迅速，出现了众多衍生技术，如反转录PCR、巢式PCR、多重PCR、重组PCR等。这些衍生技术的出现，大大拓展了PCR的应用范围。而20世纪末期发展起来的荧光定量PCR更是使PCR技术实现了从定性分析到定量分析的飞跃。

荧光定量PCR技术是在PCR反应体系中引入荧光化学物质，每经过一个PCR循环就会产生一个荧光信号，信号强度随PCR产物的累积而等比例变化，通过对每个循环结束时荧光信号的检测，可以对起始模板进行定量分析。荧光定量PCR能对样品中微量

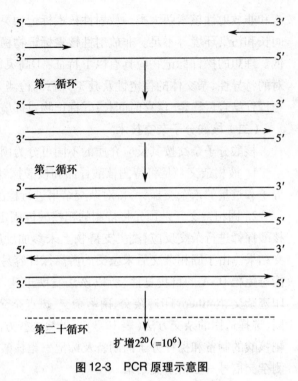

第一循环

第二循环

第二十循环

扩增$2^{20}(=10^6)$

图12-3　PCR原理示意图

甚至痕量的DNA进行定量分析，是目前最灵敏的DNA定量技术。

（三）PCR技术在医学方面的应用

PCR技术，尤其是荧光定量PCR技术，可以对DNA、RNA样品进行定性和定量分析，目前已经被广泛应用于基础医学研究、临床诊断、疾病研究及药物研发等领域。其中最主要的应用集中在以下几个方面：①病原微生物的定性和定量检测，用于感染性疾病的诊断；②基因突变分析，用于遗传病的检测；③基因表达差异分析，比较不同处理样本之间特定基因的表达差异（如药物处理、物理处理、化学处理等），特定基因在不同组织或不同时期的表达差异以及基因芯片结果的确证。

三、核酸序列分析

核酸序列分析，主要是DNA测序技术，是指用人工的方法测定并分析核酸的碱基组成及排列顺序。序列分析是研究基因结构、功能及其关系的前提，是分子生物学三大基本技术之一。

目前应用最多的DNA测序方法是Sanger等于1977年提出的双脱氧链终止法。其原理是：DNA聚合酶催化的DNA链延伸是在3′—OH末端上进行的。由于2′,3′-双脱氧三磷酸核苷酸（ddNTP）的3′位脱氧而失去游离—OH，当它掺入到DNA链后，3′—OH末端消失，使DNA链的延伸终止。因此，利用DNA聚合酶，以单链DNA为模板，以四种dNTP为底物，根据碱基配对原则，在测序引物引导下，合成四组有序列梯度的互补DNA链，在四组互相独立的反应体系中分别加入不同的ddNTP作为链反应终止剂，然后通过高分辨率的变性聚丙烯酰胺凝胶电泳分离，显色后可直接依次识读待测DNA的碱基排列顺序（图12-4）。

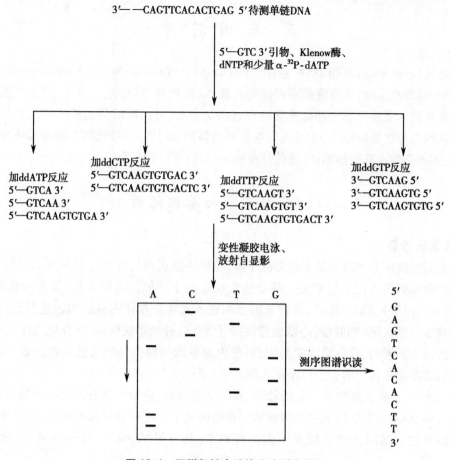

图 12-4　双脱氧链末端终止法测序原理

四、基因文库

用重组 DNA 技术将某种生物细胞的总 DNA 或染色体 DNA 的所有片段随机地连接到基因载体上,然后转移到适当的宿主细胞中,通过细胞增殖而构成各个片段的无性繁殖系(克隆),在制备的克隆数目多到可以把某种生物的全部基因都包含在内的情况下,这一组克隆的总体就被称为某种生物的基因文库(gene library)。简单地说,基因文库是指含有某种生物体全部基因片段的重组 DNA 克隆群。由于制备 DNA 片段的切点是随机的,所以每一克隆内所含的 DNA 片段既可能是一个或几个基因,也可能是一个基因的一部分或除完整基因外还包含着两侧的邻近 DNA 顺序。

从基因文库中筛选某一克隆的常用办法是分子杂交。首先把属于一个基因文库的细菌或噬菌体以较低密度接种在培养皿上以取得相当分散的菌落或噬菌斑,然后用硝酸纤维滤膜复印,使培养皿和滤膜的相对应的位置上具有相同的克隆。把探针 DNA 和硝酸纤维滤膜上的菌落或噬菌体分别进行变性处理,然后进行分子杂交。能与探针杂交上的菌落或噬菌体中便包含着所需要的基因,经过扩增便能得到大量的细菌或噬菌体,从中可以分离出所需基因的 DNA 片段。

五、基 因 芯 片

基因芯片(gene chip)又叫 DNA 芯片(DNA chip)、DNA 微阵列(DNA microarray),是指将大量的 DNA 片段有序地、高密度地固定排列在载体(玻璃片、硅片或纤维膜等)上所制成的点阵。基因芯片技术实质上是一种高通量的斑点杂交技术,可以同时分析样品中几百甚至几千个基因。基因芯片主要应用于:①基因表达水平的检测;②DNA 序列测定;③基因突变和多态性的检测;④感染性疾病的诊断;⑤遗传性疾病的诊断;⑥药物研究。

六、基 因 诊 断 与 基 因 治 疗

(一)基因诊断

随着人们对疾病分子机制越来越多的了解,发现许多疾病的发生均与内源基因的变异、表达异常或外源基因的入侵密切相关。感染性疾病是由于外源基因的入侵,如各种病原体(病毒、细菌或寄生虫等)感染人体后,其特异的基因进入人体并在体内复制和表达引起的。单基因遗传病和多基因疾病(如肿瘤、心脑血管疾病、代谢病、神经系统疾病、自身免疫性疾病等)是由于先天遗传和后天内、外环境因素的影响,使内源基因结构突变和表达异常所致。因此,人们对疾病的诊断也从传统的表型诊断深入到基因诊断。

1. 基因诊断的概念和特点　基因诊断(gene diagnosis)是指利用分子生物学的技术方法,对感染性疾病、单基因遗传病和多基因疾病等在基因水平上进行直接检测和分析,从而对疾病作出诊断的方法。基因诊断是以基因为探查对象,具有早期、快速、特异性强、灵敏度高等特点。

2. 基因诊断常用的技术方法　主要包括 PCR 及其衍生技术、核酸分子杂交技术、DNA 测序、基因芯片技术、替代扩增技术(如 TAS、NASBA、TMA)、LCR、杂交捕获系统、bDNA 技术、FISH 以及两种或几种技术的联合。

3. 基因诊断的应用　基因诊断已广泛应用于感染性疾病、单基因遗传病和多基因疾病等的诊断。除在早期诊断、鉴别诊断、分期分型、疗效观察及预后判断中均发挥重要作用外,在预测个体对某种疾病易感性、器官移植的配型和法医学等方面也有重要作用。

(1) 感染性疾病的诊断:①进行病原体感染的早期诊断,如丙型肝炎病毒(HCV)感染后平均 70 天才能通过免疫学方法检测到抗体,而通过基因诊断技术 12 天就可以检测到 HCV RNA;②适用于检测不能或不易培养、生长缓慢的病原微生物,如结核分枝杆菌、苍白螺旋体、病毒等;③通过对病原体核酸的定量检测动态监测疾病进展;④通过检测细菌 16S rRNA 基因或对其测序,对细菌进行种属鉴定;⑤进行病原体感染的分子流行病学调查;⑥对病原体进行基因分型;⑦检测病原体的耐药基因。

(2) 单基因遗传病的诊断:遗传病是指由于机体的生殖细胞或受精卵中的遗传物质发生突变(或畸变)所引起的疾病。单基因遗传病是指只受一对等位基因控制的遗传病。已经确定的单基因病有 6500 多种,如血红蛋白病、肌营养不良症、血友病等。单基因遗传病很容易通过基因诊断的方法确诊。对有患遗传病危险的胎儿可进行产前诊断或检测其有关亲属是否为基因携带者,这对遗传病的防治和优生优育有重要意义。

（二）基因治疗

1. 基因治疗的概念　基因治疗（gene therapy）的概念有广义和狭义之分。狭义的基因治疗是指用具有正常功能的基因置换或增补患者体内有缺陷的基因，从而达到治疗疾病目的的一种治疗方法。广义的基因治疗是指将外源基因导入患者靶细胞，并有效地表达该细胞本来不表达的基因，或采用特定方式关闭、抑制异常表达基因，从而达到治疗疾病目的的治疗方法。

2. 基因治疗的策略或方法　目前主要采取以下几种策略：

（1）基因矫正：将致病基因的异常碱基进行纠正，而正常部分予以保留。

（2）基因置换：用正常的基因通过体内基因同源重组原位替换病变细胞内的致病基因，使细胞内的 DNA 完全恢复正常状态。

（3）基因增补：将目的基因导入病变细胞或其他细胞，不去除异常基因，而是通过目的基因的非定点整合，使其表达产物补偿缺陷基因的功能或使原有的功能得到加强。目前基因治疗常采用此策略。

（4）基因代偿：通过对有代偿功能的基因的正调控，来代偿功能异常基因。

（5）基因失活：将反义 RNA、反义 DNA、核酶等反义核酸导入细胞，抑制有害基因异常表达，以达到治疗疾病的目的。近年发展起来的反基因策略、RNA 干扰、肽核酸和基因敲除技术也可达到基因灭活的目的。

3. 基因治疗的展望　自 1990 年 9 月 14 日全世界第一例用腺苷脱氨酶（ADA）基因治疗腺苷脱氨酶缺陷导致的重症联合免疫缺陷综合征（ADA-SCID）获得成功后，现在基因治疗在遗传性疾病、心血管疾病、肿瘤、神经系统疾病和感染性疾病等多种疾病的治疗中都取得了可喜的进展。但是，基因治疗目前仍处于实验研究阶段，还有许多理论和技术问题有待解决。相信随着科学技术的不断进步，基因治疗也会像抗生素的应用一样，将在人类健康事业中发挥重要的作用。

小　结

基因工程是指将外源基因与载体分子在体外进行拼接重组，转入受体细胞内，使之扩增并且表达的技术。基因工程操作需要限制酶、DNA 聚合酶、DNA 连接酶等工具酶。常用的载体有质粒载体、噬菌体载体和黏粒载体等，每种载体具有不同的特点和应用。基因工程的基本过程包括：目的基因的获得，载体的选择与改造，目的基因与载体的连接，重组 DNA 分子的导入，重组体的筛选与鉴定。

核酸分子杂交是利用核酸探针检测样本中是否存在与其互补的目的基因片段的技术。核酸分子杂交按其反应介质的不同可分为固相杂交和液相杂交两类。常用的固相杂交类型有 Southern 杂交、Northern 杂交、斑点杂交、原位杂交等。

PCR 是模拟体内 DNA 复制过程，能在试管内将所要研究的目的基因或 DNA 片段于数小时内扩增至数十万乃至百万倍，具有特异、敏感、高效、简便、重复性好、易自动化等突出优点。荧光定量 PCR 能对样品中微量甚至痕量的 DNA 进行定量分析。

核酸序列分析是指用人工的方法测定并分析核酸的碱基组成及排列顺序。它是研究基因结构、功能及其关系的前提。目前应用最多的 DNA 测序方法是双脱氧链终止法。

基因文库是指含有某种生物体全部基因片段的重组 DNA 克隆群。从基因文库中筛选某一克隆的常用方法是分子杂交。

基因芯片是指将大量的 DNA 片段有序地、高密度地固定排列在载体上所制成的点阵。基因芯片技术实质上是一种高通量的斑点杂交技术。

基因诊断是指利用分子生物学的技术方法,对感染性疾病、单基因遗传病和多基因疾病等在基因水平上进行直接检测和分析,从而对疾病作出诊断的方法。基因诊断的常用技术主要包括 PCR、核酸分子杂交、DNA 测序、基因芯片等。

基因治疗是指将外源基因导入患者靶细胞,并有效地表达该细胞本来不表达的基因,或采用特定方式关闭、抑制异常表达基因,从而达到治疗疾病目的的治疗方法。常用的基因治疗策略有基因增补、基因矫正、基因置换、基因失活等。

 复习思考题

一、名词解释

1. 基因工程
2. 限制性核酸内切酶
3. 基因诊断
4. 基因治疗

二、问答题

1. 请列举基因工程的重要工具酶。
2. 简述基因工程的基本过程。
3. 阐述核酸分子杂交的基本原理。
4. 试述 PCR 的原理。
5. 基因诊断有哪些优点？常用的基因诊断技术有哪些？

（钟连进）

第十三章

细胞信号转导

　　高等生物所处的环境无时无刻不在变化,机体功能上的协调统一要求有一个完善的细胞间相互识别、相互反应和相互作用的机制,这一机制可以称作细胞通讯(cell communication)。细胞之间的通讯可以通过相邻细胞的直接接触或细胞之间的间隙连接来实现,但更重要的是通过分泌各种化学物质来调节自身和其他细胞的代谢和功能。在后者中,细胞通过胞膜或胞内受体感受信息分子的刺激,激活特定的信号放大系统,引起蛋白质分子构象、酶活性、膜通透性以及基因表达等方面的改变,从而产生一系列生物学效应的过程称为细胞信号转导。细胞通讯和信号转导的基本路线可以概括为:细胞外信号→受体→细胞内信息级联放大→生物学效应。

第一节　信　息　物　质

一、细胞间的信息分子

　　细胞信号转导(cellular signal transduction)是指细胞外信号分子通过与受体结合,引发细胞内的一系列生物化学反应以及蛋白间相互作用,直至细胞生理反应所需的基因开始表达、各种生物学效应形成的过程。细胞信号转导参与所有的细胞生命活动:细胞代谢、分裂、分化、功能活动、死亡等。在不同的组织中,细胞间信息传递的方式不同,主要有神经和体液两条途径。前者是指神经系统细胞间通讯的化学信号分子,由神经元突触前膜释放,经突触间隙扩散到突触后膜,作用于特定的靶细胞。如乙酰胆碱、多巴胺和去甲肾上腺素等,其作用迅速、准确、局限而短暂。体液途径指的是通过体液运输信息分子至靶细胞,并与受体结合产生生物学效应,其作用广泛、缓慢而持久。细胞信息分子包括细胞外信息分子和细胞内信息分子。细胞外信息分子是存在于细胞间的信息物质,主要包括内分泌激素、神经递质、细胞因子、生长因子、淋巴因子、化学诱导剂等,通常统称为第一信使(first messenger)。当第一信使与细胞膜上或细胞质内的特定受体结合后,可将其携带的信息转导给胞质或胞核中的功能反应体,从而启动细胞产生功能效应。细胞内的信息分子主要包括无机离子、脂类衍生物、糖类衍生物、核苷酸和信号蛋白分子等,通常统称为第二信使(second messenger),承担将细胞接受的外来信息,转导至细胞内的任务,并通过它在细胞内调节各种代谢通路,最终引起相应的生物效应。

细胞外信息分子从其来源可以有神经递质,内分泌,旁分泌和自分泌四种途径。神经递质是在神经元、肌细胞或感受器间的化学突触中充当信使作用的特殊分子。突触前神经元合成神经递质,并将其包裹在突触小泡内,在神经元发生冲动时,突触小泡通过胞吐作用,将其中的神经递质释放到突触间隙中。通过扩散作用神经递质分子抵达突触后膜,并与其上的一系列受体通道结合,改变通道蛋白构象、激活第二信使系统等。这类信息分子的作用特点是距离短,速度快。

激素大多数由内分泌细胞分泌,通过血液循环作用于远处的特定细胞,如胰岛素、肾上腺素等。少数内分泌细胞的分泌物可直接作用于邻近的细胞,称为旁分泌。有一些旁分泌信号还作用于发出信号的细胞自身,称自分泌。一些肿瘤细胞存在生长因子的自分泌作用以保持持续性生长。这类信息分子的作用特点是距离长,总的反应时间跨度可以是几秒到几天不等。无论是激素还是细胞因子,在高等动物体内的作用方式都具有网络调节特点。体现在一种激素或细胞因子的作用始终会受到其他激素或细胞因子的影响,发出信号的细胞随时又受到其他细胞信号的调节。网络调节使得机体内的激素或细胞因子的作用都具有一定程度的代偿性,单一缺陷不会导致对机体的严重损害。

二、细胞内的信息分子

细胞外的信号经过受体转换进入细胞内,通过细胞内一些蛋白质和小分子活性物质进行传递,最终引起相应的生物效应。通常把在细胞内传递、调控信号的化学物质称为细胞内信息物质。细胞内信息物质主要有小分子化合物、酶分子和调节蛋白三大类。

(一)小分子化合物

细胞内传递信号的小分子化合物又称第二信使,主要有核苷酸类,如 cAMP、cGMP;离子如 Ca^{2+};脂类如二酰甘油(diacylglycerol,DAG),磷脂类如三磷酸肌醇(inositol-1,4,5-triphosphate,IP_3)、磷脂酰肌醇-3,4,5-三磷酸(PIP_3);气体分子如 NO 等。第二信使具有以下共同特点:①在完整细胞内,该分子的浓度或分布在细胞外信号的作用下发生迅速改变;②该类分子的类似物可模拟细胞外信号的作用;③阻断该分子的变化可阻断细胞对外源信号的反应;④作为变构效应剂在细胞内有特定的靶蛋白分子。

(二)酶分子

根据这类酶转导信息分子的作用方式,可将其分成三大类。

一类是催化第二信使小分子生成和转化的酶,如腺苷酸环化酶(adenylate cyclase,AC)、鸟苷酸环化酶(guanylate cyclase,GC)、磷脂酶 C(phospholipase C,PLC)、磷脂酶 D 等。如腺苷酸环化酶催化 ATP 生成 cAMP,使得细胞内的 cAMP 量增加。

另一类是蛋白激酶(protein kinase,PK)。蛋白激酶是催化 ATP 的 γ-磷酸基团转移至靶蛋白的特定氨基酸残基上,对蛋白质进行磷酸化修饰的一类酶。蛋白激酶的种类繁多,至2004 年底已发现 800 余种。主要有蛋白丝氨酸/苏氨酸激酶和蛋白酪氨酸激酶(protein tyrosine kinase,PTK)。蛋白丝氨酸/苏氨酸激酶有 PKA、PKG、PKC、PKB、Ca^{2+}/CaM-PK 等;这类蛋白激酶可以使它们靶蛋白上的丝氨酸或苏氨酸羟基磷酸化,从而激活或抑制靶蛋白的活性。例如蛋白激酶 A(PKA)磷酸化靶蛋白——磷酸化酶 b 激酶和糖原合酶,使血糖浓度升高。

蛋白酪氨酸激酶是使其靶蛋白上的酪氨酸酚羟基磷酸化,激活靶蛋白。蛋白酪氨酸激酶分为受体型和非受体型。受体型蛋白酪氨酸激酶在结构上均为单次跨膜的 α-螺旋受体蛋白,其胞外部分为配体结合区,中间有跨膜区,细胞内部分含有蛋白酪氨酸激酶的催化结构域。此类受体多为生长因子受体,如表皮生长因子受体(EGFR)、血小板衍生生长因子受体(PDGFR)。受体型蛋白酪氨酸激酶与配体结合后,形成二聚体,同时酶活性增高,使受体胞内部分的酪氨酸磷酸化增强。磷酸化的受体酶活性进一步增强,同时可以募集含有 SH2 结构域(见下文)的信号分子,从而把信号传递至下游分子。非受体型蛋白酪氨酸激酶是细胞质或细胞核内的信号分子,对其靶蛋白分子上的酪氨酸磷酸化,从而传递信号,如 JAK 家族、Src 家族等。

第三类为蛋白磷酸酶(protein phosphatase)。蛋白磷酸酶催化磷酸化的蛋白质分子发生去磷酸化,与蛋白激酶共同构成了蛋白质活性的开关系统。无论蛋白激酶对其下游分子的作用是正调节还是负调节,蛋白磷酸酶都将对蛋白激酶所引起的变化产生衰减信号。如糖原合成与分解调节中,PKA 磷酸化磷酸化酶 b 激酶,使其活性增加,而磷蛋白磷酸酶-1 使磷酸化酶 b 激酶去磷酸化,使其活性降低。

(三)调节蛋白

信号转导途径中有许多信号转导分子是没有酶活性的蛋白质,它们通过分子间的相互作用被激活或激活下游分子。这类信号转导分子主要有 G 蛋白和接头蛋白。

1. G 蛋白 称鸟苷酸结合蛋白,是能够与 GTP/GDP 结合的蛋白,简称 G 蛋白(G protein)。其共同的特点是:具有一个 GTP 结合位点,当 G 蛋白结合 GTP 后处于活性形式,作用于下游分子使相应的信号通路开放。G 蛋白本身具有 GTP 酶的活性,可以将其结合的 GTP 水解成 GDP和无机磷酸,回到非活性状态,使信号通路关闭。参与信号转导的 G 蛋白有 G 蛋白三聚体和小G 蛋白。

(1)G 蛋白三聚体:是位于细胞质膜内侧,可以与七个跨膜 α-螺旋受体结合的一类蛋白质。其结构由 α、β、γ 三个亚基组成,总分子量为 100kD 左右。α 亚基分子量在 39～46kD 之间,差别最大,被用作 G 蛋白的分类依据。目前已经发现20 多种 G 蛋白,哺乳动物细胞中 G 蛋白的种类及效应见表 13-1。处于激活状态的 G 蛋白偶联受体可以激活 G 蛋白,使 G 蛋白的 α亚基与 βγ 亚基分离,GTP 交换 G 蛋白 α 亚基上结合的 GDP,使得 G 蛋白激活。激活的 G 蛋白进一步激活腺苷酸环化酶(AC)系统产生第二信使 cAMP,从而产生进一步的生物学效应。当受体信号消失后,G 蛋白 α 亚基上 GTP 酶将其结合的 GTP 水解成 GDP 和无机磷酸,α 亚基与βγ 亚基再次结合成为无活性的 G 蛋白。

表 13-1 G 蛋白的种类及功能

G 蛋白类型	α 亚基	功　能
Gs	α_s	激活腺苷酸环化酶
Gi	α_i	抑制腺苷酸环化酶
Gq	α_q	激活磷脂酰肌醇特异的磷脂酶 C
Go	α_o	大脑中主要的 G 蛋白,可能调节离子通道
传导素	Ta	激活视觉

（2）小 G 蛋白:是近年来研究发现的低分子量 G 蛋白,其分子量只有 22 ~ 26kD,为单体蛋白,在多种细胞反应中具有开关作用。小 G 蛋白有 40 多种,含有多个家族成员,已知的有 Ras 家族、Rho、Rab、Arf、Ran、Rad 等。小 G 蛋白在细胞生存、增殖、分化诸多方面有着广泛的调节功能,如 Ras 参与细胞丝裂原活化蛋白激酶(MAPK)信号途径的信号转导,调节细胞增殖和分化(见本章第三节)。小 G 蛋白结合 GTP 时活化,继而通过变构调节作用激活下游信号转导分子。当小 G 蛋白亚基上的 GTP 酶将其结合的 GTP 水解成 GDP 和无机磷酸后,小 G 蛋白失去活性。

2. 衔接蛋白　衔接蛋白是信号转导通路中不同信号分子的接头,连接上游信号转导分子和下游信号转导分子。衔接蛋白发挥作用的结构基础是蛋白质相互作用的结构域,其功能是募集和组织信号转导复合物。衔接蛋白与信号转导密切相关的结构域主要有:SH2、SH3、PH、PTB(表 13-2)。目前已经确认的蛋白质相互作用的结构域有 40 多种。这些结构域大部分由 50 ~ 100 个氨基酸构成,其特点是:①一个信号分子可以含有两种以上的蛋白质相互作用结构域,即可以同时与两种以上的其他信号分子结合;②同一种蛋白质相互作用的结构域可以存在于不同的信号分子中;③这些结构域为非催化结构域,不具有酶的活性。

表 13-2 蛋白质相互作用结构域及其识别模体举例

蛋白质结构域	缩写	含有结构域的蛋白质	识别模体
Src homology 2	SH2	蛋白激酶、磷酸酶、衔接蛋白等	含磷酸化酪氨酸模体
Src homology 3	SH3	蛋白激酶、磷脂酶、衔接蛋白等	富含脯氨酸模体
Pleckstrin homology	PH	蛋白激酶、细胞骨架调节分子等	磷脂衍生物
Protein tyrosine binding	PTB		含磷酸化酪氨酸模体

大部分衔接蛋白由 2 个或 2 个以上的蛋白质相互作用结构域组成,除此以外几乎不含有其他功能结构。如表皮生长因子受体(EGFR)信号通路中的衔接蛋白 Grb2 是由 2 个 SH2 和 2 个 SH3 结构域构成的衔接蛋白。蛋白质相互作用结构域也可以存在于蛋白激酶、磷脂酶和磷酸酶中。如磷酸肌醇-2-磷酸(PIP_2)特异性 PLC 分子中有 2 个 SH2 和 1 个 SH3;磷脂酰肌醇-3-激酶(PI3K)分子的调节亚基 P85 中含有 SH2 结构域,可以和受体上磷酸化的酪氨酸结合,传递信号。

第二节　受　体

细胞外的信号分子通过位于靶细胞表面或内部的特殊蛋白质将信号导入靶细胞内的过程是信号转导的重要环节,这类特殊的蛋白质即称为受体(receptor),其功能是识别并特异地与胞外微量的化学信号物质(配体)结合,并能把识别和接受的信号正确无误地放大并传递到细胞内部,进而引起特定的生物学效应。能与受体呈特异性结合的化学信号分子称为配体(ligand)。细胞间信息物质就是一类最常见的配体。

一、受体的结构及功能

根据受体的亚细胞定位,受体可分为:①细胞内受体。这类受体存在于细胞质内和核基质中,介导亲脂性信号分子的信息传递。其配体是类固醇激素、甲状腺素、维A酸和维生素D等;②膜受体(图13-1)。这类受体位于细胞膜上,介导亲水性信号分子的信息传递。其配体包括胰高血糖素、生长激素、催产素、抗利尿激素、生长激素释放激素、促甲状腺素释放激素等多肽类激素,还有神经递质、趋化因子等化学信号。这类受体绝大部分是镶嵌蛋白,主要包括离子通道偶联型受体、G蛋白偶联型受体和酶偶联型受体三类。

(一)离子通道偶联型受体

离子通道偶联型受体本身既有信号分子结合位点,又是离子通道,主要在神经冲动的快速传递中发挥作用。它们的开放或关闭直接受化学配体的控制,称为配体门控受体型离子通道。

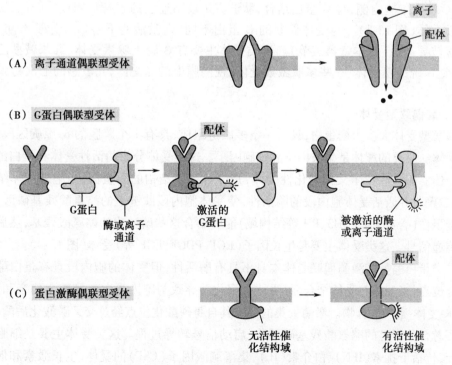

图 13-1　膜受体的三种类型及其信息传递机制

其配体主要是神经递质如乙酰胆碱。受体结构是单一肽链反复跨膜4次形成1个亚单位，并由4～5个亚单位共同在细胞膜上形成一个亲水性的离子通道，又称环状受体（图13-2）。配体与受体结合后引起受体蛋白变构，导致离子通道的开启或关闭。离子的流动改变了靶细胞的膜电位而产生生物学效应。如N型乙酰胆碱受体与2分子乙酰胆碱结合，钠离子通道开放，细胞外的钠离子内流，细胞膜去极化（钠离子通道开放时间仅1毫秒）。几十毫秒内离子通道关闭，然后乙酰胆碱与受体解离，受体恢复到初始状态。离子通道偶联型受体分为阳离子通道（Na^+、K^+、Ca^{2+}通道）和阴离子通道（Cl^-，HCO_3^-通道）偶联型受体，前者的配体有乙酰胆碱、谷氨酸、5-羟色胺等，后者的配体有 γ-氨基丁酸、甘氨酸等。

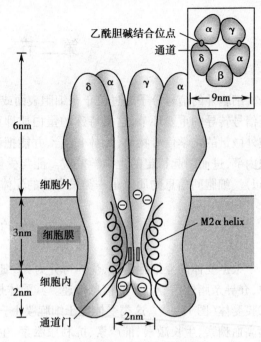

图13-2　乙酰胆碱受体的结构

（二）G蛋白偶联受体

G蛋白偶联受体是最大的受体家族。配体与受体结合后激活相邻的G-蛋白，被激活的G-蛋白又可激活或抑制一种产生特异第二信使的酶或离子通道，引起膜电位的变化。由于这种受体的信号转导作用要与G蛋白三聚体（本章第一节所述）相偶联，因此称它为G蛋白偶联受体。这类受体结构非常相似，均为单一肽链形成的蛋白质，其N端在细胞外侧，与配体结合；C端在细胞内侧，与G蛋白结合；肽链有7段不连续的α螺旋组成跨膜区，所以也称七次跨膜受体（图13-3）。与受体偶联的G蛋白不同，则激活的下游信号分子不同，组成不同的信号转导途径（见本章第三节）。这类受体主要有 β-肾上腺素受体、毒蕈碱型乙酰胆碱受体、嗅觉系统的嗅受体、一些多肽激素受体、视网膜上的光受体、光敏感的七次跨膜蛋白视紫红质等。

（三）酶偶联型受体

酶偶联型受体大多为糖蛋白，只由一条多肽链组成，具有1个跨膜的α-螺旋区段，又称单次跨膜受体。主要的配体是生长因子和细胞因子。这类受体分为酶活性受体和蛋白酪氨酸激酶偶联受体。酶活性受体又称催化性受体，是一种跨膜结构的酶蛋白，当胞外配体结合受体后，受体二聚化并激活受体胞内段的酶活性，使受体胞内段肽链上的酪氨酸残基磷酸化，细胞内的衔接蛋白（含有 SH2、SH3、PH 等结构域）能够结合这些磷酸化的酪氨酸残基，然后再向下游分子传递信号。这类受体主要是生长因子（EGF，PDGF，FGF 等）受体（图13-4）。

第二类蛋白酪氨酸激酶偶联受体本身不具有酶活性，但受体的胞内段具有蛋白酪氨酸激酶的结合位点，当配体与受体结合后，受体二聚化并导致与胞内蛋白酪氨酸激酶亲和力增强，形成配体-受体-激酶复合物。激酶聚集的同时其自身磷酸化位点经过交叉磷酸化后酶被活化，继而对下游靶分子上的酪氨酸残基磷酸化，启动信号转导过程。这类受体主要是细胞因子受体超家族，包括干扰素（IFN）、白介素（IL）、集落刺激因子（CSF）的受体；生长激素和催乳素的受体；B淋巴细胞和T淋巴细胞抗原特异性受体等。

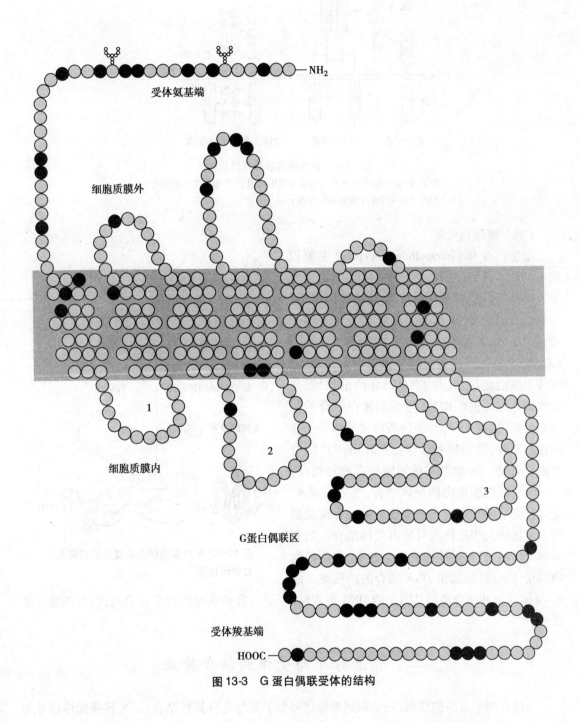

图 13-3　G 蛋白偶联受体的结构

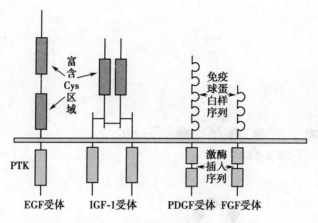

图 13-4 各类酶偶联受体的结构
EGF:表皮生长因子;IGF-1:胰岛素样生长因子;PDGF:血小板衍生生
长因子;FGF:成纤维细胞生长因子

（四）细胞内受体

细胞内受体(intracellular receptor)主要识别小的脂溶性分子或气体信号分子,如类固醇激素、NO 等。这类受体大多数是转录因子,可与细胞核内的 DNA 结合。功能上是转录因子的胞内受体,其基本结构很相似,通常为 400～1000 个氨基酸残基组成的单体蛋白质,包括 N 端转录激活结构域、与 DNA 结合的结构域、与激素配体结合的结构域、与抑制蛋白结合的位点和铰链区(图 13-5)。类固醇激素受体处于非活性状态时,是与抑制性蛋白(如 Hsp90)结合形成复合物。激素进入靶细胞后有两种情况,一些激素与细胞质内的受体结合,然后以激素-受体复合物的形式进入细胞核。第二种情况是激素直接进入细胞核内与核内受体结合。当激素与受体结合后,受体构象发生改变,导致抑制物与受体解离,暴露出 DNA 结合的结构域。激

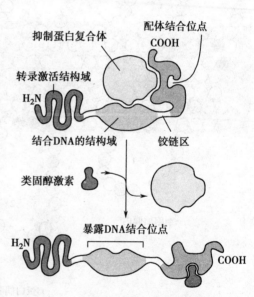

图 13-5 胞内类固醇激素受体的结构及其激活过程

素-受体识别并结合特定基因上的 DNA 激素反应元件,启动基因的转录和表达,引起细胞功能改变。

二、信息分子与受体的结合特点

受体有两个方面的作用:一是识别外源信号分子并与之特异性结合;二是转换配体信号为细胞内分子可识别的信号,并传递给其他分子引起细胞应答。受体与配体的结合有以下特点:

1. **高度特异性** 信息分子通过特定的结构部位与受体特定结构域结合,这种选择性是由分子的空间构象决定的。一种配体只能识别结合一种受体,如果细胞没有配体识别的相应受

体,其信号转导过程不会发生。

2. 高度亲和力 细胞外信息物质的浓度非常低(通常≤10^{-8}mol/L),也能与受体结合而产生显著的生物效应。

3. 可饱和性 增加配体浓度,可使受体饱和。即配体与受体结合达到最大值后,不再随配体浓度的增加而增大。

4. 可逆性 受体与配体以非共价键结合。当生物效应发生后,配体即与受体解离。受体可恢复到原来的状态,并再次被利用。而配体则常被立即灭活。

5. 特定的作用模式 受体的分布有组织特异性和细胞特异性,在细胞内能引起某种特定的生理效应。

第三节 主要的信号转导途径

各种信息分子都要与它们相应的受体结合而产生信息的传递。由于受体的结构不同,信息传递的通路也不同。即不同的受体所介导的信号转导途径不同。脂溶性信息分子可通过简单扩散进入细胞内。而水溶性的信息分子(肽类、儿茶酚胺类及生长因子等)不能透过细胞膜,只能通过膜受体接受信息放大并传入细胞内而调节细胞的生理活动,这一过程称为跨膜信号转导。膜受体介导的信息转导存在多种途径,本节主要介绍四种途径,这些途径之间既相对独立又存在一定联系。

一、cAMP-蛋白激酶途径

cAMP-蛋白激酶途径是内分泌激素代谢调节的主要途径。该途径经 G 蛋白偶联型受体介导,以靶细胞内 cAMP 浓度改变和激活蛋白激酶 A(PKA)为主要特征。参与这条信号转导途径的主要激素有胰高血糖素、肾上腺素、促肾上腺皮质激素等激素。下面以胰高血糖素受体通过 AC-cAMP-PKA 途径调节血糖为例说明。

胰高血糖素与靶细胞质膜上的特异性 G 蛋白偶联型受体结合后,形成激素-受体复合物而激活受体。活化的受体激活 Gs 蛋白。α_s-GTP 能激活腺苷酸环化酶(AC)。AC 催化 ATP 转化成 cAMP,使细胞内 cAMP 浓度增高。cAMP 结合于蛋白激酶 A(PKA)的调节亚基,使 PKA 激活。接下来 PKA 磷酸化靶蛋白——磷酸化酶 b 激酶和糖原合酶,使血糖浓度升高(图 13-6)。

二、Ca^{2+}-依赖性蛋白激酶途径

该信号途径以细胞内 Ca^{2+}浓度变化为共同特征,Ca^{2+}为第二信使,通过多种钙结合蛋白直接或间接影响酶活性和离子通道的开关,参与调节收缩、运动、分泌和分裂等复杂的生命活动。此途径又分为两种。

(一)Ca^{2+}-磷脂依赖性蛋白激酶途径
近年来的研究表明,G 蛋白偶联受体的跨膜信息传递方式中有一种以三磷酸肌醇(1,4,5-

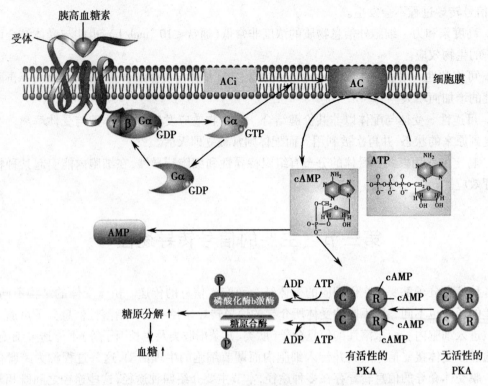

图 13-6 胰高血糖素受体通过 cAMP-蛋白激酶 A 途径介导的信号转导

三磷酸肌醇，IP$_3$）和二酰甘油（DAG）、Ca^{2+}为第二信使的双信号途径。这类受体的配体有促甲状腺素释放激素、去甲肾上腺素、抗利尿激素、乙酰胆碱、5-羟色胺和血管紧张素Ⅱ等。下面以血管紧张素Ⅱ的信号转导途径为例解释其信号转导过程（图 13-7）。

血管紧张素Ⅱ作用于靶细胞膜上特异性受体，通过特定的 G 蛋白（Gq）激活磷脂酰肌醇特异性磷脂酶 Cβ（PI-PLCβ），PI-PLCβ 则水解膜组分上的磷脂酰肌醇 4,5-二磷酸（PIP$_2$）而生成 DAG 和 IP$_3$。DAG 生成后不进入胞质，仍留在质膜上，在磷脂酰丝氨酸和 Ca^{2+}的配合下激活蛋白激酶 C（PKC）。IP$_3$生成后，从膜上扩散至胞质中与内质网和肌浆网上的特异性 IP$_3$受体结合，因而促进内质网和肌浆网内钙储库的 Ca^{2+}迅速释放，使胞浆内的 Ca^{2+}浓度升高。Ca^{2+}能与胞质内的 PKC 结合并聚集至质膜，在 DAG 和膜磷脂共同诱导下，PKC 被激活。

（二）Ca^{2+}-钙调蛋白依赖性蛋白激酶途径（Ca^{2+}-CaM 途径）

钙调蛋白（CaM）是一种能与钙结合而调节细胞功能的蛋白质。其分子量为 15kD（有 Ca^{2+}）和 19kD（无 Ca^{2+}）。CaM 是细胞内最重要的钙感受体。细胞受到刺激后，Ca^{2+}浓度升高到 0.5μmol/L 以上时 CaM 被激活。CaM 结合 Ca^{2+}后形成活化态的 Ca^{2+}-CaM 复合体，并产生构象变化。CaM 的靶蛋白有磷蛋白磷酸化酶、钙转移酶、细胞骨架相关蛋白等。另外 CaM 可活化依赖 Ca^{2+}-CaM 的蛋白激酶（CaM-PK）而作用更广泛。CaM-PK 有多种，包括 CaM-PK Ⅰ～Ⅴ，肌球蛋白轻链激酶等。CaM-PK 可以将其底物磷酸化，如 CaM-PK Ⅱ可以磷酸化细胞骨架蛋白、NO 合酶、离子通道等。

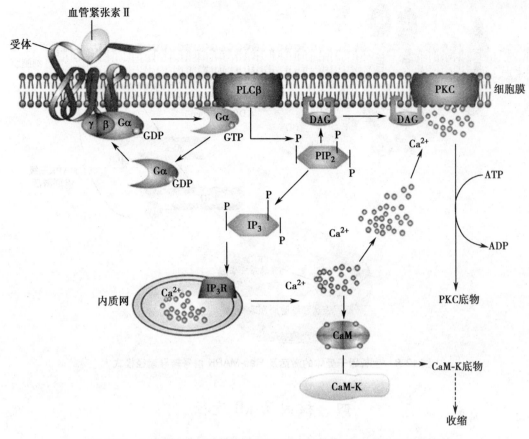

图 13-7 血管紧张素 Ⅱ 受体通过 PLC-IP$_3$/DAG-PKC 途径介导信号转导

三、蛋白酪氨酸激酶途径

蛋白酪氨酸激酶(PTK)在细胞的生长、增殖、分化等过程中起重要的调节作用,并与肿瘤的发生有密切的关系。如本章第一节所述,细胞中的 PTK 包括两大类,第一类为位于细胞质膜上的 PTK,称为受体型 PTK,如胰岛素受体、表皮生长因子受体等,这些受体具有催化活性。第二类为位于胞质中的 PTK,称为非受体型 PTK,如 Src 家族和 STAT 家族,它们与无催化活性的受体偶联而发挥生理作用。这两类 PTK 分别介导不同的细胞信息传递途径。下面以表皮生长因子(EGF)介导的 Ras-MAPK 信号转导途径为例介绍受体型蛋白酪氨酸激酶的信号转导过程(图 13-8)。

如本章第二节所述,表皮生长因子受体(EGFR)为单次跨膜 α 螺旋受体,胞外区是结合配体的结构域,胞内区肽段是蛋白酪氨酸激酶的催化部位,并具有自我磷酸化位点。当表皮生长因子与 EGFR 结合后,受体发生二聚化并构象改变,受体胞内区的蛋白酪氨酸激酶被激活,随后 PTK 可使受体自身的某些酪氨酸残基磷酸化,产生可被衔接蛋白 SH2 结构域识别结合的位点。含有 SH2 结构域的生长因子受体结合蛋白 2(Grb2)与磷酸化的受体结合,募集 SOS(Ras 鸟苷酸交换因子)分子。SOS 结合到 Grb2 后被活化,作用于小 G 蛋白 Ras,促进 Ras 蛋白中 GDP 的释放,GTP 的结合而激活 Ras 蛋白。Ras 蛋白激活丝裂原活化蛋白激酶(MAPK)的级联反应。活化的 MAPK 对细胞核内的转录因子磷酸化,影响靶基因的表达水平,调节细胞的生长和分化。

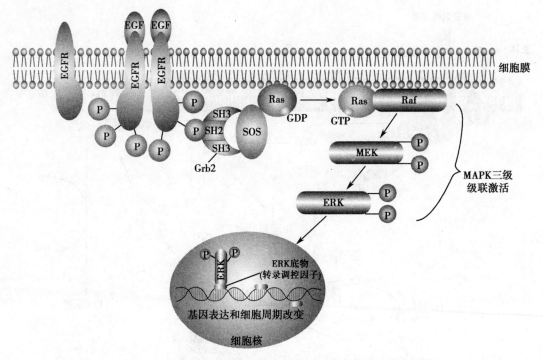

图 13-8　生长因子受体的激活及 Ras-MAPK 信号转导途径模式

四、核因子 κB 途径

　　NF-κB(nuclear factor-κB,NF-κB)最初被发现能与淋巴细胞中免疫球蛋白 κ 轻链的增强子 κB 序列特异性结合,因此得名。后来证明 NF-κB 是一种广泛存在于真核细胞中的转录因子,参与机体的生长发育、免疫应答、炎症反应和肿瘤生长等。NF-κB 经典复合物有三个家族:NF-κB/Rel、IκB 家族和 IKK 家族。通常情况下,NF-κB 与抑制蛋白 IκB 在胞质结合,无激活转录的活性。外来刺激激活 IKK,使 IκB 蛋白磷酸化后被蛋白酶降解。NF-κB 与 IκB 分离并转移至细胞核,调节多种基因转录。NF-κB 可经多种信号转导途径被激活,大体上分为标准 NF-κB 信号通路、旁路 NF-κB 信号通路和非典型 NF-κB 信号通路三类。下面我们以标准 NF-κB 信号通路为例,解释 NF-κB 信号转导过程。

　　肿瘤坏死因子 α(TNF-α)与其特异性跨膜受体 TNFR1 结合后,诱导受体三聚化,招募细胞质中的肿瘤坏死因子受体相关死亡域蛋白(TRADD),使其与 TNFR1 的胞内段结构域结合,继而招募受体相互作用蛋白-1(RIP1)和肿瘤坏死因子受体相关因子-2(TRAF2)等分子。在 TRAF2 的诱导下,RIP1 发生 63 位赖氨酸连接的多泛素化。泛素化后的 RIP1 可与 IKK 复合物中的 NEMO 亚基结合,稳定 IKK 与 TNFR1 复合体的相互作用,同时诱导 IKK 变构。随后 RIP1 可通过丝裂原活化蛋白激酶(MEKK3)激活 IKK。TRAF2 也可通过转化生长因子 β 激活激酶 1(TAK1)磷酸化激活 IKKβ。活化后的 IKK 使 IκB 上的 Ser 位点磷酸化,赖氨酸连接上多个泛素分子被蛋白酶体降解,释放 NF-κB 分子 p50 和 p65。NF-κB 分子的核定位序列(NLS)暴露,进入核内,与靶基因的 κB 位点识别结合,激活靶基因的转录。

　　细胞内信号转导的各条途径不是孤立的,各个途径都有多种交叉和联系,并形成网络,这使得信号转导复杂且具有多样性。一种受体可以激活几条信号转导途径,如血小板衍生生长因子受体(PDGFR)与配体结合,其受体上的酪氨酸磷酸化后,可被 Grb2 结合激活 Ras、激活 PLCγ、激活 PI3K 传递信号。也可以激活 Src 激酶传递信号。另一方面,一条信号途径可被多种受体传来的信号激活,如与 Grb2 结合激活 Ras-MAPK 途径可接受表皮生长因子受体(EGFR)、血小板衍生生长因子受体(PDGFR)、神经生长因子受体(NGFR)等信号的激活。

第四节　信号转导异常与疾病

细胞信号转导系统具有调节细胞增殖、分化、代谢、适应、防御和凋亡等作用,信号转导的异常与疾病发生发展密切相关。对信号转导系统与疾病关系的研究不仅有助于阐明疾病的发生、发展机制,还能为新药设计和发展新的治疗方法提供思路和作用靶点。

一、信号转导与疾病的发生

1. 受体结构、功能改变与疾病　受体数量减少、受体亲和力降低、受体阻断型抗体的作用、受体功能所需的协同因子或辅助因子缺陷、受体功能缺陷等使特定信号转导过程减弱或中断。这类疾病常与基因突变有关,如雄激素受体缺陷导致雄激素抵抗症;遗传性或自身免疫性胰岛素受体异常导致胰岛素抵抗性糖尿病。

2. G 蛋白结构、功能改变与疾病　研究表明 G 蛋白偶联受体信号通路中 G 蛋白的结构与功能异常引起一些遗传性疾病。现在已经证实的有:肢端肥大症和巨人症、遗传性假性甲状旁腺素低下、霍乱、阿片成瘾、多种肿瘤等。例如分泌生长激素(GH)过多的垂体腺瘤中,有30% ~40% 是由于编码 Gsα 的基因突变所致,其特征是 Gsα 的精氨酸 201 被半胱氨酸或组氨酸取代,或谷氨酰胺 227 被精氨酸或亮氨酸取代,这些突变抑制了 GTP 酶活性,使 Gsα 处于持续激活状态,cAMP 含量增多,垂体细胞生长和分泌功能活跃。GH 的过度分泌,可刺激骨骼过度生长,在成人引起肢端肥大症,在儿童引起巨人症。

霍　乱

霍乱是由霍乱弧菌所致的烈性肠道传染病。霍乱患者具有特征性水样腹泻,从而导致脱水和代谢性酸中毒等系列变化。产生上述症状的原因是肠上皮细胞内 cAMP 急剧增高所致。霍乱弧菌所产生的霍乱肠毒素是由 A、B 二个亚基组成的二聚体,其中的 A 亚基进入细胞,催化 Gsα 的 α 亚基发生 ADP-核糖化,使其失去 GTP 酶活性,不能恢复到 GDP 结合形式,其后果是 Gsα 持续激活,cAMP 大量积聚。cAMP 通过 PKA 作用于小肠上皮细胞膜上的蛋白质,使其磷酸化后改变了膜蛋白的构象,使细胞膜的通透性改变,造成水和电解质流入肠中,引起腹泻和水电解质紊乱等症状。

3. 蛋白激酶的结构、功能改变与疾病　如前所述,细胞信号转导中蛋白激酶是很重要的信号分子,且有一部分蛋白激酶的基因是癌基因,如 src 癌基因产物具有较高的 PTK 活性,在某些肿瘤中其表达增加,可催化下游信号转导分子的酪氨酸磷酸化,促进细胞异常增殖。此外,Src 蛋白还使糖酵解酶磷酸化,糖酵解酶活性增加,糖酵解增强是肿瘤细胞的代谢特点之一。

研究表明细胞信号转导分子的结构与功能异常与代谢性疾病、炎症性疾病、免疫性疾病、肿瘤疾病等有不可分割的关系。研究细胞信号转导对认识疾病的发病机制、提出新的诊断和治疗手段是十分重要的。

二、信号转导与疾病的治疗

随着对细胞信号转导机制研究的深化,人们已经认识到:阻断细胞信号转导途径是治疗疾病的一类手段,尤其是对肿瘤而言,因而产生了信号转导药物的概念。

蛋白酪氨酸激酶抑制剂:由于 85% 与肿瘤相关的原癌基因和癌基因产物是 PTK,且肿瘤时 PTK 活性常常升高,故以 PTK 为靶分子可阻断细胞增殖。

1. 单克隆抗体　主要有西妥昔单抗(IMC-C225)、帕尼单抗(panitumumab)、曲妥珠单抗(herceptin)、贝伐珠单抗(avastin)等。帕尼单抗是第一个完全人源性的针对 EGFR 的 IgG2 单克隆抗体,针对 EGFR 胞外配体结合区。当帕尼单抗与 EGFR 结合后,阻止了 EGF/TGF-α 与 EGFR 结合,从而阻断了肿瘤细胞内增殖、生存的主要下游信号途径。比利时 Ghent 大学医学院的临床实验表明,服用帕尼单抗+辅助治疗的个体与对照组比较,24 周存活人数是对照组的 4 倍,32 周存活人数是对照组的 2 倍。

2. 小分子抑制剂　现已在临床实验的有:EGFR 酪氨酸激酶抑制剂和靶向多种受体酪氨酸激酶抑制剂。前者主要有:吉非替尼(gefitinib)、厄洛替尼(erlotinib)、拉帕替尼(lapatinib)等。拉帕替尼是一种新型的靶向双重酪氨酸激酶抑制剂,能有效抑制 EGFR 和 HER2 酪氨酸激酶活性。其作用机制是抑制细胞内 EGFR 和 HER2 的 ATP 位点,阻止其磷酸化和激活;并与 EGFR 和 HER2 的二聚体结合来阻断下游信号分子如 p-Akt、cyclin D 的活性,从而干预肿瘤细胞的增殖和分化等过程。2007 年 3 月 13 日美国食品药品管理局(FDA)批准拉帕替尼上市,可与抗癌药物卡培他滨联合用于治疗晚期 Ⅱ 型表皮生长因子受体(HER2)阳性的乳腺癌。

目前对信号转导分子功能阻断的药物研究是科学家关注的热点,通过研究有望对肿瘤等疾病提供新的治疗手段。

小　结

细胞信号转导是指细胞外信号分子通过与受体结合,引发细胞内的一系列生物化学反应以及蛋白质间相互作用,直至细胞生理反应所需的基因开始表达、各种生物学效应形成的过程。细胞外信息分子称为第一信使,主要包括内分泌激素、神经递质、细胞因子、生长因子、淋巴因子、化学诱导剂等。受体是一类能识别结合第一信使的特殊的蛋白质,能与配体结合并把识别和接受的信号正确无误地放大并传递到细胞内部。它分为细胞膜受体和细胞内受体两大类。膜受体主要包括离子通道偶联型受体、G蛋白偶联型受体和酶偶联型受体三类。其配体包括胰高血糖素、生长激素、催产素、抗利尿激素、生长激素释放激素、促甲状腺素释放激素等多肽类激素,还有神经递质、趋化因子等化学信号等。细胞内受体大多数是转录因子,可与细胞核内的DNA结合。也有的是细胞内的酶。其配体是类固醇激素、甲状腺素、维A酸和维生素D等。受体与配体的相互作用表现为:高度特异性、高度亲和力、可饱和性、可逆性和特定的作用模式特点。

细胞内信息物质主要有小分子化合物、酶分子和调节蛋白三大类,其中小分子化合物又称第二信使。细胞内信息物质传递信号的基础:一是小分子化合物的浓度和分布的变化;二是蛋白质通过变构效应或共价修饰获得构象改变,从而产生生物学效应。蛋白质的相互作用和复合物的形成依靠特殊的结构域如SH2、SH3等,它们使得细胞信号转导途径复杂并且多样,形成网络。

本章介绍了四条跨膜信号转导途径,其中重要的是G蛋白偶联型受体和单个跨膜蛋白酪氨酸激酶受体介导的途径,前者有cAMP-蛋白激酶途径和Ca^{2+}-依赖性蛋白激酶途径;后者有Ras-MAPK信号转导途径和NF-κB信号转导途径。它们与细胞的生长、增殖、凋亡、免疫等反应有密切的关系。

随着细胞信号转导机制研究的深入,我们能够更进一步了解疾病的发生机制,并为临床提出新的诊断方法和治疗手段。

 复习思考题

一、名词解释

1. 信号分子

2. 第二信使

3. 受体

4. G蛋白

二、问答题

1. 第一信使与第二信使的异同点。

2. 简述膜受体的类型。

3. 举例说明AC-cAMP-PKA信号转导途径。

4. 简述受体与配体结合的特点。

（揭克敏　颜箫）

第十四章

肝的生物化学

学习目标 ▐▐

1. 掌握肝脏生物转化的概念、反应类型；胆汁酸的生成原料及关键酶；胆红素的生成、转运。
2. 熟悉肝脏在物质代谢中的作用；胆汁酸的分类；胆汁酸的肠肝循环。
3. 了解三种黄疸的鉴别。

　　肝是人体最大的实质性器官和腺体，参与糖、脂类、蛋白质、维生素和激素等的物质代谢过程，同时也是体内多种物质代谢相互联系的重要场所，并具有分泌胆汁和进行生物转化等特殊功能，被誉为"物质代谢的中枢器官"，是体内最大的"化工厂"。肝能够完成如此复杂的功能与其组织结构及化学组成的特点有关。肝的两条入肝血管（肝动脉和门静脉）使肝细胞从肝动脉中获得氧，从门静脉中获得营养物质，为物质代谢创造了良好的条件。肝脏的两条输出道路（肝静脉与胆道系统）使代谢产物能顺利地运至其他组织或排出体外，也有利于胆汁的代谢。肝血窦中血流缓慢，有利于物质交换。肝独特的形态结构、组成特点及丰富的血液供应，使其代谢十分活跃，肝细胞除了具有一般细胞所具有的代谢途径外，还具有一些特殊的代谢功能。

第一节　肝在物质代谢中的作用

一、肝在糖代谢中的作用

　　肝在糖代谢中的作用主要是通过糖原的合成与分解及糖异生作用维持血糖浓度的相对恒定，以达到供应全身能量，尤其是供应大脑和红细胞能量的目的。

　　餐后血糖浓度迅速升高，肝大量合成肝糖原储存起来，在空腹和饥饿时，肝糖原能迅速分解为葡萄糖，供肝外组织利用。当机体处于饥饿状态时，血糖浓度的维持有赖于糖异生作用。当肝脏严重受损时，肝糖原的合成、分解及糖异生作用降低，血糖浓度难以维持正常，出现饱食后一过性高血糖，饥饿时又出现低血糖的现象。

二、肝在脂类代谢中的作用

肝在脂类的消化、吸收、分解、合成及运输等方面都起着重要作用。

肝细胞分泌的胆汁酸盐能促进脂类消化吸收，当肝胆疾患造成胆汁酸分泌减少或胆道阻塞导致胆汁排出障碍时，可引起脂类的消化吸收障碍，出现厌油腻、脂肪泻等脂类消化不良症状。

肝细胞内有丰富的脂肪酸 β-氧化酶系和脂肪酸合成酶系。饥饿时，脂库脂肪动员释出的脂肪酸进入肝内，此时脂肪酸 β 氧化加强。肝细胞线粒体中有活性较强的酮体生成酶类，可将脂肪酸分解产生的乙酰 CoA 合成酮体，并通过血液运输到肝外组织进行氧化，为肝外组织提供能量来源。

肝是合成胆固醇的主要场所，肝合成的胆固醇占全身合成胆固醇总量的 80% 以上，是血浆胆固醇的主要来源。肝也是胆固醇的重要转化和排泄器官，胆固醇在肝中转变为胆汁酸盐排入胆道。此外，肝脏还将合成并分泌卵磷脂胆固醇脂酰转移酶（LCAT），使血浆中的游离胆固醇形成胆固醇酯。

肝脏是体内合成磷脂量最多、合成速度最快的场所。如果磷脂的合成发生障碍，就会影响 VLDL 的合成和分泌，导致脂肪运输障碍，脂肪沉积在肝脏，出现"脂肪肝"。

三、肝在蛋白质代谢中的作用

肝在人体蛋白质合成和分解代谢中均起重要作用。

肝不仅合成自身所需的各种蛋白质，也合成除 γ 球蛋白外几乎所有的血浆蛋白质，其中清蛋白（A）、纤维蛋白原和凝血酶原只在肝中合成。正常人血浆中清蛋白的含量多，分子量小，是维持血浆胶体渗透压的主要因素。当机体营养不良或肝功能障碍时，血浆清蛋白含量下降，会出现水肿。在慢性肝病时（如慢性肝炎或肝硬化时），血浆清蛋白合成量下降，而 γ-球蛋白含量相对增加，使 A/G 比值变小，甚至出现倒置。此外，肝细胞还能合成凝血因子（Ⅶ、Ⅸ、Ⅹ）、凝血酶原、纤维蛋白原等，故肝脏受损时，可导致凝血功能障碍，出现凝血时间延长和出血倾向等。

肝细胞内含有丰富的氨基酸代谢酶类，氨基酸的转氨基作用、脱氨基、脱羧基及氨基酸的特殊代谢都能在肝中进行。当肝脏受损时，肝细胞通透性增强，血液中的某些与氨基酸代谢有关的酶（如肝细胞内活性较高的谷丙转氨酶）的含量会升高，它是临床诊断肝细胞受损的重要指标之一。

肝是清除血氨的主要器官，氨在肝中主要通过鸟氨酸循环合成无毒的尿素。当肝脏病变时，合成尿素的能力下降，血氨浓度升高，可引起神经系统症状，这可能是肝性脑病发生的原因之一。

四、肝在维生素代谢中的作用

肝在维生素的吸收、储存、转化等方面都有重要作用。

肝分泌的胆汁酸可促进脂溶性维生素的吸收。胆道疾病时(如胆道梗阻等),胆汁酸盐进入肠道的通路受阻,会影响脂溶性维生素的吸收。

肝是体内含维生素较多的器官,人体内维生素 A、D、E、K 和 B_{12} 主要在肝中储存,肝中维生素 A 约为体内总量的 95%。

肝还参与多种维生素的转化。例如:将维生素 D_3 转化为 25-OH-D_3;将胡萝卜素转化为维生素 A 等。有些维生素在肝中参与合成某些酶的辅助因子,如 FAD 中含维生素 B_2、NAD^+ 和 $NADP^+$ 中含维生素 PP 等。如果肝出现病变,上述各项活动都将受到影响而出现相应的病变,如维生素 K 缺乏时,机体会有出血倾向;维生素 A 缺乏时,可导致夜盲症等。

五、肝在激素代谢中的作用

肝在激素代谢中的作用主要是参与激素的灭活和排泄。

在正常情况下,激素发挥完调节作用之后,便在体内分解、转化、降解而失去活性,这一过程称为激素的灭活。激素的灭活主要在肝脏中进行。肝脏疾患时,这种灭活作用降低,使某些激素在体内堆积,引起物质代谢的紊乱,如雌激素过多,可刺激某些局部小动脉扩张,出现"蜘蛛痣"或"肝掌"等;醛固酮和抗利尿激素在体内堆积,可引起钠、水潴留,重症肝病患者可出现水肿或腹水等症状。

第二节 肝的生物转化作用

一、生物转化的概念

体内产生或从外界摄入的非营养物质分为内源性和外源性两类。内源性非营养物质为体内代谢产生的各种生物活性物质如激素、神经递质、胺类等,还有一些是对机体有毒的代谢产物如氨、胆红素等。外源性非营养物质为外界进入体内的药物、食品添加剂(如防腐剂)、色素、有机农药和毒物等。机体可将这些非营养物质进行化学转变,增加其极性(水溶性),使其易于随胆汁或尿排出,这一过程称为生物转化(biotransformation)。

肝脏是进行生物转化的主要器官。肾脏、胃肠道、脾、皮肤及胎盘也有一定的生物转化功能,但以肝脏最为重要。

生物转化作用具有连续性、多样性和解毒致毒两重性的特点。

1. 连续性和多样性 在体内进行生物转化反应时,许多物质先进行第一相(氧化、还原或水解)反应,再进行第二相(结合)反应后才能排出体外。例如:乙酰水杨酸先水解成水杨酸,然后再进行结合反应;或者在水解后先氧化为羟基水杨酸,再进行结合反应。

2. 解毒致毒两重性 大多数物质经生物转化作用后,毒性减弱或消失(解毒),但也有少数物质毒性反而出现或增强(致毒),体现了生物转化作用中解毒与致毒的双重性。例如:香烟中存在的一种芳香烃——3,4-苯并芘,其本身没有直接的致癌作用,但经过生物转化后生成的 7,8,9,10-四氢-9,10-环氧苯并芘二醇是一种强的致癌物质。所以不能把生物转化作用一概看作是解毒作用,其意义更为广泛。

二、生物转化反应类型

生物转化过程可分为第一相反应和第二相反应。第一相反应包括氧化、还原和水解反应。许多物质经过第一相反应后,理化性质改变,易于排出体外。第二相为结合反应。一些物质即使经过了第一相反应,其极性的改变不大,不能排出体外,需与某些极性更强的物质(如葡萄糖醛酸、硫酸、氨基酸等)进行结合,以增加其溶解度,才能随尿或胆汁排出体外。如雌激素和醛固酮可在肝内与葡萄糖醛酸结合而灭活,雄激素在肝内与硫酸结合而失去活性,成为易于排出的代谢终产物。

(一)第一相反应

1. 氧化反应 氧化反应是生物转化反应中最常见的类型。

(1)加单氧酶系:存在于肝微粒体中的加单氧酶系(monooxygenase),又称为羟化酶或混合功能氧化酶,是肝内重要的代谢药物及毒物的酶系。加单氧酶能直接激活氧分子,使一个氧原子加到底物分子上。此酶系以细胞色素 P_{450} 为电子传递体,能使多种脂溶性物质羟化,大多数氧化反应均通过此酶系进行,如参与活性维生素 D_3、类固醇激素和胆汁酸盐合成过程中的羟化作用等。

$$NADPH+H^++O_2+RH \xrightarrow{加单氧酶} ROH+NADP^++H_2O$$

(2)单胺氧化酶系:存在于肝线粒体中的单胺氧化酶(monoamine oxidase,MAO)是一种黄素蛋白,催化肠道吸收的胺类物质发生氧化脱氨反应而消除其毒性,组胺、尸胺及酪胺等可通过此反应生成相应的醛类。

$$RCH_2NH_2+O_2+H_2O \xrightarrow{单胺氧化酶} RCHO+NH_3+H_2O_2$$

(3)脱氢酶:肝细胞胞质或微粒体中的脱氢酶包括醇脱氢酶和醛脱氢酶,可催化醇类或醛类脱氢,最终生成酸类。

$$RCH_2OH \xrightarrow[NAD^+ \quad NADH+H^+]{醇脱氢酶} RCHO \xrightarrow[H_2O+NAD^+ \quad NADH+H^+]{醛脱氢酶} RCOOH$$

2. 还原反应 主要在肝微粒体中进行,包括硝基还原酶和偶氮还原酶两类,它们分别由 NADPH 或 NADH 供氢,还原成相应的胺类。

3. 水解反应 在肝细胞微粒体和胞质中有多种水解酶,可催化脂类、酰胺类及糖苷类化合物发生水解反应,使这些物质活性丧失或减弱。但通常还需要进一步的反应(特别是结合反应)才能排出体外。如异丙异烟肼的水解反应。

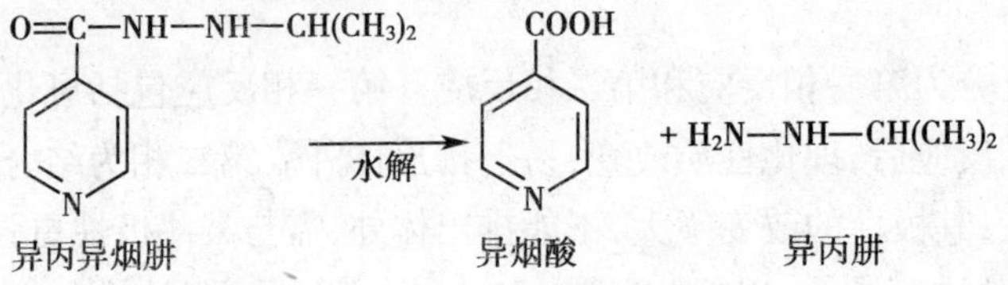

异丙异烟肼 → 异烟酸 + 异丙肼

（二）第二相反应

有些非营养物质可直接进行结合反应,还有些物质(如脂溶性化合物)在经过第一相反应后,分子极性改变不大,需进一步与体内含有更强极性化学基团的物质进行结合,改变其极性,使之利于排泄,即为结合反应(conjugation)。结合反应的类型也较多,结合剂通常需要先转变为活性形式的供体才能参加反应。如葡萄糖醛酸的活性供体为尿苷二磷酸葡萄糖醛酸(UDPGA),硫酸的活性供体为3'-磷酸腺苷-5'-磷酸硫酸(PAPS)等,常见结合反应有以下类型:

1. 葡萄糖醛酸结合反应 在常见的结合反应中,以与葡萄糖醛酸结合的反应最为普遍和重要。肝细胞微粒体中的葡萄糖醛酸转移酶将 UDPGA 中的葡萄糖醛酸基转移到含有羟基、羧基、巯基或某些毒物及药物分子上去,使它们易于排出。

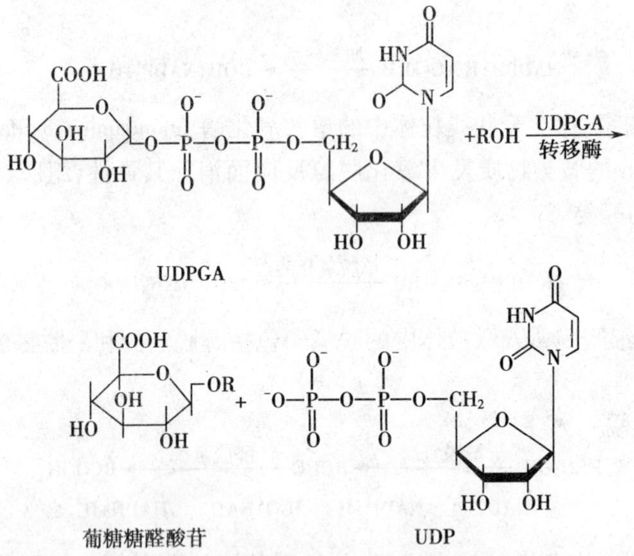

UDPGA

葡糖糖醛酸苷 UDP

2. 硫酸结合反应 是一种较为常见的反应,肝细胞胞质中含有硫酸转移酶,将 PAPS 中的硫酸基转移到多种醇类、酚类的羟基上或芳香族胺类化合物的氨基上,生成硫酸酯类化合物。如雌酮的灭活。

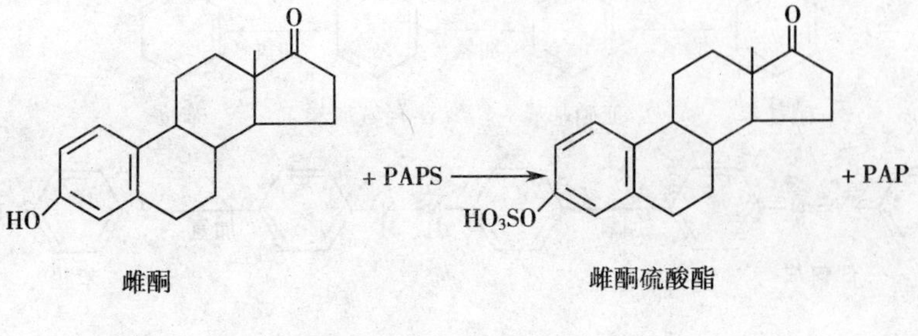

雌酮 → 雌酮硫酸酯

3. 乙酰基结合反应　在肝细胞胞质中的乙酰转移酶的作用下,乙酰 CoA 上的乙酰基转移到芳香族胺类化合物的氨基上,形成乙酰基化合物。例如抗结核病药物异烟肼及大部分磺胺类药物都是通过这种形式灭活。

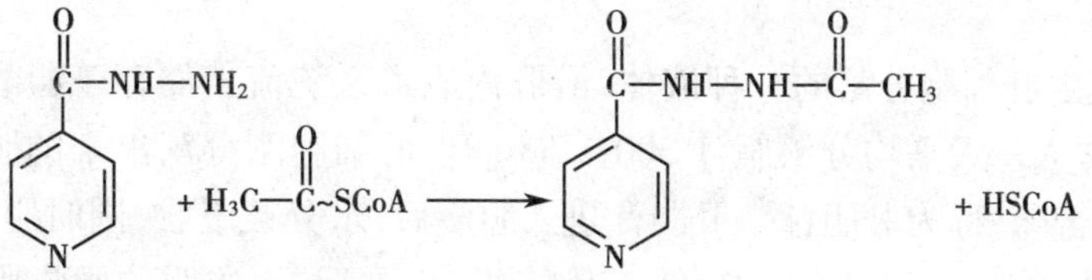

异烟肼　　乙酰CoA　　乙酰异烟肼

值得注意的是,磺胺类药物经乙酰基作用后,溶解度降低,容易从酸性尿液中析出,应加服适量的小苏打,以提高其溶解度,使之易于从尿中排出。

4. 谷胱甘肽结合反应　在肝细胞胞质中,谷胱甘肽(GSH)在谷胱甘肽 S-转移酶催化下与环氧化合物或卤代化合物结合,生成谷胱甘肽的结合物,然后随胆汁排出。

5. 甘氨酸结合反应　某些药物和毒物等的羧基与辅酶 A 结合形成酰基辅酶 A,然后再与甘氨酸结合生成相应的结合产物。如苯甲酰辅酶 A 生成马尿酸等。

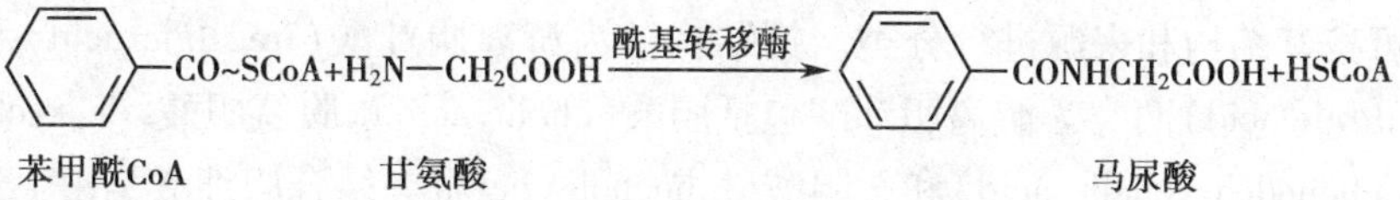

苯甲酰CoA　　甘氨酸　　马尿酸

6. 甲基结合反应　肝细胞胞质的甲基转移酶可使某些胺类生物活性物质或药物甲基化而灭活,S-腺苷甲硫氨酸(SAM)是甲基的供体。如烟酰胺的甲基化反应。

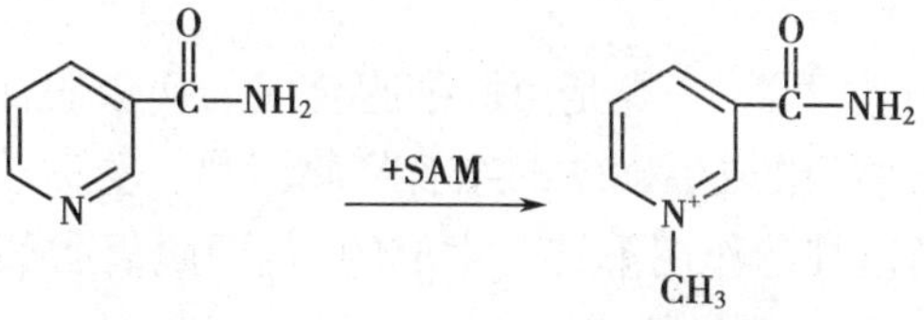

烟酰胺　　N-甲基烟酰胺

三、影响生物转化的因素

肝脏的生物转化作用受年龄、性别、疾病、诱导物及抑制物等很多体内外因素的影响。

新生儿肝中生物转化相关酶系统发育不完善,对药物和毒物的耐受性较弱,易导致中毒现象的发生。老年人因脏器功能退化,生物转化能力下降,使某些药物在血中的浓度相对较高。例如肌注哌替啶后,老年人总血浆浓度比青年人高 2 倍。因此在临床用药时对婴幼儿及老年人的剂量须加以严格控制。生物转化除受年龄影响外还受性别影响,氨基比林在男性机体内的半衰期为 13.4 小时,而在女性机体内则为 10.3 小时。

此外,当肝功能低下时,生物转化能力下降,长期服用某些药物或同时服用几种药物使药物间对酶产生竞争性抑制作用而影响它们的生物转化作用,所以对肝病患者用药应当慎重。

第三节 胆汁与胆汁酸的代谢

胆汁(bile)是由肝细胞分泌的一种液体,沿肝内胆道系统流出储存于胆囊,再经胆总管排入十二指肠。正常人每天平均分泌胆汁 300 ~ 700ml。肝细胞刚分泌出来的胆汁呈金黄色,清澈透明,有黏性和苦味,称为肝胆汁。肝胆汁进入胆囊后,水分被吸收,同时胆囊壁又分泌出许多黏蛋白掺入胆汁,使胆汁浓缩 5 ~ 10 倍,变为暗褐色、黏稠、不透明的胆囊胆汁,其中含有胆汁酸、胆色素、胆固醇、磷脂、无机盐和蛋白质等。从外界进入机体的某些物质(如药物、毒物、重金属盐等)也可随胆汁入肠,再排出体外。所以,胆汁既可作为消化液促进脂类的消化吸收,又可作为排泄液将体内的某些代谢产物及生物转化产物输送到肠,随粪便排出。胆汁酸(bile acid)是胆汁的主要成分,一般以钠盐或钾盐形式存在,称为胆汁酸盐。

一、胆汁酸的种类

胆汁酸可按其结构和来源进行分类。按结构分为游离胆汁酸(free bile acid)和结合胆汁酸(conjugated bile acid)两类。游离胆汁酸包括胆酸(cholic acid)、脱氧胆酸(deoxycholic acid)、鹅脱氧胆酸(chenodeoxycholic acid)和石胆酸(lithocholic acid)。结合胆汁酸是由上述游离胆汁酸分别与甘氨酸或牛磺酸结合的产物,包括甘氨胆酸(glycocholic acid)、牛磺胆酸(taurocholic acid)、甘氨脱氧胆酸(glycochenodeoxycholic acid)和牛磺鹅脱氧胆酸(taurochenodeoxycholic acid)。

按来源也可将胆汁酸分为两类:一类是由肝细胞合成的初级胆汁酸(primary bile acid),包括胆酸、鹅脱氧胆酸及其与甘氨酸或牛磺酸的结合产物。另一类是次级胆汁酸(secondary bile acid),是由初级胆汁酸在肠道细菌作用下转变生成的,包括脱氧胆酸、石胆酸及其在肝中分别与甘氨酸或牛磺酸结合的产物。部分胆汁酸的结构见图 14-1。

胆汁中的胆汁酸以结合型胆汁酸为主,其中甘氨胆汁酸与牛磺胆汁酸的比例为 3:1。

二、胆汁酸的代谢

(一)初级胆汁酸的生成

胆汁酸是胆固醇的转化产物之一。胆固醇首先在位于微粒体及胞质中的胆汁酸合成限速酶胆固醇 7α-羟化酶(cholesterol 7α-hydroxylase)的作用下,生成 7α-羟胆固醇,再经羟化、加氢、侧链氧化断裂和修饰等一系列酶促反应后,生成初级游离胆汁酸,然后再与甘氨酸或牛磺酸结合,生成初级结合胆汁酸,以胆汁酸钠盐或钾盐的形式随胆汁排出。正常人每日约合成 1 ~ 2g 的胆固醇,其中约有 0.4 ~ 0.6g 在肝中转化成胆汁酸,约占人体每日合成胆固醇量的 2/5。

(二)次级胆汁酸的生成

初级结合胆汁酸随胆汁入肠,帮助脂类消化吸收后,在小肠下段和大肠上段受肠道细菌酶的作用,先经水解作用,再发生 7-位脱羟基反应,使胆酸变为脱氧胆酸、鹅脱氧胆酸变为石胆酸。脱氧胆酸和石胆酸为次级游离胆汁酸,经肠道吸收入肝脏,再与甘氨酸和牛磺酸结合,生

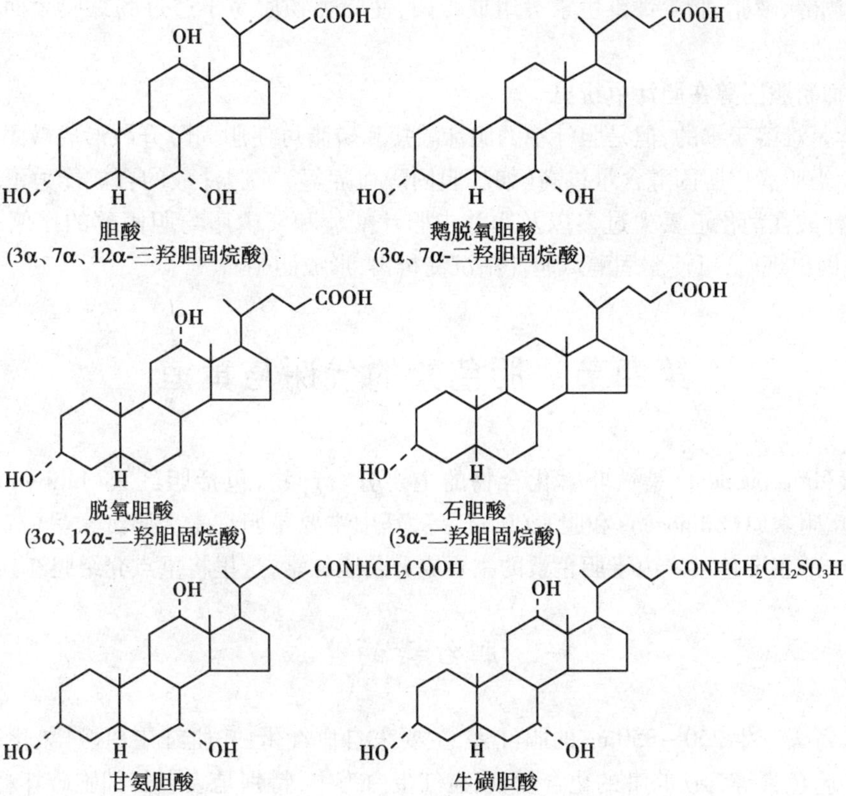

图 14-1　几种胆汁酸的结构式

（上部结构式标注）

胆酸
（3α、7α、12α-三羟胆固烷酸）

鹅脱氧胆酸
（3α、7α-二羟胆固烷酸）

脱氧胆酸
（3α、12α-二羟胆固烷酸）

石胆酸
（3α-二羟胆固烷酸）

甘氨胆酸

牛磺胆酸

成次级结合胆汁酸,以胆盐的形式存在,并随胆汁经胆管排入胆囊储存。

（三）胆汁酸的肠肝循环

进入肠道中的各种胆汁酸约有 95% 可被肠道重吸收,其余的随粪便排出。结合型胆汁酸在回肠部位以主动重吸收为主,游离型胆汁酸在肠道各部被动重吸收。被重吸收的各种胆汁酸经门静脉重新入肝,肝脏再把游离胆汁酸转变成结合胆汁酸,与重吸收的结合胆汁酸一道,重新随胆汁入肠,此过程称为胆汁酸的肠肝循环(enterohepatic circulation of bile acid)（图 14-2）。

三、胆汁酸的生理功能

（一）促进脂类的消化吸收

胆汁酸分子的结构中既有亲水的羟基、羧基、磺酸基等,又有疏水性的甲基、烃核和脂酰侧链,因此,它具有亲水和疏水两个侧面,能够降低油/水两相的表面张力,胆汁酸的这种结构特性使其成为较强的乳化剂。胆汁酸还能与甘

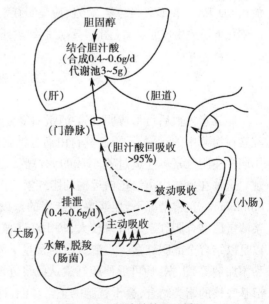

图 14-2　胆汁酸的肠肝循环

油一酯、胆固醇、磷脂、脂溶性维生素等组成微团,使脂类物质易于透过肠黏膜表面的水层,促进脂类的吸收。

(二)抑制胆固醇在胆汁中析出

胆固醇是难溶于水的,但是胆汁中的胆汁酸盐和磷脂可使胆固醇分散形成微团,使之不易结晶沉淀。当胆囊中胆固醇含量过高(如高胆固醇血症等)或胆汁酸的合成能力下降、肠肝循环减少、胆汁酸在消化道丢失过多以及胆汁中胆汁酸盐和卵磷脂与胆固醇的比例下降(小于10:1)等原因出现时,可使胆固醇从胆汁中沉淀析出,形成胆结石。

第四节　胆色素的代谢与黄疸

胆色素(bile pigment)是铁卟啉化合物的主要分解产物,包括胆红素(bilirubin)、胆绿素(biliverdin)、胆素原(bilinogen)和胆素(bilin)等,其中主要是胆红素。胆红素呈橙黄色或金黄色,是胆汁中的主要色素。由于胆色素的主要成分是胆红素,这里将重点介绍胆红素的代谢。

一、胆红素的生成

正常人每天产生 250~350mg 的胆红素,主要来自血红蛋白、肌红蛋白、过氧化物酶、过氧化氢酶和细胞色素等含铁卟啉的化合物,以血红蛋白为主,特别是衰老红细胞破坏释放出的血红蛋白,其分解产生的胆红素占总胆红素的80%以上。其他胆红素来自骨髓中未成熟红细胞先行裂解(无效造血)释放的血红蛋白和铁卟啉酶类。肌红蛋白更新率低,产生的胆红素不多。

正常红细胞的寿命约为120天,当红细胞衰老后,被单核-吞噬细胞系统(骨髓、肝、脾)中的吞噬细胞吞噬,释放出血红蛋白。血红蛋白分解成珠蛋白和血红素,其中珠蛋白可分解为氨基酸而被机体利用。血红素则在氧分子和 NADPH 的参与下,由微粒体内的血红素加氧酶催化氧化,释放出 CO 和铁,并形成胆绿素。该反应是胆红素生成的限速步骤。胆绿素在胞质中胆绿素还原酶的催化下还原生成胆红素(图14-3)。胆绿素还原酶的活性较高,故血中无胆绿素堆积。

二、胆红素在血液中的运输

胆红素入血后可形成胆红素-清蛋白复合物。此复合物增加了胆红素的水溶性,既便于胆红素在血浆中的运输,又限制其自由通过细胞膜,从而抑制其对组织的毒性作用。这种限制作用同样使胆红素不能透过肾小球的滤过膜,因而即使血中胆红素含量增加,也不会在尿中出现。这种在血浆中由清蛋白运输的胆红素,称为游离胆红素(free bilirubin)或血胆红素(hemo-bilirubin)。正常情况下,血浆中胆红素的浓度只有 0.2~1.0mg/dl(3.4~17.1μmol/L),而血浆清蛋白结合胆红素的潜力较大,每100ml 血浆中的清蛋白能结合 20~25mg 游离胆红素,所以足以结合全部胆红素。当清蛋白的含量下降、或结合部位被其他物质(如磺胺药物,某些食品添加剂等)占据,均可促使胆红素从血浆进入组织细胞引起中毒。若过多的游离胆红素与脑部基底核的脂类结合,会干扰脑的正常功能,称为胆红素脑病(又称核黄疸)。新生儿由于血脑屏障发育不全,游离胆红素更易进入脑组织。为防止此病的发生,临床上可以给高胆红素血症

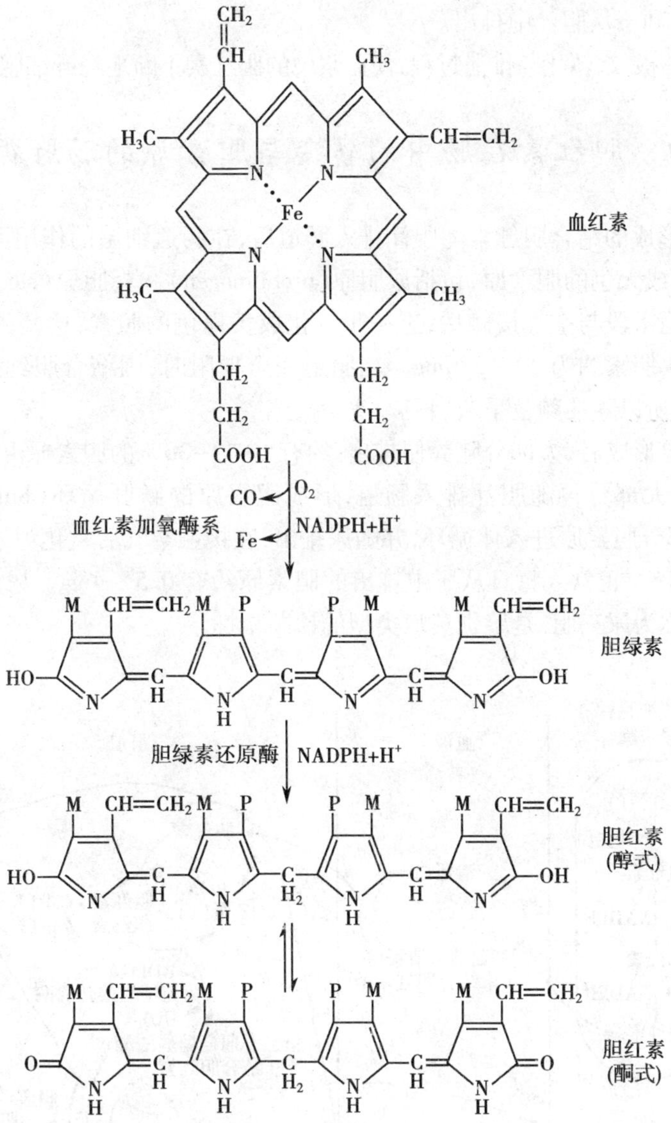

图 14-3 胆红素的生成

的患儿静滴富含清蛋白的血浆。

三、胆红素在肝中的转变

胆红素-清蛋白复合物随血液到肝脏后,在入肝细胞之前,胆红素与清蛋白分离,由肝细胞膜表面的特异性受体进行主动摄取。胆红素进入肝细胞后,与胞质中的 Y 蛋白和 Z 蛋白两种载体蛋白相结合,其中以 Y 蛋白为主。固醇类物质、四溴酚酞磺酸钠等与 Y 蛋白也有较强的亲和力,它们可对 Y 蛋白与胆红素的结合产生竞争性抑制作用,从而减少 Y 蛋白对胆红素的结合。

胆红素与 Y 蛋白或 Z 蛋白结合的复合物运到滑面内质网后,在 UDP-葡萄糖醛酸转移酶的催化下,由 UDP-葡萄糖醛酸(UDPGA)提供葡萄糖醛酸基,胆红素与葡萄糖醛酸结合,生成葡萄糖醛酸胆红素酯,即结合胆红素(conjugated bilirubin)或肝胆红素(hepatobilirubin)。结合胆红素的水溶性强,有利于从胆汁中排出。

上述胆红素的摄取、转化与排泄过程,使血浆中的胆红素不断地经肝细胞的作用而被清除。

四、胆红素在肠中的转变与胆素原的肠肝循环

在肝细胞内形成的结合胆红素随胆汁排入肠道后,在肠道细菌的作用下,先脱去葡萄糖醛酸,再逐步还原生成无色的胆素原,包括尿胆原(urobilinogen)和粪胆原(stercobilinogen)等。大部分胆素原在肠道下段与空气接触后,进一步氧化成黄褐色的胆素,这是粪便中的主要色素。正常人每天排出粪胆素约为 40~280mg。当胆道完全梗阻时,因结合胆红素不能排入肠道形成胆素原和胆素,所以以粪便颜色呈灰白色。

胆素原在肠道形成后,大部分随粪便排出,约有 10%~20% 的胆素原由肠道重吸收经门静脉回到肝脏,其中大部分再随胆汁排入肠道,形成胆素原的肠肝循环(bilinogen enterohepatic circulation)。小部分胆素原进入体循环,并随尿排出,在接触空气后氧化为尿胆素,是尿液中主要的色素(图 14-4)。正常人每日从尿中排出的胆素原约有 0.5~4mg。尿胆素原、尿胆素、尿胆红素在临床上称为尿三胆,是鉴别黄疸类型的诊断指标。

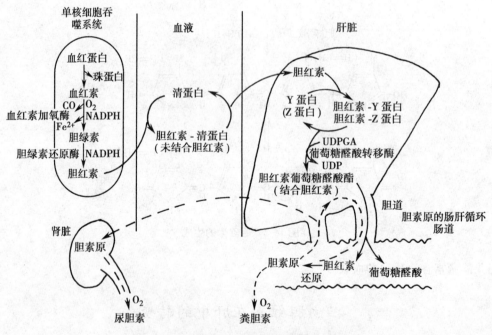

图 14-4 胆红素的生成及胆素原的肠肝循环

从胆红素的代谢过程可见,胆红素有游离胆红素和结合胆红素两种。游离胆红素未能在肝脏中与葡萄糖醛酸结合,故可称为未结合胆红素(unconjugated bilirubin),因其结构中存在有氢键,须先通过乙醇等破坏掉氢键后才能与重氮试剂结合,故又称其为间接胆红素(indirect bilirubin)。结合胆红素由于与葡萄糖醛酸结合后不存在内部氢键,可直接与重氮试剂结合生成紫红色偶氮化合物,因此又称直接胆红素(direct bilirubin)。健康人血清中胆红素的浓度极低,约为 0.2~1.0mg/dl,其中 4/5 是未结合胆红素,其余是结合胆红素。两种胆红素性质比较见表 14-1。

表 14-1　两种胆红素性质比较

	未结合胆红素	结合胆红素
常见其他名称	血胆红素、间接胆红素 游离胆红素	肝胆红素、直接胆红素
与葡糖醛酸	未结合	结合
与重氮试剂反应	慢,间接	快,直接
在水中的溶解度	小	大
透过细胞膜的能力	大	小
通过肾脏随尿排出	不能	能

五、血清胆红素与黄疸

在正常情况下,胆红素的来源和去路保持动态平衡。当某些因素导致上述的胆红素生成、肝细胞摄取、转化、排泄任一环节发生障碍时,均可导致胆红素代谢紊乱,出现高胆红素血症。由于胆红素为金黄色色素,在血清中含量过高时可扩散入组织,造成组织黄染,称为黄疸(jaundice)。巩膜、皮肤、黏膜等部位有较多的弹性蛋白,对胆红素有较强的亲和力,易被黄染。黄疸的程度则取决于血清中胆红素的浓度,当血清胆红素浓度 1~2mg/dl(17.1~34.2μmol/L)时,肉眼观察不到黄疸,称为隐性黄疸。超过 2mg/dl 时,肉眼可见组织黄染;当达 7~8mg/dl 以上时,黄疸较为明显。

黄疸是一种常见临床症状,它不是疾病的名称。许多疾病都可以引起黄疸,但发病机制却各不相同。黄疸的发生不外乎是胆红素的来源增多或去路受阻。临床上常见到 3 种黄疸,即溶血性黄疸(hemolytic jaundice)、肝细胞性黄疸(hepatocellular jaundice)和阻塞性黄疸(obstructive jaundice)。

各种黄疸的血、尿、便临床检验特征归纳于表 14-2。

表 14-2　各种黄疸的血、尿、便改变

类型	正常	溶血性黄疸	肝细胞性黄疸	阻塞性黄疸
血清胆红素				
含量	<1mg/dl	>1mg/dl	>1mg/dl	>1mg/dl
直接胆红素	0~0.2mg/dl	—	↑	↑↑
间接胆红素	<1mg/dl	↑↑	↑	—
尿三胆				
尿胆红素	—	—	++	++
尿胆素原	少量	↑	不一定	↓
尿胆素	少量	↑	不一定	↓
粪便颜色	黄褐色	加深	变浅或正常	变浅或陶土色

黄　疸

　　黄疸俗称黄病,是一种由于血清中胆红素升高致使皮肤、黏膜和巩膜发黄的症状和体征。溶血性黄疸又称肝前性黄疸,是由于各种原因(如蚕豆病、恶性疟疾、输血不当、药物、毒物等)使红细胞破坏过多,释放大量的血红蛋白,未结合胆红素产生过多,超过了肝的转化能力,使血清中游离胆红素浓度升高所致。肝细胞性黄疸又称肝源性黄疸,是由于肝病变(如各类肝炎、肝脏肿瘤等)导致肝功能减退,使肝细胞对胆红素的摄取、结合和排泄等作用都发生障碍所致。阻塞性黄疸又称肝后性黄疸,是由于各种原因(如胆结石、胆道蛔虫或肿瘤压迫等)造成胆管阻塞,使胆小管和毛细胆管压力增加导致破裂,使已生成的结合胆红素逆流入血,造成血中结合胆红素含量增高所致。

小　结

　　肝被喻为"体内物质代谢的中枢"。肝通过糖原的合成和分解及糖异生作用维持血糖浓度的相对恒定。肝在脂类的消化、吸收、分解、合成及运输等代谢中也有重要的作用。肝是合成蛋白质和尿素的重要器官,也是氨基酸分解的主要场所。肝脏对于维生素的吸收、储存、转化及参与激素的灭活和排泄等方面都有重要作用。

　　非营养性物质在肝脏中经过氧化、还原、水解等第一相反应和结合等第二相反应后,水溶性增加,易随尿排出,即为肝脏的生物转化作用。生物转化中最重要的酶是加单氧酶系,它可被诱导,在药物代谢中有重要意义。结合反应中常见的结合基团有葡萄糖醛酸、硫酸和乙酰基等。生物转化具有连续性、多样性和解毒与致毒双重性的特点。生物转化作用会受到年龄、性别、疾病、诱导物及抑制物等因素的影响。

　　胆汁酸盐是胆汁的重要成分,它能乳化脂类,从而促进脂类的消化吸收;另外它还抑制胆固醇在胆汁中析出沉淀。胆固醇在肝细胞内转化为初级(游离)胆汁酸,并进一步与甘氨酸和牛磺酸结合,转化为结合胆汁酸,进入胆汁。部分初级胆汁酸在肠道细菌作用下水解并转化为次级胆汁酸。胆汁酸大部分经肠道重吸收入肝脏,其中的游离胆汁酸再次转化为结合胆汁酸,汇入胆汁,形成肠肝循环。

　　胆色素是铁卟啉化合物在体内代谢的产物,主要是胆红素。胆红素主要来自红细胞破坏释放的血红蛋白,在血液中与清蛋白结合而运输。进入肝细胞后,转化成胆红素葡萄糖醛酸酯。在肠道中,胆红素在肠菌作用下被还原成胆素原。大部分胆素原在肠道下段接触空气被氧化为黄褐色的胆素。部分胆素原被肠黏膜重吸收入肝,其中的大部分又以原形重排入肠道,形成胆素原的肠肝循环。小部分胆素原经体循环入肾随尿排出。凡使血浆胆红素浓度升高的因素均可引起黄疸,根据发病机制可将黄疸分为溶血性黄疸、肝细胞性黄疸和阻塞性黄疸,各种黄疸均有其独特的生化检查指标。

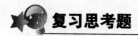 **复习思考题**

一、名词解释

1. 胆色素的肠肝循环
2. 生物转化作用
3. 初级胆汁酸
4. 次级胆汁酸

二、问答题

1. 何谓胆汁酸的"肠肝循环"？其生理意义是什么？
2. 简述胆色素在体内的代谢过程。
3. 试比较未结合胆红素和结合胆红素。
4. 简述肝脏在哪些代谢中起作用？并说明之。
5. 生物转化与生物氧化有什么不同？

（文朝阳）

第十五章

血液的生物化学

血液由液态的血浆(plasma)与血细胞构成,血细胞由红细胞、白细胞和血小板组成。正常人体内血液总量约占体重的8%。血液凝固后析出淡黄色透明液体,称作血清(serum)。血浆中主要成分是水、无机盐、有机小分子和蛋白质。

本章将从生物化学角度重点阐述以下两个问题:血浆蛋白和红细胞代谢。

第一节 血浆蛋白质

一、血浆蛋白质的分类与性质

(一)血浆蛋白质的分类

人血浆内蛋白质的总含量约为 70~75g/L,是血浆固体成分含量最多的一类化合物。已分离纯化的血浆蛋白质约 200 余种,其中有单纯蛋白质和结合蛋白质。

通常按来源、分离方法和生理功能将血浆蛋白质进行分类。分离蛋白质的常用方法有电泳(electrophoresis)和超速离心(ultracentrifuge)。

电泳是最常用的分离蛋白质的方法。临床常采用简单快速的醋酸纤维素薄膜电泳,以 pH 8.6 的巴比妥溶液作为电泳缓冲液,可将血清蛋白质分成五条区带:清蛋白(albumin)、α_1-球蛋白(globulin)、α_2-球蛋白、β-球蛋白和 γ-球蛋白(图 15-1)。其中清蛋白是人体血浆中最主要的蛋白质,浓度可达 38~48g/L,约占血浆总蛋白的 50%;球蛋白的浓度为 15~30g/L。正常的清蛋白与球蛋白的比值(A/G)为 1.5~2.5。

血浆蛋白质多种多样,各种血浆蛋白有其独特的功能,除按分离方法分类外,目前也采用功能分类法,见表 15-1。

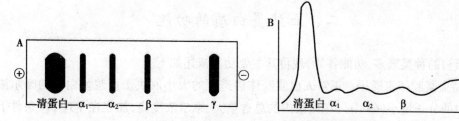

图 15-1 血清蛋白的醋酸纤维素薄膜电泳图谱

A. 染色后的图谱；B. 光密度扫描后的电泳峰

表 15-1 按生理功能将血浆蛋白质分类

种类	血浆蛋白
载体蛋白	清蛋白、脂蛋白、运铁蛋白、铜蓝蛋白等
免疫防御系统蛋白	IgG、IgM、IgA、IgD、IgE 和补体 C1 ~ 9 等
凝血和纤溶蛋白	凝血因子Ⅶ、Ⅷ、凝血酶原、纤溶酶原等
酶	卵磷脂胆固醇酰基转移酶等
蛋白酶抑制剂	α_1 抗胰蛋白酶、α_2 巨球蛋白等
激素	促红细胞生成素（EPO）、胰岛素等
参与炎症应答的蛋白	C-反应蛋白、α_2 酸性糖蛋白等

（二）血浆蛋白质的性质

尽管血浆蛋白质的种类繁多，但多数具有以下几个共同的特点：

1. 大部分血浆蛋白质在肝中合成，如清蛋白、纤维蛋白原和纤维粘连蛋白等；还有少量的蛋白质是由其他组织细胞合成的，如：γ-球蛋白由浆细胞合成。

2. 血浆蛋白质在位于粗面内质网膜结合的多聚核糖体上合成，多以前体形式出现，经过高尔基复合体修饰、加工、释放入血浆，所以大多数为分泌性蛋白。

3. 除清蛋白外，几乎所有的血浆蛋白均为糖蛋白，这些蛋白质分子上含有 N-或 O-连接的寡糖链。一般认为寡糖链包含许多生物信息，发挥重要的作用。如红细胞的血型物质含糖达 80% ~ 90%，ABO 系统中血型物质 A、B 均是在血型物质 O 糖链的非还原端各加上 N-乙酰氨基半乳糖（GalNAc）或半乳糖（Gal）。正是一个糖基的差别，使红细胞能识别不同的抗体。

4. 许多血浆蛋白呈现多态性。在人群中，如果某一蛋白质具有多态性说明它至少有两种表型，每一种表型的发生率不少于 1% ~ 2%。ABO 血型是大家熟知的多态性。研究血浆蛋白的多态性对遗传学、人类学和临床医学均具有重要的意义。

5. 每种血浆蛋白均有特异的半衰期。正常成人的清蛋白和结合珠蛋白的半寿期分别为 20 天和 5 天左右。

6. 在急性炎症或某种类型组织损伤等情况下，某些血浆蛋白的水平会增高，它们被称为急性时相蛋白质。

二、血浆蛋白质的功能

血浆蛋白的种类繁多,功能各异,现将其主要功能概述如下。

1. 维持血浆胶体渗透压　正常人血浆胶体渗透压的大小取决于血浆蛋白质的摩尔浓度。由于清蛋白的分子量小(69kD),在血浆内的总含量大、摩尔浓度高,加之在生理 pH 条件下,其电负性高,能使水分子聚集在其分子表面,故清蛋白能最有效地维持血浆胶体渗透压。清蛋白所产生的胶体渗透压大约占血浆胶体总渗透压的 75% ~ 80%。当血浆清蛋白浓度过低时,血浆胶体渗透压下降,导致水分子在组织间隙潴留,出现水肿。

2. 维持血浆正常的 pH　正常血浆的 pH 为 7.40±0.05。蛋白质是两性电解质,血浆蛋白质的等电点大部分在 pH 4.0 ~ 7.3 之间,血浆蛋白盐与相应蛋白形成缓冲对,参与维持血浆正常的 pH。

3. 运输作用　血浆蛋白质分子的表面上分布有众多的亲脂性结合位点,脂溶性物质可与其结合而被运输。血浆蛋白还能与易被细胞摄取和易随尿液排出的一些小分子物质结合,防止它们从肾丢失。此外,血浆中还有皮质激素传递蛋白、运铁蛋白、铜蓝蛋白等。这些载体蛋白除结合运输血浆中某种物质外,还具有调节被运输物质代谢的作用。

4. 免疫作用　血浆中的免疫球蛋白 IgG、IgA、IgM、IgD 和 IgE,又称为抗体,免疫球蛋白可与特异性抗原结合,在体液免疫中起至关重要的作用。此外,血浆中还有一组协助抗体完成免疫功能的蛋白酶——补体。免疫球蛋白能识别、结合特异抗原,形成抗原-抗体复合物激活补体系统,从而解除抗原对机体的损伤。

5. 催化作用　血浆中的酶称作血清酶。根据血清酶的来源和功能,可分为血浆功能酶、外分泌酶和细胞酶。

6. 营养作用　血浆蛋白质可被单核-吞噬细胞系统吞饮,通过酶类分解成氨基酸进入氨基酸代谢池,用于组织蛋白质的合成,或转变成其他含氮化合物,或进一步分解供能。

7. 凝血、抗凝血和纤溶作用　血浆中存在众多的凝血因子、抗凝血及纤溶物质,它们在血液中相互作用、相互制约,保持循环血流通畅。但当血管损伤、血液流出血管时,即发生血液凝固,以防止血液的大量流失。

第二节　红细胞代谢

一、红细胞的代谢特点

红细胞是血液中最主要的细胞。成熟红细胞除质膜和胞质外,无细胞核、线粒体、溶酶体、过氧化氢酶体、高尔基复合体等细胞器,其代谢比一般细胞简单。葡萄糖是成熟红细胞高度依赖的能量物质。

下面主要介绍成熟红细胞的代谢特点。

（一）糖代谢

血液循环中的红细胞每天大约从血浆摄取 30g 葡萄糖,其中 90% ~95% 经糖酵解和 2,3-二磷酸甘油酸旁路(2,3-BPG)进行代谢,5% ~10% 通过磷酸戊糖途径进行代谢。

1. 糖酵解与 2,3-二磷酸甘油酸旁路　糖酵解是红细胞获得能量的唯一途径。红细胞中存在催化糖酵解所需要的所有的酶和中间代谢物,糖酵解的基本反应和其他组织相同。红细胞内的糖酵解途径还存在侧支循环——2,3-二磷酸甘油酸旁路(图 15-2)。2,3 二磷酸甘油酸旁路的分支点是 1,3-双磷酸甘油酸(1,3-BPG)。正常情况下,2,3-BPG 对二磷酸甘油酸变位酶的负反馈作用大于对 3-磷酸甘油酸

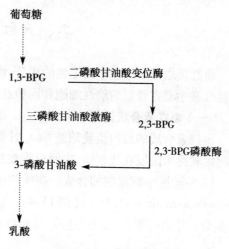

图 15-2　2,3-BPG 旁路

激酶的抑制作用,所以 2,3-二磷酸甘油酸旁路仅占糖酵解的 15% ~50%,但是由于 2,3-BPG 磷酸酶的活性较低,2,3-BPG 的生成大于分解,造成红细胞内 2,3-BPG 升高。

红细胞内 2,3-BPG 虽然也能供能,但主要功能是调节血红蛋白(Hb)的运氧功能。2,3-BPG 是一个电负性很高的分子,可与 Hb 结合,结合部位在 Hb 分子 4 个亚基的对称中心孔穴内。2,3-BPG 的负电基团与组成孔穴侧壁的 2 个 β 亚基的带正电基团形成盐键(图 15-3),从而使血红蛋白分子的 T 构象更趋稳定,降低血红蛋白与 O_2 的亲和力。当血流经过 PO_2 较高的肺部时,2,3-BPG 的影响不大,而当血流流过 PO_2 较低的组织时,红细胞中 2,3-BPG 的存在则显著增加 O_2 释放,以供组织需要。在 PO_2 相同条件下,随着 2,3-BPG 浓度增大,HbO_2 释放的 O_2 增多。人体能通过改变红细胞内 2,3-BPG 的浓度来调节对组织的供氧。

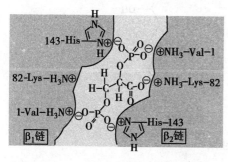

图 15-3　2,3-BPG 与血红蛋白的结合

2. 磷酸戊糖途径　磷酸戊糖途径是红细胞产生 NADPH 的唯一途径。NADPH 是红细胞内重要的还原物质,能维持细胞内还原型谷胱甘肽(GSH)的含量,保护细胞膜蛋白、血红蛋白和酶蛋白的巯基等不被氧化,从而维持红细胞的正常功能。

由于氧化作用,红细胞内经常产生少量高铁血红蛋白(MHb),MHb 中的铁为三价,不能运输 O_2。但红细胞内有 NADH-高铁血红蛋白还原酶和 NADPH-高铁血红蛋白还原酶,能催化 MHb 还原成 Hb。

另外,GSH 和抗坏血酸也能直接还原 MHb。在上述高铁血红蛋白还原系统中,以 NADH-高铁血红蛋白还原酶最重要。由于有 MHb 还原系统的存在,使红细胞内 MHb 只占 Hb 总量的 1% ~2%。

（二）脂类代谢

成熟红细胞的脂类几乎都存在于细胞膜。成熟红细胞已不能从头合成脂肪酸,但膜脂的不断更新却是红细胞生存的必要条件。红细胞通过主动参入和被动交换不断地与血浆进行脂质交换,维持其正常的脂类组成、结构和功能。

二、血红素的合成与调节

血红蛋白是红细胞中最主要的成分,由珠蛋白和血红素(heme)组成。参与血红蛋白组成的血红素主要在骨髓的幼红细胞和网织红细胞中合成。

(一)血红素合成过程

血红素合成的原料是琥珀酰 CoA、甘氨酸和 Fe^{2+} 等。整个合成过程可分为四个阶段,合成的起始和终末阶段在线粒体,中间过程在胞质中进行。

1. δ-氨基-γ-酮戊酸的合成　在线粒体内琥珀酰 CoA 与甘氨酸缩合生成 δ-氨基-γ-酮戊酸(δ-aminolevulinic acid,ALA)(图 15-4)。催化此反应的酶是 ALA 合酶,其辅酶是磷酸吡哆醛。ALA 合酶是血红素合成的限速酶,受血红素的反馈调节。

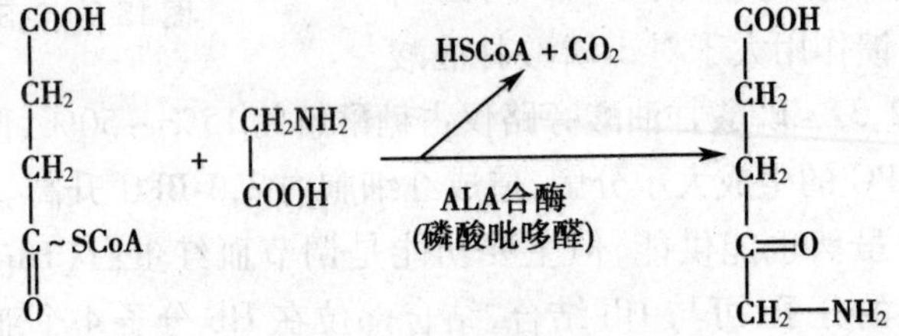

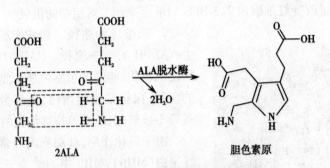

图 15-4　δ-氨基-γ-酮戊酸的合成

2. 胆色素原的合成　ALA 生成后从线粒体进入胞质,在 ALA 脱水酶催化下,2 分子 ALA 脱水缩合生成胆色素原(图 15-5)。ALA 脱水酶含有巯基,铅等重金属对其有抑制作用。

图 15-5　胆色素原的生成

3. 尿卟啉原Ⅲ与粪卟啉原Ⅲ的合成　在胞质中,由尿卟啉原Ⅰ同合酶(又称胆色素原脱氨酶)催化,使 4 分子胆色素原脱氨缩合生成 1 分子线状四吡咯。后者又在尿卟啉原Ⅲ同合酶催化下生成尿卟啉原Ⅲ。尿卟啉原Ⅲ进一步经尿卟啉原Ⅲ脱羧酶催化,最终生成粪卟啉原Ⅲ。

4. 血红素的生成　粪卟啉原Ⅲ由胞质进入线粒体,经粪卟啉原Ⅲ氧化脱羧酶和原卟啉原Ⅸ氧化酶作用,使其侧链氧化脱羧生成原卟啉Ⅸ。通过亚铁螯合酶(又称血红素合成酶)的催化,原卟啉Ⅸ和 Fe^{2+} 结合生成血红素。铅等重金属对亚铁螯合酶有抑制作用。血红素合成的全过程总结于图 15-6。

血红素生成后从线粒体转运到胞质,在骨髓的有核红细胞及网织红细胞中与珠蛋白结合成为血红蛋白。

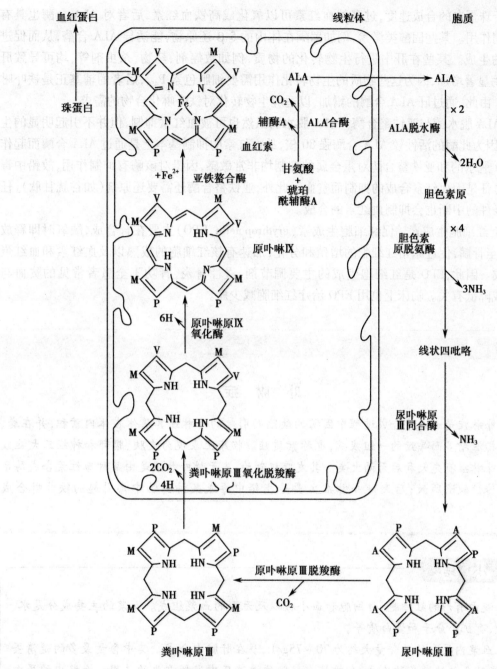

图 15-6　血红素的生物合成

A：—CH$_2$COOH；P：—CH$_2$CH$_2$COOH；M：—CH$_3$；V：—CH ═CH$_2$

（二）血红素合成的调节

血红素的合成受多种因素的调节,其中最主要的调节步骤是 ALA 的合成。

1. ALA 合酶　ALA 合酶是血红素合成的限速酶,受血红素的反馈抑制。由于磷酸吡哆醛是该酶的辅基,维生素 B$_6$ 缺乏将影响血红素的合成。ALA 合酶含量少,且本身的代谢较快,半衰期约为 1 小时。正常情况下,血红素合成后迅速与珠蛋白结合成血红蛋白,不致有过多的血红素堆积;血红素结合成血红蛋白后,对 ALA 合酶不再有反馈抑制作用。如果血红素的合成速度大于珠蛋白的合成速度,过多的血红素可以氧化成高铁血红素,后者对 ALA 合酶也具有强烈抑制作用。某些固醇类激素,例如睾酮在体内的 5-β 还原物,能诱导 ALA 合酶,从而促进血红素的生成。某些在肝中进行生物转化的物质,例如致癌剂、药物、杀虫剂等,均可导致肝 ALA 合酶显著增加,因为这些物质的生物转化作用需要细胞色素 P_{450},后者的辅基正是铁卟啉化合物。由此,通过肝 ALA 合酶的增加,以适应生物转化对铁卟啉化合物的需求。

2. ALA 脱水酶与亚铁螯合酶　ALA 脱水酶虽然也可被血红素抑制,但并不引起明显的生理效应,因为此酶的活性较 ALA 合酶强 80 倍,故血红素的抑制基本上是通过 ALA 合酶而起作用。ALA 脱水酶和亚铁螯合酶对重金属的抑制均非常敏感,因铅对该酶有抑制作用,故铅中毒的重要体征是因血红素合成的抑制而贫血。此外,亚铁螯合酶还需要还原剂(如谷胱甘肽),任何还原条件的中断也会抑制血红素的合成。

3. 促红细胞生成素　促红细胞生成素(erythropoietin,EPO)主要在肾合成,缺氧时即释放入血,运至骨髓,促进原始红细胞的增殖和分化,加速有核红细胞的成熟以及血红素和血红蛋白的合成。因此,EPO 是红细胞生成的主要调节剂,慢性肾炎、肾功不全患者常见的贫血与 EPO 合成降低有关。临床上也用 EPO 治疗红细胞减少症。

卟　啉　症

卟啉症是血红素合成过程中因酶的缺陷而引起的卟啉或其前体在体内蓄积,并在粪、尿中排泄增多而导致的一组疾病,也称紫质症。临床上表现为皮肤、腹部和神经三大症候群。卟啉症有先天和后天两大类。其发病机制为:先天性卟啉症是由某种血红素合成酶系的遗传性缺陷所致;后天性卟啉症主要是指铅中毒或某种药物中毒引起的铁卟啉合成障碍。

小　结

血液由有形的红细胞、白细胞和血小板以及无形的血浆组成。血浆的主要成分是水、无机盐、有机小分子和蛋白质等。

人血浆内蛋白的总含量大约为 70~75g/L,多在肝脏内合成。其中含量最多的是清蛋白,它能结合并转运多种物质,在维持血浆胶体渗透压中发挥重要的作用。血浆中的蛋白质具有多种重要的生理功能。

成熟红细胞的代谢特点是不能合成核酸和蛋白质,也不能进行糖的有氧氧化,只能进行无氧酵解和磷酸戊糖途径。未成熟的红细胞能利用琥珀酰 CoA、甘氨酸和铁离子合成血红素。血红素合成的关键酶是 ALA 合酶,受血红素、EPO 的调节;血红素合成过程中酶的缺陷可引起卟啉症。

 **复习思考题**

一、名词解释

1. 2,3-BPG 旁路

2. 免疫球蛋白

二、问答题

1. 血浆蛋白根据电泳法分为哪几类?

2. 成熟红细胞代谢有何特点?

3. 简述 2,3-二磷酸甘油酸旁路。

4. 概述血红素合成的原料、部位、关键酶以及生物合成的四个步骤。

（于晓光）

第十六章

维生素与微量元素

学习目标 ▮▮

1. 掌握维生素的概念;B 族维生素在体内的活性形式;脂溶性维生素和维生素 C 的生理功能。
2. 熟悉维生素的分类;维生素缺乏症。
3. 了解维生素的结构、性质;微量元素的作用。

维生素(vitamin)是维持人体正常生理功能所必需的一类小分子有机化合物。维生素既不是构成组织细胞的结构成分,也不会产生能量,它的作用主要是作为酶的辅助因子参与调节机体各种代谢过程,并参与特殊蛋白质或激素前体的合成,是机体生长和健康所必需的物质。机体对维生素的需要量很少,每日仅需要数毫克或数微克,但由于体内不能合成或合成量不足,因此必须通过食物供给。维生素通常按其溶解性分为脂溶性维生素和水溶性维生素两大类。

人体的元素组成约有几十种,许多元素在体内的含量较多,称为常量元素;有些元素含量仅占体重的 0.01% 以下,称为微量元素。通常微量元素每人每日需要量在 100mg 以下,主要包括锌、铜、碘、锰、硒、氟、钼、钴、铬等,它们可以通过形成结合蛋白质、酶、激素、维生素等重要生物活性分子来发挥特殊的、多样的生理作用。

维生素和微量元素的长期缺乏均可导致相应的缺乏症。

第一节　脂溶性维生素

脂溶性维生素包括维生素 A、D、E、K 等,这些维生素不溶于水而溶于脂肪及有机溶剂。这类维生素常伴随脂类物质同时吸收,在血液中与脂蛋白或特异的结合蛋白相结合而运输。吸收后的脂溶性维生素主要在肝内储存,摄入过多则发生中毒。

一、维生素 A

(一)化学组成、性质及来源

维生素 A 又称抗干眼病维生素,是由 β-白芷酮环和两分子异戊二烯构成的多烯化合物,有

A₁(视黄醇)及 A₂(3-脱氢视黄醇)两种形式,并以 A₁ 为主。

维生素A₁(视黄醇)　　　　　　　　　　　　　维生素A₂(3-脱氢视黄醇)

维生素 A_1(视黄醇)与其特异的结合蛋白结合后在血液中运输,与靶细胞表面的特异性受体结合而被摄取。在细胞内,视黄醇先氧化成视黄醛,再进一步氧化成视黄酸。视黄醇、视黄醛和视黄酸是维生素 A 的活性形式。

维生素 A 的性质活泼,易被空气氧化或紫外线照射而失去生理活性,故维生素 A 制剂应避光贮存。

维生素 A 主要来自动物性食品,以肝脏、肉类、乳制品、鱼肝油及蛋黄中含量较多,植物中不存在维生素 A,但有色植物如胡萝卜、红辣椒、菠菜等富含多种被称为维生素 A 原的胡萝卜素,其中以 β-胡萝卜素最为重要。

(二)生理功能、缺乏症及其应用

1. 参与构成视觉细胞内的感光物质　视网膜有感受暗光的视杆细胞。视紫红质作为视杆细胞内的视色素,由 11-顺视黄醛与视蛋白结合构成。感弱光时,11-顺视黄醛异构成为全反视黄醛,与视蛋白分离而失色,引起杆状细胞膜电位变化并激发神经冲动,经传导到大脑后产生暗视觉。视网膜内产生的全反视黄醛可经还原、异构、氧化又再生为 11-顺视黄醛,与视蛋白重新结合生成视紫红质。即视紫红质的再生循环(图 16-1)。

当维生素 A 缺乏时,视紫红质合成不足或再生缓慢,暗视觉障碍,出现"夜盲症"等眼疾。

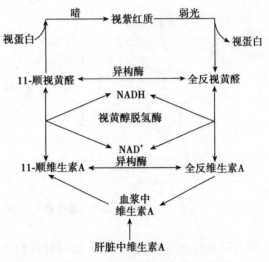

图 16-1　视紫红质的生成与再生循环

2. 维持上皮组织结构的完整性　维生素 A 参与糖蛋白的合成,后者是上皮细胞膜的重要成分。维生素 A 缺乏时,糖蛋白合成障碍,致使上皮细胞干燥、增生、角化过度,当影响到泪腺上皮时,泪液的分泌会减少,引起以角膜和结膜干燥、发炎甚至穿孔为症状的"干眼病"。故维生素 A 又称抗干眼病维生素。

3. 参与类固醇的合成　维生素 A 参与类固醇的合成,能促进机体的生长、发育和繁殖。当维生素 A 缺乏时,肾上腺、性腺及胎盘中的类固醇激素合成减少,导致生长停滞、生殖功能衰退、骨骼生长不良,从而影响生长、发育和繁殖。

4. 维生素 A 有一定的抗癌作用　癌肿多数来自上皮组织,因此上皮组织的健康与否与癌肿的发生有关。目前有观点认为,维生素 A 有抑制癌变、促进癌细胞自溶等作用,可用来防癌、抗癌。

临床上常用维生素 A 治疗维生素 A 缺乏症和某些皮肤病。过多服用可引起头疼、呕吐、急性肝坏死等急性中毒的不良反应和食欲减退、毛发脱落、关节疼痛及肝脾肿大等慢性中毒的不良反应。

二、维生素 D

（一）化学组成、性质及来源

维生素 D 又称抗佝偻病维生素，是类固醇的衍生物，主要有维生素 D_2（麦角钙化醇）及 D_3（胆钙化醇）两种。植物和酵母中的麦角固醇（维生素 D_2 原）在紫外线照射下转变成维生素 D_2。维生素 D_3 是由皮肤细胞中的 7-脱氢胆固醇（维生素 D_3 原）经日光及紫外线作用后所形成（图 16-2）。

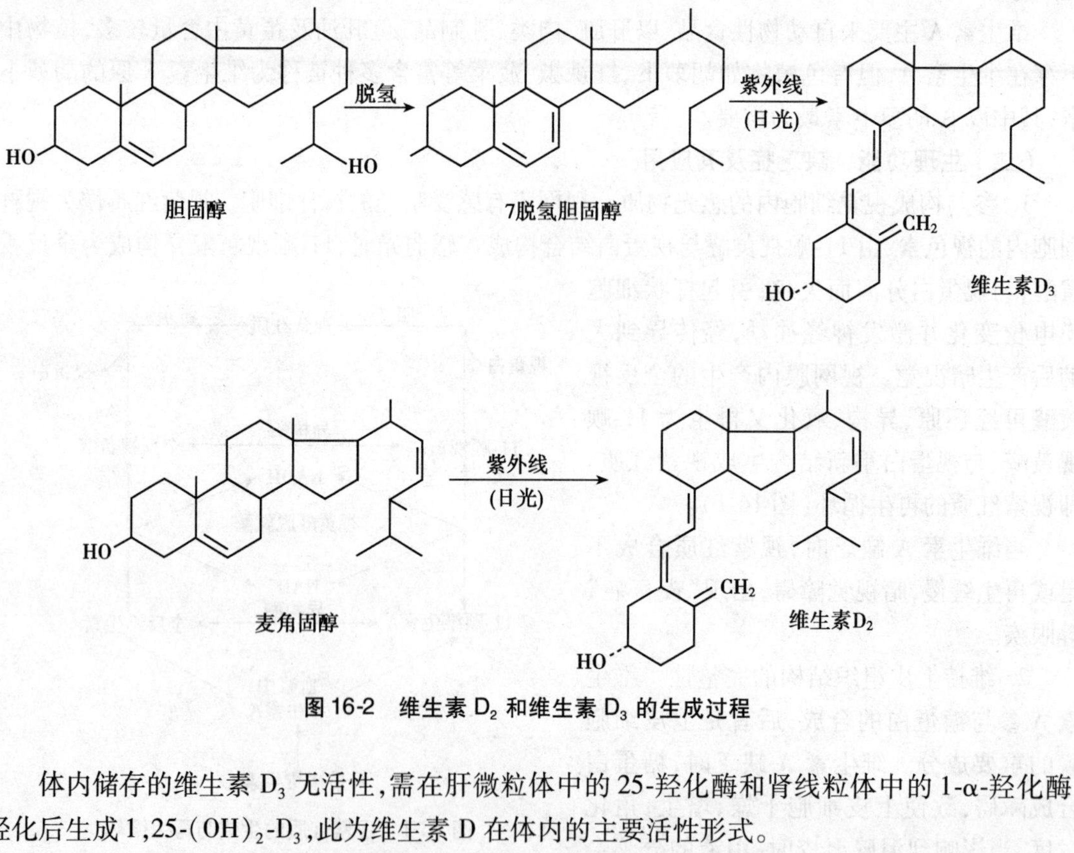

图 16-2　维生素 D_2 和维生素 D_3 的生成过程

体内储存的维生素 D_3 无活性，需在肝微粒体中的 25-羟化酶和肾线粒体中的 1-α-羟化酶羟化后生成 $1,25\text{-}(OH)_2\text{-}D_3$，此为维生素 D 在体内的主要活性形式。

$$D_3 \xrightarrow[\text{肝}]{25\text{-羟化酶}} 25\text{-}(OH)\text{-}D_3 \xrightarrow[\text{肾}]{1\text{-羟化酶}} 1,25\text{-}(OH)_2\text{-}D_3$$

维生素 D 性质较稳定，耐热、酸和碱，不易被破坏。

维生素 D 主要存在于鱼肝油、鱼肉、肝、奶及蛋黄中，适当的阳光照射可以满足人体对维生素 D 的需要。

（二）生理功能、缺乏症及其应用

1. 调节钙、磷代谢　$1,25\text{-}(OH)_2\text{-}D_3$ 的主要作用是促进小肠黏膜细胞对钙、磷的吸收及肾远曲小管对钙、磷的重吸收,维持血浆钙、磷的正常浓度,促进成骨及破骨细胞的形成,促进骨质更新。缺乏维生素 D 时,儿童可出现佝偻病,成人则引起骨软化症,中老年人易发生骨质疏松症。

2. 调控基因表达　由于 $1,25\text{-}(OH)_2\text{-}D_3$ 可在体内合成和活化,经血液运往靶细胞发挥调节基因表达的作用,所以目前维生素 D_3 多被当作一种激素来研究。

临床上维生素 D 主要用于防治佝偻病、骨软化症和老年性骨质疏松症等,服用过量可出现厌食、乏力、烦躁、头痛等胃肠道和中枢神经系统的中毒症状。

三、维生素 E

（一）化学组成、性质及来源

维生素 E 又称生育酚,是苯骈二氢吡喃的衍生物,包括生育酚和生育二烯酚。根据甲基的数目、位置不同进一步分成 α、β、γ、δ 四种,其中 α-生育酚的活性最高。

生育酚	R_1	R_2	生理活性
α	—CH_3	—CH_3	100
β	—CH_3	—H	40
γ	—H	—CH_3	3
δ	—H	—H	1

维生素 E 在无氧条件下对热稳定,对氧十分敏感,极易氧化。

维生素 E 分布广泛,主要存在于植物油、麦芽及蔬菜中。

（二）生理功能、缺乏症及其应用

1. 抗氧化和抗衰老作用　生物膜磷脂中的不饱和脂肪酸极易受到代谢过程中产生的氧自由基的氧化,形成过氧化脂质和脂褐素,使膜的结构和功能受到破坏。维生素 E 是一种强的还原性物质,能防止不饱和脂肪酸氧化,保护生物膜正常的结构与功能。维生素 E 还可以捕获自由基,从而起到抗衰老的作用。

2. 抗不育作用　实验证实动物缺乏维生素 E 时,雄鼠出现睾丸萎缩、精子形成障碍;雌鼠出现胚胎及胎盘萎缩,易引起流产。故临床上常用维生素 E 作为防治先兆流产、习惯性流产和不育症等的辅助性药物。

3. 促进血红素代谢　新生儿缺乏维生素 E 时可导致血红蛋白合成减少及红细胞寿命缩短而引起贫血,维生素 E 通过提高血红素合成中的关键酶 δ-氨基-γ-酮戊酸(ALA)合酶及 ALA 脱水酶的活性,促进血红素合成。

维生素 E 在自然界分布广泛,食物中来源充足,故在人类尚未发现缺乏症。

四、维生素 K

（一）化学组成、性质及来源

维生素 K 又称凝血维生素,是 2-甲基萘醌的衍生物。天然维生素 K 有两种:维生素 K_1 存在于绿叶植物(如青菜、菠菜等)及动物肝中,维生素 K_2 由肠道细菌合成。临床常用的人工合成的维生素 K_3 和 K_4 为水溶性物质,可以口服或注射。

（二）生理功能、缺乏症及其应用

维生素 K 的主要生理功能是参与凝血作用。维生素 K 维持凝血因子Ⅱ（凝血酶原）、凝血因子Ⅶ、Ⅸ及Ⅹ在体内的正常水平，并促使凝血酶原转变为凝血酶，后者促使纤维蛋白原转变为纤维蛋白，加速血液凝固。维生素 K 缺乏时，血中这几种凝血因子均减少，因而凝血时间延长，严重时则发生皮下、肌肉及胃肠道出血。严重的肝、胆疾患或长期使用抗生素抑制了肠道菌群，都可产生维生素 K 的缺乏症。临床上常用维生素 K 治疗各种原因产生的维生素 K 缺乏所引起的出血症。

第二节 水溶性维生素

水溶性维生素包括 B 族维生素和维生素 C，它们的化学结构和生理功能各异，主要以构成酶的辅助因子的方式参与代谢。这类维生素易溶于水，不溶或微溶于有机溶剂，在机体内储存量少，必须经常从食物中摄取。摄入过多的部分可随尿排出体外，一般不发生中毒现象。

一、维生素 B_1

（一）化学组成、性质和来源

维生素 B_1 又称抗脚气病维生素，是由含硫的噻唑环和含氨基的嘧啶环所组成的化合物，故又称硫胺素。硫胺素于碱性溶液中加热极易分解，在酸性溶液中可耐受 120℃ 的高温。经氧化后可转为无活性的脱氢硫胺素，后者在紫外光下呈蓝色荧光，此性质可用于定性和定量分析。维生素 B_1 多以盐酸硫胺素的形式存在，且易被小肠吸收。

维生素 B_1 主要存在于种子外皮及胚芽中，米、黄豆、芹菜、瘦肉等食物中含量丰富。谷类加工过细或烹调方法不当时可造成维生素 B_1 大量丢失。

（二）生理功能、缺乏症及其应用

维生素 B_1 在肝及脑组织中被磷酸化生成焦磷酸硫胺素（thiamine pyrophosphate，TPP），是维生素 B_1 的活性形式（图 16-3）。

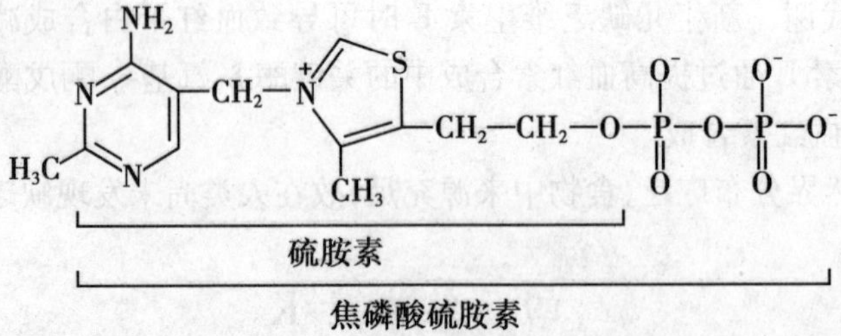

图 16-3 焦磷酸硫胺素的结构

TPP 是 α-酮酸氧化脱羧酶系的辅酶，参与线粒体丙酮酸、α-酮戊二酸的氧化脱羧反应。当缺乏维生素 B_1 可引起以糖有氧氧化供能为主的神经组织供能不足以及神经细胞膜髓鞘磷脂合成受阻，导致慢性末梢神经炎和脚气病的发生。

　　维生素 B_1 还可抑制胆碱酯酶活性,缺乏维生素 B_1 时胆碱酯酶活性增强,乙酰胆碱的水解加速,影响胆碱能神经的传导,出现胃肠蠕动缓慢、消化液分泌减少、食欲不振、消化不良等症状。临床上补充维生素 B_1 可增加食欲,促进消化。

　　TPP 还是磷酸戊糖途径中转酮酶的辅酶。维生素 B_1 缺乏时,磷酸戊糖途径产生的 5-磷酸核糖和 NADPH 的合成下降,导致核苷酸合成及神经髓鞘中鞘磷脂的合成受阻,出现神经末梢炎和其他神经病变。故在临床上可用维生素 B_1 辅助治疗神经痛、腰痛、面神经麻痹、多发性神经炎和周围性神经炎等疾病。

脚 气 病

　　脚气病是维生素 B_1 缺乏引起的全身性疾病。维生素 B_1 是参与体内糖及能量代谢的重要维生素,其活性形式 TPP 是 α-酮酸氧化脱羧酶系的辅酶。当维生素 B_1 缺乏时,体内 TPP 合成不足,糖代谢中的 α-酮酸氧化脱羧障碍,导致丙酮酸、乳酸堆积,毒害细胞,导致消化、神经和心血管诸系统的功能紊乱。临床表现以两脚无力为主要特征,以及健忘、手足麻木、肌肉萎缩、共济失调、心力衰竭和下肢水肿等脚气病的症状。

二、维生素 B_2

（一）化学组成、性质和来源

　　维生素 B_2 又名核黄素,它是核醇与 6,7-二甲基异咯嗪的缩合物。核黄素为橘黄色针状结晶,溶于水后呈黄绿色荧光。在酸性溶液中稳定,耐热,易被碱和紫外线破坏。

　　维生素 B_2 分布很广,绿叶蔬菜、黄豆、小麦及动物内脏和乳制品、酵母中含量丰富。人体肠道细菌也能合成一部分,但不能满足机体需要。

（二）生理功能、缺乏症及其应用

　　维生素 B_2 的活性形式是黄素单核苷酸(flavin mononucleotide,FMN)和黄素腺嘌呤二核苷酸(flavin adenine dinucleotide,FAD)(图 16-4)。FMN 与 FAD 是体内许多脱氢酶的辅基,如琥珀酸脱氢酶、黄嘌呤氧化酶及 NADH 脱氢酶等,在生物氧化过程中发挥递氢的作用。

　　维生素 B_2 常与其他 B 族维生素的缺乏同时出现,常见的症状有唇炎、舌炎、口角炎、阴囊皮炎、眼睑炎、畏光等。

三、维生素 PP

（一）化学组成、性质和来源

　　维生素 PP 又称抗癞皮病维生素,包括烟酸(尼克酸)和烟酰胺(尼克酰胺)两种化合物,它们都是吡啶的衍生物,在体内可相互转化。

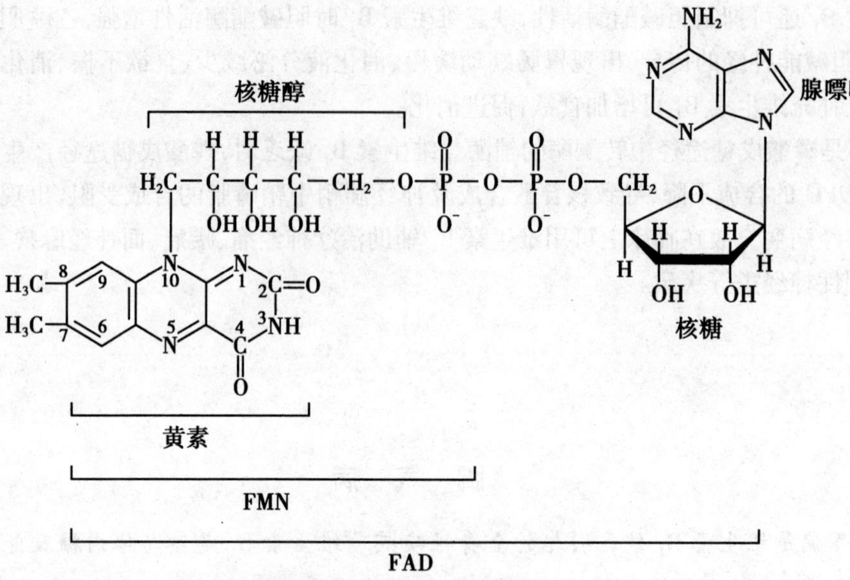

图 16-4 FMN 和 FAD 的结构

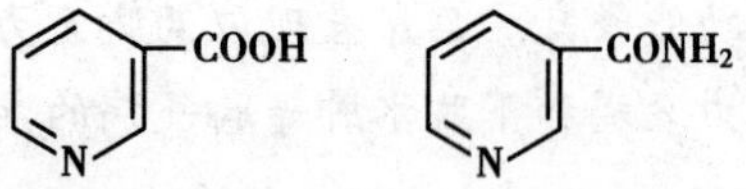

维生素 PP 性质稳定,耐酸、碱和热,是维生素中性质最稳定的一种。

维生素 PP 广泛存在于动植物体内,肉类、谷物、花生及酵母中含量丰富。肝脏将色氨酸转变成烟酸,但转变效率很低,且色氨酸属于必需氨基酸,因此人体主要从食物中摄取维生素 PP。玉米中维生素 PP 和色氨酸贫乏,长期单食玉米易引起维生素 PP 缺乏症。

(二)生理功能、缺乏症及其应用

维生素 PP 的活性形式是烟酰胺腺嘌呤二核苷酸(NAD^+,又称辅酶 I)和烟酰胺腺嘌呤二核苷酸磷酸($NADP^+$,又称辅酶 II)(图 16-5),它们是体内多种不需氧脱氢酶的辅酶。

NAD^+ 和 $NADP^+$ 分子中的烟酰胺部分具有可逆的加氢和脱氢的特性,因此在生物氧化过程中起着递氢的作用。NAD^+ 常参与产生能量的氧化分解反应,而 $NADP^+$ 则主要参与有关的合成

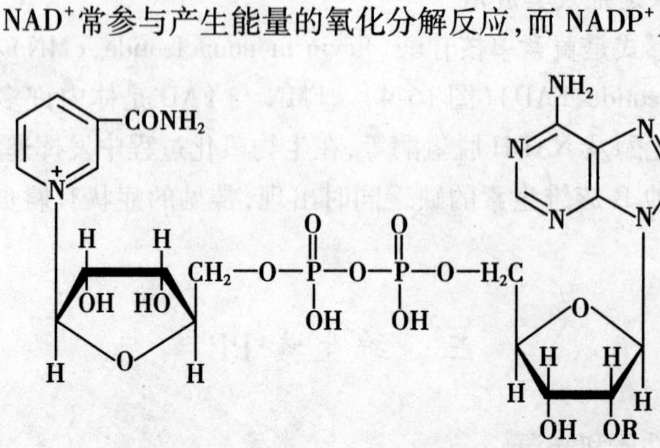

R=H: NAD^+;   R=H_2PO_3:$NADP^+$

图 16-5 NAD^+ 和 $NADP^+$ 的结构

反应。

人类维生素 PP 的缺乏症称为癞皮症,主要表现为裸露部位出现对称性皮炎,皮炎处有明显而界限清楚的色素沉着,腹泻及因神经组织病变而导致的痴呆等。由于烟酸有较强的扩张末梢血管的作用,近年来临床用含烟酸的制剂作为治疗高脂血症和动脉粥样硬化等疾病的药物。

四、维生素 B_6

(一)化学组成、性质和来源

维生素 B_6 又称抗皮炎维生素,是吡啶的衍生物,包括吡哆醇、吡哆醛和吡哆胺,其活性形式是磷酸吡哆醛和磷酸吡哆胺,两者可相互转变(图 16-6)。

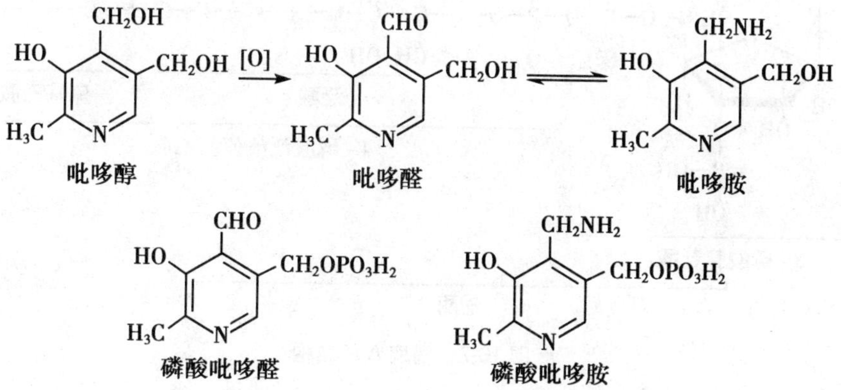

图 16-6 维生素 B_6 及其磷酸酯结构

维生素 B_6 易溶于水和酒精,对光和碱敏感,高温下破坏迅速。

维生素 B_6 在动植物中分布很广,蛋黄、肉类、鱼、乳汁以及谷物、种子外皮、卷心菜、豆类中含量丰富,以酵母及米糠中含量最多。

(二)生理功能、缺乏症及其应用

磷酸吡哆醛是氨基酸转氨酶和脱羧酶的辅酶,参与氨基酸的转氨基作用及脱羧基作用。磷酸吡哆醛还能促进谷氨酸脱羧生成抑制性神经递质 γ-氨基丁酸。临床上常用维生素 B_6 治疗婴儿惊厥和妊娠呕吐。磷酸吡哆醛也是血红素合成的限速酶 δ-氨基-γ-酮戊酸(ALA)合酶的辅酶,缺乏维生素 B_6 时可产生贫血。

人类很少发生维生素 B_6 缺乏症。但在治疗维生素 B_1、维生素 B_2 和维生素 PP 缺乏症时,同时给与维生素 B_6 常可增进疗效。此外,抗结核药异烟肼能与磷酸吡哆醛结合而随尿排出从而引起维生素 B_6 缺乏症,故在服用异烟肼时,应加服维生素 B_6,以防止异烟肼治疗中出现的不安、失眠和多发性神经炎等不良反应。

五、泛　　酸

(一)化学组成、性质和来源

泛酸因广泛存在于生物界,故又名遍多酸。它是由 β-丙氨酸通过肽键与二甲基丁酸缩合而成的一种酸性物质,在中性溶液中耐热,对氧化剂及还原剂极为稳定。

泛酸广泛存在于生物界,尤以动物肝、酵母、谷物及豆类中含量丰富,肠内细菌也能合成。

(二)生理功能、缺乏症及其应用

泛酸在体内的活性形式是辅酶 A(CoA)(图 16-7)及酰基载体蛋白(ACP),它们是酰基转移酶的辅助因子,其中 CoA 参与酰基的转运,ACP 参与脂肪酸的合成,因此,泛酸与糖、脂类及蛋白质代谢有着密切的联系。

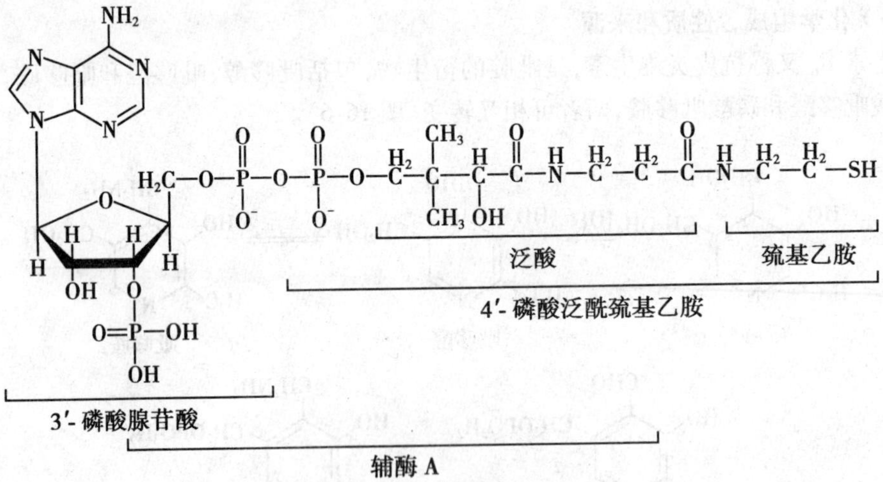

图 16-7 辅酶 A 的结构

泛酸缺乏症很少见,临床上给予适量泛酸来提高其他维生素 B 缺乏症的疗效。现临床上 CoA 已作为许多疾病的重要辅助药物。

六、生 物 素

(一)化学组成、性质和来源

生物素是由噻吩环与尿素结合而成的双环化合物,并带有戊酸侧链(图 16-8)。

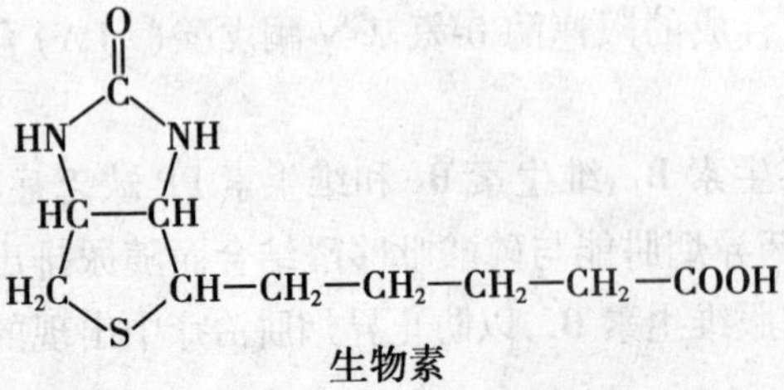

生物素常温下稳定,不耐高温且易被氧化。

生物素分布广泛,肝脏、肾脏、蛋黄、酵母、蔬菜、谷类中均含有,肠道细菌也能合成。

(二)生理功能、缺乏症及其应用

生物素是体内多种羧化酶的辅酶,参与体内多种羧化反应,在糖、脂肪、蛋白质和核酸代谢中有重要意义。近年的研究表明,生物素还有参与细胞信号转导和基因表达的作用。

生物素

图 16-8 生物素的结构

生物素来源广泛,且肠道细菌也能合成,所以人类罕见缺乏症。长期使用抗生素能抑制肠道细菌生长,可造成生物素的缺乏,出现疲乏、食欲不振、恶心呕吐、苍白、贫血、肌痛及皮屑性皮炎等症状。

七、叶　　酸

（一）化学组成、性质和来源

叶酸因在绿叶植物中含量丰富而得名,其结构由 2-氨基-4-羟基-6-甲基蝶呤啶、对氨基苯甲酸和 L-谷氨酸三部分组成,又称蝶酰谷氨酸(图 16-9)。

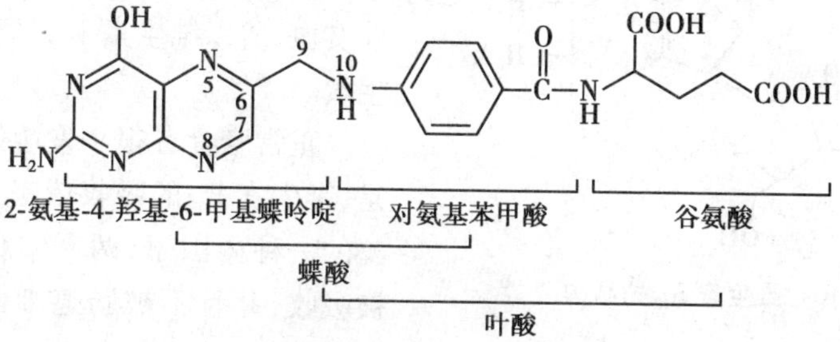

图 16-9　叶酸的结构

叶酸在酸性溶液中不稳定,不耐热。

叶酸在绿叶蔬菜中含量较多,也存在于肉类、肝脏和肾脏等动物性食物中。

（二）生理功能、缺乏症及其应用

叶酸的活性形式是 5,6,7,8-四氢叶酸(FH_4)。FH_4 是体内一碳单位转移酶的辅酶,分子中的 N^5 及 N^{10} 能携带一碳单位,参与体内嘌呤、嘧啶、胆碱等重要物质的合成。叶酸缺乏时,DNA 合成受到抑制,骨髓幼红细胞 DNA 合成减少,细胞分裂速度降低,细胞体积变大,造成巨幼红细胞性贫血,故叶酸又称为抗贫血维生素。

叶酸在食物中含量丰富,肠道的细菌也能合成,一般不会发生缺乏症。孕妇及哺乳期妇女应适当补充叶酸。口服抗癌药物氨基蝶呤、甲氨蝶呤能干扰四氢叶酸的合成,如长期服用此类药物时也应注意补充叶酸。

八、维生素 B_{12}

（一）化学组成、性质及来源

维生素 B_{12} 又称钴胺素,是唯一含有金属元素的维生素。其分子中含钴、咕啉环、3′-磷酸-5,6-二甲基苯骈咪唑核苷和氨基异丙醇。钴位于咕啉环中央,可结合不同的 R 基团,可有多种形式存在,如甲钴胺素和 5′-脱氧腺苷钴胺素是维生素 B_{12} 的活性形式,也是血液中存在的主要形式(图 16-10)。

维生素 B_{12} 在弱酸中稳定,易被强酸、强碱、氧化剂等破坏。性质最稳定的羟钴胺素是药用维生素 B_{12} 的主要形式。

维生素 B_{12} 主要存在于动物性食品中,以肝脏含量最多,植物性食物中含量极少。肠道细菌可合成。

（二）生理功能、缺乏症及其应用

甲钴胺素可作为甲基转移酶的辅助因子参与甲硫氨酸循环,进一步参与体内一碳单位的

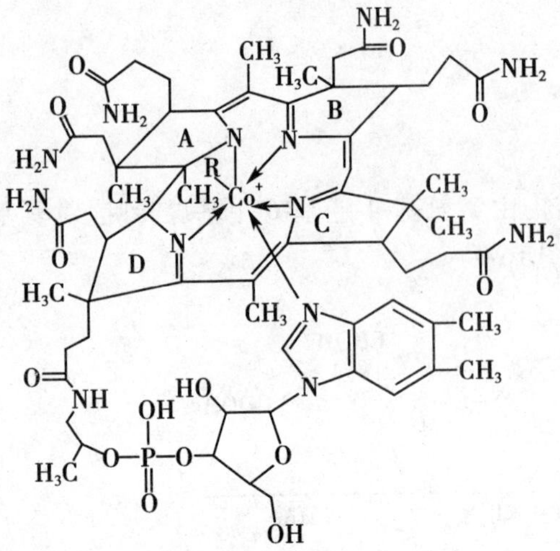

图 16-10 维生素 B_{12} 的结构

代谢。5′-脱氧腺苷钴胺素作为辅酶参加多种重要的代谢反应,故又称为辅酶 B_{12}(CoB_{12})。当维生素 B_{12} 缺乏时,甲基不能转移,既不利于甲硫氨酸的生成,也妨碍四氢叶酸的再生,使组织中游离的四氢叶酸含量减少,从而影响嘌呤、嘧啶的合成,使核酸合成障碍,影响细胞分裂,结果产生巨幼红细胞性贫血,即恶性贫血,所以维生素 B_{12} 又称为抗恶性贫血维生素。

正常膳食者很少发生缺乏症。应注意的是,维生素 B_{12} 的吸收依赖于胃幽门部黏膜分泌的一种内因子,两者结合后才能透过肠壁被吸收,并且不被肠道细菌所破坏。因此全胃切除后,由于内因子缺乏,须注意补充维生素 B_{12}。

九、维生素 C

(一)化学组成、性质和来源

维生素 C 是含有 6 个碳原子的多羟基化合物,以内酯的形式存在。维生素 C 溶液呈酸性并具强还原性,易被氧化剂破坏,在中性或碱性溶液中或加热时破坏迅速。因其具有防治坏血病的功能,故又称为抗坏血酸。

维生素 C 广泛存在于新鲜水果及绿叶蔬菜中。但在植物中含有抗坏血酸氧化酶可使维生素 C 氧化而失活,因此水果及蔬菜在干燥、久存和磨碎等过程中维生素 C 会遭到破坏。

(二)生理功能、缺乏症及其应用

1. 参与体内的羟化作用 维生素 C 是羟化酶的辅助因子,参与多种羟化反应。

(1)促进胶原的合成:胶原蛋白是体内结缔组织、毛细血管及细胞间质的重要组成成分,胶原中的脯氨酸和赖氨酸在胶原脯氨酸羟化酶和赖氨酸羟化酶的作用下生成羟脯氨酸及羟赖氨酸,两者是维持胶原蛋白空间结构的关键物质。维生素 C 是上述两种酶的辅助因子,缺乏时可造成胶原蛋白合成障碍,导致毛细血管通透性增加,易破裂出血,引起坏血病(scurvy)。

(2)参与胆固醇的转化:大部分胆固醇在肝细胞中转化为胆汁酸,维生素 C 是催化这一过程的关键酶 7α-羟化酶的辅酶。缺乏时直接影响胆固醇的转化,是造成高胆固醇血症的原因之一。

(3)参与芳香族氨基酸的代谢:在苯丙氨酸转变为酪氨酸和儿茶酚胺及色氨酸转变为 5-羟色胺等的过程中,都需要有维生素 C 的参与。

2. 参与体内的氧化还原反应

(1)保护巯基和促进 GSH 生成:维生素 C 能使巯基酶的—SH 维持在还原状态,从而保持酶活性。维生素 C 还能在谷胱甘肽还原酶作用下,使氧化型谷胱甘肽(GSSG)还原为还原型谷胱甘肽(GSH),后者能使细胞膜的过氧化脂质恢复正常,从而起到保护细胞膜作用。

(2)促进抗体的合成:血清中维生素 C 的水平和免疫球蛋白浓度呈正相关,免疫球蛋白分子中的二硫键是通过半胱氨酸残基的巯基(—SH)氧化而生成,此反应也需维生素 C 参加。

（3）促进造血作用:维生素 C 能使 Fe^{3+} 还原为 Fe^{2+},以促进食物中铁的吸收、储存和利用,并能使红细胞中的高铁血红蛋白还原为血红蛋白,恢复其运氧能力。维生素 C 还参与四氢叶酸的生成,有利于造血作用。维生素 C 缺乏时,红细胞的发育成熟受到影响,易发生贫血。

（4）清除自由基的作用:维生素 C 能通过清除自由基恢复维生素 E 的抗氧化作用,还能保护维生素 A 及维生素 B 免遭氧化。

3. 其他作用　维生素 C 能阻止致癌物亚硝胺的合成,有一定的防癌作用。

尽管维生素 C 有上述较多的作用,但长期大量服用可引起尿路的草酸盐结石。

第三节　微量元素

本节主要介绍锌、铜、硒、锰、碘五种微量元素。

一、锌

（一）体内概况

锌在人体内的含量约 2~3g,广泛分布于各组织中,头发中含有一定量的锌,常作为人体内锌含量的指标。动物组织中的锌易被吸收,小肠内有与锌特异结合的金属结合蛋白类物质,可调节和促进锌的吸收。锌入血后与清蛋白或运铁蛋白结合而运输。血锌浓度约为 0.1~0.15mmol/L。锌主要经肠道排出,其次为尿和汗等。

（二）生理功能及缺乏症

锌是许多酶的组成成分。如 DNA 聚合酶、乳酸脱氢酶、谷氨酸脱氢酶、羧肽酶、超氧化物歧化酶等,参与体内多种物质的代谢。在若干能与 DNA 分子结合的蛋白质(如核受体、转录因子、类固醇激素等)和甲状腺受体的 DNA 结合区中都有一个特殊的锌指结构,说明锌在基因表达的调控中也发挥着重要作用。

在体内,胰岛素与锌结合,使其活性增加并延长胰岛素作用时间。锌缺乏时,影响胰岛素活性,糖耐量试验异常。锌有促进生长发育的作用,青少年膳食中缺乏锌可出现生长停滞、智力发育迟缓、生殖器官和第二性征发育不全以及创伤愈合不良等表现。故缺锌必然会引起机体代谢的紊乱。

二、铜

（一）体内概况

成人体内铜含量约 100~150mg,约 50%~70% 的铜存在于肌肉和骨骼中,20% 左右在肝脏,5%~10% 存在于血液中。铜主要在十二指肠吸收,吸收率约为 10%。铜大部分以复合物的形式被吸收,入血后运输至肝脏。在肝脏,吸收的铜参与铜蓝蛋白合成,所以铜的吸收受血浆铜蓝蛋白的调控。血浆铜蓝蛋白是铜的运输形式,也是各组织贮存铜的主要形式。铜主要随胆汁排泄。

（二）生理功能及缺乏症

铜是体内多种酶的辅基,如铜是细胞色素氧化酶的组成成分,以 Cu^{2+} 来传递电子,参与生物氧化过程。铜参与单胺氧化酶和抗坏血酸氧化酶的分子组成,此两种酶在结缔组织中可催化形成弹性蛋白纤维或胶原纤维的共价交联结构,以维持血管壁、结缔组织和骨基质的韧性和弹性。因此铜缺乏可引起结缔组织胶原纤维交联障碍,使动脉壁弹性减弱等。铜也是酪氨酸酶的组成成分,参与黑色素的形成和多巴胺的代谢。铜参与造血过程和铁的代谢,使 Fe^{3+} 变成 Fe^{2+},有利于铁在小肠的吸收。铜能促使铁由贮存场所进入骨髓,并参与血红蛋白和铁卟啉的合成以及红细胞的成熟和释放。

铜缺乏时,可出现多种临床表现。人类的肝豆状核变性疾病(Wilson 病)就是一种与铜代谢异常有关的常染色体隐性遗传性疾病,表现为铜吸收增加,排泄减少,导致铜在肝、脑、肾、角膜等器官组织沉积,造成功能损害。铜虽然是体内不可缺少的元素,但摄入过多也会引起中毒现象,如蓝绿粪便、唾液以及行动障碍等。

三、硒

（一）体内概况

成人体内硒含量约 14 ~ 21mg,分布于除脂肪组织以外的所有组织中,其中肝、胰、肾含量较多。体内硒以硒蛋白或含硒酶的形式存在。食物中的硒主要在肠道吸收,维生素 E 可促进硒吸收。体内硒可通过肠道、肾、肺及汗排出。正常人头发内含有一定量的硒,能反映食物和机体内硒的含量,可作为监测机体硒营养状况的指标。

（二）生理功能及缺乏症

硒是谷胱甘肽过氧化物酶(GSH-Px)的组成成分,硒代半胱氨酸为此酶活性中心的必需基团。GSH-Px 能催化还原型谷胱甘肽(G-SH)转变成氧化型谷胱甘肽(GSSG),同时使有毒的过氧化物还原成相对无毒的羟基化合物,并使过氧化氢等分解,保护细胞膜结构和功能的完整。所以硒在体内有一定的抗氧化作用。此外,硒与维生素 E 还有协同作用。硒还是重金属毒物(镉、汞、砷)的天然解毒剂,保护人体免遭环境重金属的污染。硒还刺激免疫球蛋白及抗体的产生,增强机体对疾病的抵抗力。目前,硒已被认为具有一定的抗癌作用。

缺硒可引发多种疾病,如克山病、心肌炎、扩张型心肌病、大骨节病等与缺硒有关。但硒摄入过多也会对人体产生毒性作用,包括脱发、周围性神经炎、生长迟缓及生育力低下等。

四、锰

（一）体内概况

成人体内含锰量约 10 ~ 20mg,广泛分布于各组织中,以脑含量为最高,其次为肝、肾和胰腺组织。食物中的锰主要在小肠中吸收,以十二指肠的吸收率为最高。食物中含钙、磷和植酸过多时,可减少锰的吸收。体内的锰由胆汁和尿排泄。

（二）生理功能及缺乏症

锰主要是多种酶的组成成分或激活剂。锰金属酶有丙酮酸羧化酶、异柠檬酸脱氢酶、精氨酸酶、超氧化物歧化酶等,与糖、脂肪、蛋白质代谢密切相关。锰也是 DNA 聚合酶和 RNA 聚合酶的激活剂,参与 DNA 合成过程。锰对骨骼的生长发育、生殖、抗自由基等都有很大作用。

锰缺乏较少见。但锰摄入过多可产生中毒,主要表现为慢性神经系统中毒症状,如锥体外系功能障碍。

五、碘

(一)体内概况

成人体内含碘量为 25～50mg,约 30% 集中在甲状腺内,供合成甲状腺激素用。碘的吸收部位主要在小肠。食物中的碘在消化道内吸收快且完全。血浆中约 70%～80% 的碘被摄入和浓聚在甲状腺细胞内。机体内 85% 的碘以碘化物的形式经肾排出,其他由汗腺排出。

(二)生理功能及缺乏症

碘在体内的主要作用是参与甲状腺激素的合成。当成人缺碘时,可引起单纯性甲状腺肿,胎儿和新生儿发生缺碘,可导致发育停滞,产生呆小症,表现为智力、体力发育迟缓等症状。此病在缺碘地区较常见。通过食用含碘盐,可预防和治疗单纯性甲状腺肿。若摄碘过多又可引起甲状腺功能亢进和一些中毒症状。

小结

维生素是维持正常人体代谢和生理功能所必需的一类小分子有机化合物。生物体对其需要量甚微,主要靠外界供给。维生素的种类较多,化学结构和生化功能各异,它们既不构成机体组织的成分,也不是供应机体的能量物质,但却是通过参与体内多种不同的生理过程而发挥着重要的作用,是机体的生长和健康所必需的物质。由于体内不能合成或合成量不能满足需要,故一旦外界供应不足,或机体由于各种因素引起吸收障碍时,可导致维生素缺乏症。

维生素可按溶解性质分为两大类:脂溶性维生素和水溶性维生素。脂溶性维生素包括维生素 A、D、E、K,它们不溶于水,溶于脂肪或有机溶剂。在体内可储存,故不需每天摄入。摄入过量会引起中毒。在生物体内各有其独特的生理功能。水溶性维生素包括维生素 C 和 B 族维生素。B 族维生素又包括维生素 B_1、维生素 B_2、维生素 PP、维生素 B_6、泛酸、生物素、叶酸、维生素 B_{12} 等。这类维生素易溶于水,不易在体内储存,需随时摄入。在生物体内,这类维生素大多作为酶的辅助因子,参与体内各种物质的代谢过程,并在各种物质代谢中发挥着重要的作用。

人体的元素组成约有几十种,有些元素在体内含量较多,称为常量元素;有些元素含量极少,称为微量元素。通常微量元素每人每日需要量在 100mg 以下。体内存在的微量元素有铜、锌、碘、锰、硒等,它们通过结合蛋白质、酶、激素、维生素等多种形式参与物质代谢而发挥各自的生理作用。

 **复习思考题**

一、名词解释

1. 维生素

2. 微量元素

二、问答题

1. B 族维生素的主要来源、作用。

2. 简述脂溶性维生素的来源、生理作用及缺乏症。

3. 微量元素铜、锌、碘、锰、硒的生理功能有哪些?

（文朝阳）

中英文对照索引

参考文献

1. 万福生. 生物化学. 第2版. 北京:人民卫生出版社,2007.
2. 查锡良. 生物化学. 第7版. 北京:人民卫生出版社,2008.
3. 赵宝昌. 生物化学. 第2版. 北京:高等教育出版社,2009.
4. 周爱儒,何旭辉. 医学生物化学. 第3版. 北京:北京大学医学出版社,2008.
5. 黄诒森,张光毅. 生物化学与分子生物学. 第3版. 北京:科学出版社,2012.
6. 药立波. 医学分子生物学. 第3版. 北京:人民卫生出版社,2008.
7. 仲其军,张淑芳. 生物化学检验技术. 武汉:华中科技出版社,2012.
8. 丛玉隆. 实用检验医学. 北京:人民卫生出版社,2009.
9. 潘文干. 生物化学. 第6版. 北京:人民卫生出版社,2009.
10. Murray PK,Granner DK,Maye PA,et al. Harper's Biochemidtry. 27th ed. New York:McGraw-Hill company,2006.
11. 贾弘禔. 生物化学. 北京:人民卫生出版社,2005.
12. 贾弘禔,冯作化. 生物化学与分子生物学. 第2版. 北京:人民卫生出版社,2010.
13. 马文丽. 生物化学. 北京:科学出版社,2012.